Antonio José Teixeira Guerra
Maria do Carmo Oliveira Jorge
organizadores

GEOturismo GEOdiversidade GEOconservação

abordagens geográficas e geológicas

oficina de textos

Grafia atualizada conforme o Acordo Ortográfico da Língua Portuguesa de 1990, em vigor no Brasil desde 2009.

Capa e projeto gráfico Malu Vallim

Diagramação Douglas da Rocha Yoshida

Foto capa Pedra Furada, Parque Nacional da Serra da Capivara, PI (2012), de Ismar de Souza Carvalho

Fotos quarta capa e orelha Morros Dois Irmãos, Fernando de Noronha, de Jasmine Cardozo Moreira; Lagoa e sumidouro em ambiente cárstico, Província Cárstica Pains-Doresópolis, MG (2011), de Silvio Carlos Rodrigues; Vista da Praia do Bonete, Ubatuba, SP, de Maria do Carmo Oliveira Jorge

Preparação de textos Renata de Andrade Sangeon

Revisão de textos Mariane Torres

Impressão e acabamento BMF Gráfica e Editora

Dados Internacionais de Catalogação na Publicação (CIP)
(Câmara Brasileira do Livro, SP, Brasil)

Geoturismo, geodiversidade e geoconservação :
abordagens geográficas e geológicas /
Antonio José Teixeira Guerra, Maria do Carmo Oliveira Jorge, organizadores. -- São Paulo :Oficina de Textos, 2018.

Vários autores.
Bibliografia
ISBN 978-85-7975-300-8 (ISBN)

1. Desenvolvimento sustentável 2. Ecoturismo 3. Geografia 4. Geoturismo 5. Meio ambiente 6. Proteção ambiental 7. Turismo - Aspectos ambientais
I. Guerra, Antonio José Teixeira. II. Jorge, Maria do Carmo Oliveira.

18-14956 CDD-338.4791

Índices para catálogo sistemático:
1. Turismo : Desenvolvimento sustentável : Economia
338.4791

Maria Alice Ferreira - Bibliotecária - CRB-8/7964

Rua Cubatão, 798
CEP 04013-003 São Paulo SP
tel. (11) 3085-7933
www.ofitexto.com.br atend@ofitexto.com.br

prefácio

Os organizadores de *Geoturismo, geodiversidade e geoconservação: abordagens geográficas e geológicas* agradecem aos autores que colaboraram para a redação desta obra, que passa a fazer parte da literatura nacional nessa área de conhecimento, a qual tem avançado, de modo geral, no Brasil e no mundo.

Este livro é bastante ilustrado, com fotos, mapas e diagramas brasileiros e de outras partes do mundo. Pode ser utilizado tanto por estudiosos do tema como por quem se interessa em compreender melhor como o geoturismo e a geodiversidade podem contribuir para que novas áreas sejam exploradas com o turismo, gerando renda e empregos, associando-se à população local, que é sempre parte integrante dos diversos meios de geoturismo. Deve-se procurar manter o equilíbrio ambiental, de modo que não haja turismo predatório, presente em várias partes do território nacional. O geoturismo, pelo contrário, atrai pessoas de todas as partes do mundo, para que aproveitem as belezas naturais, a história, a cultura e a gastronomia dos locais onde esse tipo de turismo existe.

Portanto, este livro atende a estudantes, professores, pesquisadores e técnicos de diversas áreas: Geografia, Geologia, Turismo, Biologia, Ecologia, Arquitetura, História, Paleontologia, Engenharia, Administração e

Hotelaria, entre outras, visando tornar o mais amplo possível o debate e a integração entre as várias áreas de conhecimento, incluindo, é claro, a população local, que é abrangida por esse tipo de turismo e deve participar ativamente dessa atividade econômica.

A obra inicia com o capítulo escrito por Kátia Leite Mansur, intitulado *Patrimônio geológico, geoturismo e geoconservação: uma abordagem da geodiversidade pela vertente geológica*. A autora chama a atenção para como a geodiversidade envolve a variedade de ambientes geológicos e processos ativos geradores de paisagens, rochas, minerais, fósseis, solos e outros depósitos superficiais, que constituem a base para a vida na Terra.

O Cap. 2, de Maria do Carmo Oliveira Jorge, intitula-se *O papel das comunidades locais, sua importância e os novos desafios acerca da sustentabilidade ambiental*. A autora destaca que, entre os novos conceitos emergentes, um fator que vem a somar é a participação da comunidade local na conservação do patrimônio, e não a sua exclusão, pois trata-se de indivíduos que vivem, convivem e conhecem os mecanismos e a fragilidade do ambiente natural.

O Cap. 3, escrito por Jasmine Cardozo Moreira e Tatiane Ferrari do Vale, tem como título *Geoparks: educação, conservação e sustentabilidade*. As autoras afirmam que o *geopark* é uma espécie de selo de qualidade concedido pela Organização das Nações Unidas para a Educação, a Ciência e a Cultura (Unesco) aos territórios cuja premissa seja o desenvolvimento territorial por meio da geoconservação.

O Cap. 4, *O papel dos solos sob a ótica do geoturismo, da geodiversidade e da geoconservação*, foi escrito por Antonio José Teixeira Guerra. O autor chama a atenção para como os solos podem ser utilizados, em projetos de geoturismo, como instrumento pedagógico, por meio da chamada geoeducação, não só nas universidades, mas também em escolas de ensino fundamental e médio.

O Cap. 5, de Silvio Carlos Rodrigues e Lilian Carla Moreira Bento, intitula-se *Cartografia da Geodiversidade: teorias e métodos*. Os autores destacam que a Cartografia da Geodiversidade compreende uma gama variada de métodos, que são aprofundados ao longo do capítulo e vêm passando por um processo de melhoria e adaptações, segundo as peculiaridades de cada estudo.

O Cap. 6, *Fósseis: importância econômica e social do patrimônio paleontológico*, escrito por Ismar de Souza Carvalho, destaca que os fósseis têm um potencial que transcende sua relevância científica para o entendimento da história geológica da vida. Embutidos em seu crescente interesse popular, os fósseis possuem um capital social e econômico capaz de fazer deles elementos transformadores da economia e da realidade social das comunidades em que são encontrados.

O último capítulo do livro, escrito por Nadja Maria Castilho da Costa e Flávia Lopes Oliveira, chama-se *Trilhas: "caminhos" para o geoturismo, a geodiversidade e a geoconservação*. As autoras mostram que, historicamente, as trilhas e os caminhos resultam de ações exploratórias, especialmente em ambientes florestais, como é o caso do litoral brasileiro, na medida em que o homem precisava (e ainda precisa) ocupar novos espaços com diferentes atividades.

Ao longo dos sete capítulos, os autores mostram a importância que o geoturismo, a geodiversidade e a geoconservação têm na atualidade para o melhor aproveitamento dos recursos naturais voltados ao turismo, bem como o envolvimento das populações locais, em cujas comunidades o desenvolvimento desse tipo de turismo vem sendo adotado.

Os organizadores

sobre os autores

Antonio José Teixeira Guerra (antoniotguerra@gmail.com) é doutor em Geografia pela Universidade de Londres, com pós-doutorado em Erosão de Solos pelas universidades de Oxford e Wolverhampton (Inglaterra). É pesquisador 1A do CNPq e professor titular do Departamento de Geografia da Universidade Federal do Rio de Janeiro (UFRJ).

Flávia Lopes Oliveira (flavialopes@oi.com.br) é doutora em Geografia pela Universidade do Estado do Rio de Janeiro (UERJ), com estágio de doutorando (bolsa Faperj) na Universidade do Minho (Portugal), e integrante do Grupo de Estudos Ambientais do Instituto de Geografia da UERJ.

Ismar de Souza Carvalho (ismar@geologia.ufrj.br) é doutor em Geologia pela UFRJ, com pós-doutorado pela Universidade Estadual Paulista (Unesp). É pesquisador 1A do CNPq e professor titular do Departamento de Geologia da UFRJ.

Jasmine Cardozo Moreira (jasminecardozo@gmail.com) é doutora em Geografia pela Universidade Federal de Santa Catarina (UFSC), com pós-doutorado pelas Universidades de Saragoça (Espanha) e West Virginia (Estados Unidos). É professora titular do Departamento de Turismo da Universidade Estadual de Ponta Grossa (UEPG), professora visitante na Universidade de West Virginia e coordenadora do Laboratório de Turismo em Áreas Naturais (LabTan).

Kátia Leite Mansur (katia@geologia.ufrj.br) é doutora em Geologia pela UFRJ. É professora adjunta do Departamento de Geologia da UFRJ e pesquisadora na área de Geoconservação.

Lilian Carla Moreira Bento (liliancmb@ufu.br) é doutora em Geografia pela Universidade Federal de Uberlândia (UFU), com pós-doutorado em Geodiversidade pela mesma instituição. É professora adjunta do curso de Geografia da Faculdade de Ciências Integradas do Pontal (Facip/UFU).

Maria do Carmo Oliveira Jorge (carmenjorgerc@gmail.com) é doutora em Geografia pelo Programa de Pós-Graduação em Geografia da UFRJ, com estágio de doutoranda na Universidade de Wolverhampton (Inglaterra), e pesquisadora associada do Laboratório de Geomorfologia Ambiental e Degradação dos Solos (Lagesolos) e pós-doutoranda pelo CNPQ no programa de pós-graduação em Geografia da UFRJ.

Nadja Maria Castilho da Costa (nadjacastilho@gmail.com) é doutora em Geografia pela UFRJ e coordena o Grupo de Estudos Ambientais do Instituto de Geografia da UERJ. É pesquisadora 1B do CNPq e professora associada do Departamento de Geografia Física da UFRJ.

Silvio Carlos Rodrigues (silgel@ufu.br) é doutor em Ciências (Geografia Física) pela Universidade Federal de São Paulo (Unifesp). É pesquisador 1C do CNPq e professor associado do Instituto de Geografia e do Programa de Pós-Graduação em Geografia da UFU. Coordena o Laboratório de Geomorfologia e Erosão dos Solos (Lages) da UFU.

Tatiane Ferrari do Vale (tatianefdovale@gmail.com) é mestre em Gestão do Território pela UEPG e pesquisadora do LabTan.

sumário

[As figuras com o símbolo ◪ são apresentadas em versão colorida no final do livro.]

um

Patrimônio geológico, geoturismo e geoconservação: uma abordagem da geodiversidade pela vertente geológica

Kátia Leite Mansur

A Geologia é a ciência que estuda a Terra, considerando a evolução de rochas, minerais, fósseis e paisagens. Os processos geológicos podem ser lentos, como a erosão de grandes cadeias de montanhas, mas também podem ser rápidos, como a ação de um *tsunami* sobre os sedimentos em uma zona costeira. Podem estar relacionados à dinâmica interna, conduzida pela tectônica de placas, ou pela dinâmica externa, condicionada pela interação das rochas com os eventos climáticos.

Os registros dos processos da evolução da Terra podem estar preservados ou apagados. Quanto mais recentes, mais chances de estarem disponíveis para estudos. Alguns registros são abundantes, mesmo sendo antigos, e outros, infelizmente, quase não deixaram evidências de terem ocorrido.

Nessa mesma linha, Darwin (1860, p. viii), em seu livro *A origem das espécies pela seleção natural*, no Cap. IX, trata da imperfeição do registro geológico (*On the imperfection of the geological record*), uma vez que não se podem encontrar todos os passos/vestígios intermediários entre os diferentes momentos do planeta, sejam eles relacionados à evolução das rochas ou da vida. Esta última era uma de suas grandes preocupações quando escreveu o livro, demonstrada nos subtítulos do Cap. IX: “Sobre a ausência de variedades intermediárias nos dias de hoje”

(*On the absence of intermediate varieties at the present day*); "Sobre a natureza das variedades intermediárias extintas; sobre seu número" (*On the nature of extinct intermediate varieties; on their number*); "Sobre o vasto lapso de tempo, conforme inferido com base nas taxas de deposição e denudação" (*On the vast lapse of time, as inferred from the rate of deposition and of denudation*); "Sobre a pobreza de nossas coleções paleontológicas" (*On the poorness of our palæontological collections*); "Sobre a intermitência das formações geológicas" (*On the intermittence of geological formations*); "Sobre a ausência de variedades intermediárias em qualquer formação" (*On the absence of intermediate varieties in any one formation*); "Sobre o repentino aparecimento de grupos de espécies" (*On the sudden appearance of groups of species*); "Sobre o repentino aparecimento nos estratos fossilíferos inferiores" (*On their sudden appearance in the lowest known fossiliferous strata*).

A tectônica de placas, teoria integradora da Geologia, que provê muitas das respostas de que Darwin tanto precisava para completar sua teoria, só foi desvendada quase um século após sua morte, em 1882. Assim, os registros existentes, mesmo que não revelem a história integralmente, devem ser preservados para que a ciência, com suas ferramentas tecnológicas cada dia mais sofisticadas, possa decifrar aquilo que ainda estava fora do alcance de nosso conhecimento atual, os tais "lapsos de tempo", conforme denominados pelo naturalista inglês.

Assim, é para resguardar os registros da história da Terra que se torna necessário o estabelecimento de ferramentas teóricas e práticas para gestão de lugares e objetos de interesse geológico. Definições bem fundamentadas e claras para termos como *geodiversidade*, *patrimônio geológico* e *geoconservação* são, portanto, o ponto de partida para se alcançar essa preservação. Deve-se também avançar na identificação e aplicação de práticas, como o geoturismo, que permitem dar alternativas para o uso sustentável de recursos naturais abióticos, ou a geodiversidade, principalmente aqueles exemplares para os quais o ser humano atribuiu algum tipo de valor.

Esses termos, cujo uso mais corriqueiro se dá a partir da década de 1990, hoje encontram eco em muitos autores ao redor do mundo e com diferentes formações acadêmicas. Compõem uma temática contemporânea e abrangente, transdisciplinar, que busca responder às demandas de uma sociedade que vê nascer um novo tempo geológico, o Antropoceno (Waters et al., 2014), e que, também, está em busca de estabelecer novas bases para seu relacionamento com a Terra, denominada geoética (IAPG, 2012).

Não raro se escuta que "natural é tudo aquilo que não foi feito pelo homem". Essa definição, que delimita o âmbito artificial do que é natural, afasta o homem de sua essência como parte da natureza. Alimentada desde a Grécia antiga, essa visão coloca o homem e a natureza em campos diferentes, em que "um não faz parte do espaço do outro. Externalidades recíprocas, natureza e homem excluem-se e se opõem. Nasce a base da dicotomia homem-meio característica do pensamento moderno" (Soares, 2008, p. 4-5). Mas, quando se chega ao final do século XX, surge um movimento no qual o homem, empurrado pelo peso do afastamento milenar, começa a entender que precisará unificar o "mundo do homem" ao "mundo da natureza" (Carvalho, 1991), para dar conta de uma vida mais saudável e vislumbrar um futuro mais otimista.

Surge, também, uma discussão sobre a exigência de preservação da memória da Terra. Essa temática vem crescendo, mas a proteção/gestão desses espaços especiais é um desafio que ainda encontra resistência em algumas áreas e, por isso mesmo, carece de discussão mais aprofundada e ampla divulgação para entendimento público. Essa resistência pode ser resumida em um texto irônico de Cuthbert (2013, p. 10-12, tradução da autora):

> Aquelas pessoas não iniciadas nos temas da geoconservação ficam muitas vezes intrigadas por esse desejo de "proteger" rochas, que certamente são robustas para cuidar de si mesmas, abundantes o suficiente para tornar esse desejo desnecessário ou simplesmente chatas para valer a pena incomodar os demais com esse assunto.

O autor continua de forma exemplar:

> É certo que as mensagens escritas pela natureza nas rochas são muitas vezes obscuras, mas, se você aprender a lê-las, um novo mundo se abrirá. As paisagens são produtos de longas histórias, palimpsestos sobre os quais os registros de sucessivos eventos antigos se acumulam, mas também são muitas vezes apagados [...] Paisagens tornam-se, então, nossos professores e as rochas, nossas bibliotecas.

Este primeiro capítulo é dedicado à discussão conceitual sobre geodiversidade, patrimônio geológico, geoconservação e geoturismo pela vertente da Geologia, ciência que carrega conhecimento advindo de outras ciências clássicas, como a Física, a Química e a Biologia. Essa combinação faz com que exista um amplo espectro de temas possíveis de investigação pela Geologia, relacionado aos seus lugares e objetos, aos quais a sociedade pode atribuir valores (científico, educativo, turístico, histórico, pré-histórico e outros). Isso amplia ainda mais sua abrangência e faz com que esses lugares e objetos passem a ser classificados também como patrimônio cultural.

1.1 Geodiversidade: conceitos, valores, ameaças e cartografia

1.1.1 Discussão sobre a definição de geodiversidade

Como *geodiversidade*, entende-se a variedade de ambientes geológicos, fenômenos e processos ativos geradores de paisagens, rochas, minerais, fósseis, solos e outros depósitos superficiais que constituem a base para a vida na Terra (Royal Society for Nature Conservation/UK – Stanley, 2000). Nesse contexto, a geodiversidade pode ser entendida como a variedade de elementos geológicos que suportam a vida e funcionam como substrato para o desenvolvimento humano. Suplementa a noção corrente de biodiversidade como mais um elemento do meio natural a ser avaliado na caracterização de um dado território, seja para protegê-lo, seja para ordenar sua ocupação ou uso.

Para Gray (2004), a geodiversidade é o equivalente abiótico da biodiversidade e pode ser definida como a variedade natural (diversidade) de feições geológicas (rochas, minerais, fósseis), geomorfológicas (paisagens, processos) e de solos.

Essas duas definições são consideradas clássicas. No entanto, existe uma ampla gama de autores que se dedicaram a conceituar geodiversidade, com o intuito de cartografá-la. O Quadro 1.1 apresenta uma síntese de diversas definições encontradas na literatura especializada. Pode-se observar que os fenômenos e processos geológicos (e, em menor proporção, os geomorfológicos e geográficos, nessa ordem) são os mais atribuídos aos conceitos vinculados à origem da geodiversidade. Observa-se também que alguns autores têm ampliado o alcance original do conceito de geodiversidade, como Kozlowski (2004), Rojas López (2005) e Serrano e Ruiz-Flaño (2007), que incluem processos antrópicos àqueles pertinentes à geodiversidade. Com base nesse entendimento, os locais classificados como paisagem cultural e depósitos tecnogênicos, por exemplo, estariam inseridos nesse conceito. Entretanto, rochas, paisagens e solos são as unidades formadoras mais citadas.

1.1.2 Evolução do conceito

A origem do termo *geodiversidade* é apresentada em detalhes por Gray (2004, 2008, 2013). Esse autor escreveu, em 2004, o primeiro livro-texto específico

QUADRO 1.1 ALGUNS CONCEITOS DE GEODIVERSIDADE OBTIDOS COM BASE EM PESQUISA BIBLIOGRÁFICA E CONSIDERADOS COM BASE NO RECONHECIMENTO DAS PARTES QUE A COMPÕEM, BEM COMO DOS FENÔMENOS E PROCESSOS ENVOLVIDOS EM SUA FORMAÇÃO

Autoria	Unidades que compõem a geodiversidade	Fenômenos e processos
Commonwealth of Australia (1996, segunda edição em 2002)	Rochas, paisagens e solos, fósseis e paleoambientes.	Naturais, geológicos e geomorfológicos, além de processos atmosféricos, hidrológicos e biológicos que atuam sobre rochas, paisagens e solos.
Johansson, Andersen e Alapassi (1999)	Rochas, depósitos e paisagens.	Geológicos.
Veiga (1999)	Rochas, relevo, clima, solos e águas, subterrâneas e superficiais, que condicionam a morfologia da paisagem e a diversidade biológica e cultural.	Geológicos.
Royal Society for Nature Conservation – UK (Stanley, 2000)	Paisagens, rochas, minerais, fósseis, solos e outros depósitos superficiais que constituem a base para a vida na Terra.	Ativos e ambientes geológicos.
Xavier da Silva e Carvalho Filho (2001)	Litologia, relevo, uso do solo, declividade e drenagem.	Características ambientais de uma determinada área geográfica.
Nieto (2001)	Estruturas sedimentares e tectônicas, materiais geológicos (minerais, rochas, fósseis e solos), que constituem o substrato de uma região, em que se assenta a atividade orgânica, até mesmo a antrópica.	Geológicos.
International Association of Geomorphologists (2003)	Variedade de ambientes geológicos e geomorfológicos.	Considerados base para a diversidade biológica na Terra.
Gray (2004)	Rochas, minerais, fósseis, paisagens e solos, incluindo suas relações, propriedades, interpretações e sistemas.	Naturais, geológicos e geomorfológicos, equivalente abiótico da biodiversidade.

Quadro 1.1 (continuação)

Autoria	Unidades que compõem a geodiversidade	Fenômenos e processos
Kozlowski (2004)	Rochas, paisagens, solos e águas superficiais.	Naturais e antrópicos, geológicos, geomorfológicos, endógenos e exógenos.
Rojas López (2005)	Meio físico.	Naturais e geográficos, que derivam dos processos sociais, como a produção, o povoamento e a circulação (o homem e suas atividades).
Companhia de Pesquisa de Recursos Minerais (CPRM) – Serviço Geológico do Brasil (2006)	Paisagens, rochas, minerais, águas, fósseis, solos, clima e outros depósitos superficiais que propiciam o desenvolvimento da vida na Terra.	Naturais, abióticos, constituídos por ambientes, composições e processos geológicos, com valor intrínseco (cultural, estético, econômico, científico, educativo e turístico).
Serrano e Ruiz--Flaño (2007)	Elementos litológicos, tectônicos, geomorfológicos, edáficos, hidrológicos e topográficos na superfície terrestre e nos mares e oceanos.	Abióticos, endógenos, exógenos e antrópicos, que compreendem uma diversidade de escalas de observação.
Carcavilla Urqui, López-Martínez e Durán (2007)	Elementos geológicos identificados por sua frequência, distribuição e ilustração da evolução geológica do lugar.	Geológicos.
Gray (2013)	Rochas, minerais, fósseis, paisagens, topografia e processos físicos (inclui suas associações, estruturas, sistemas e contribuições à paisagem).	Geológicos, geomorfológicos, solos e hidrológicos.

sobre geodiversidade, intitulado *Geodiversity: valuing and conserving abiotic nature*, no qual apresenta a evolução do conceito e toda uma argumentação sobre seus valores e ameaças. Em 2013, Gray lançou uma edição revisada dessa obra.

Segundo esse autor, apesar de a palavra *geodiversidade* ter sido usada pela primeira vez na década de 1990, os princípios por trás de sua aplicação para a conservação da natureza têm história muito mais longa e remontam, no Reino Unido, por exemplo, ao Relatório do Comitê Especial para Conservação da Vida

Silvestre (Report of the Wild Life Conservation Special Committee), elaborado por Julian Huxley em 1947, que escreveu que a Grã-Bretanha, apesar de apresentar pequena área, possui variedade extremamente alta de fenômenos geológicos, e isso pode ser interpretado como ampla geodiversidade.

Ainda segundo Gray (2008), Kevin Kiernan, que trabalhou na Comissão Florestal da Tasmânia (Tasmanian Forestry Commission) nos anos 1980, utilizava as expressões *diversidade de paisagem* e *diversidade de geoformas* em seus textos e trabalhos. Kiernan afirmou que a diversidade de paisagens é um indicador tão válido em programas de conservação da natureza quanto a diversidade da vida. Isso ocorreu um ano antes da Conferência Rio 1992, onde foi discutida e aprovada a Convenção para Proteção da Diversidade Biológica (ou Biodiversidade).

Sharples (1993, p. 7) escreveu que o propósito da geoconservação é manter a diversidade de feições e sistemas da Terra (geodiversidade), permitindo que seus processos em curso continuem a funcionar e evoluir de maneira natural ("Geoconservation aims at conserving the diversity of earth features and systems [Geodiversity] and allowing their ongoing processes to continue to function and evolve in a natural fashion"). Essa é a primeira aparição do termo na literatura de língua inglesa. Porém, no mesmo ano, meses antes, F. Wiedenbein tinha utilizado o termo em uma publicação em alemão (Gray, 2008).

A partir de 1996, o termo *geodiversidade* passou a fazer parte dos documentos oficiais na Austrália, que o coloca lado a lado com a biodiversidade nas diretrizes de conservação de sítios naturais, conforme descrito no Artigo 5° da Carta do Patrimônio Natural Australiano (Australian Natural Heritage Charter), publicado em 1996, que recebeu uma segunda edição em 2002 (Commonwealth of Australia, 2002).

Gray (2008) descreve as divergências sobre o uso do conceito de geodiversidade, debatido em 1993 durante a Conferência de Malvern sobre a Conservação Geológica e da Paisagem (Malvern Conference on Geological and Landscape Conservation), em que alguns autores preferiram usar o termo *diversidade geológica* em vez de *geodiversidade*, cuja definição pode ser muito mais abrangente porque pode incluir relações entre processos biológicos e geológicos.

Vincent (2004) critica o uso de *geodiversidade* pela dificuldade em cartografar unidades, tomando por base sua definição. Esse autor demonstrou sua preferência pelo termo *geotopos*, apresentado por ele como unidades terrestres espacialmente definidas com excepcionais qualidades geológicas e geomorfológicas, que merecem ser protegidas para as futuras gerações. Para ele, essa definição pressupõe conhecimento científico sobre o local e sua evolução, sendo possível separar os processos ativos dos inativos. Vale ressaltar que esse conceito se aproxima do emitido correntemente para patrimônio geológico e, também, permite a cartografia na forma de pontos ou áreas isoladas, mas, ainda assim, necessita de desenvolvimento metodológico para propor quais sítios teriam essas excepcionais qualidades.

Independentemente dessas discussões, o termo hoje se encontra bastante consolidado, apesar de ainda existirem divergências sobre sua abrangência, e passa ainda por um processo de desenvolvimento teórico e, principalmente, metodológico, de modo a dar consistência para a ampliação do seu uso como uma ferramenta para a gestão territorial, especialmente no contexto das questões ambientais (Santos, 2016).

O Quadro 1.2 apresenta os resultados obtidos em uma rápida pesquisa no Google, em junho de 2017, dos termos *geodiversidade*, *diversidade geológica* e *diversidade geomorfológica*, em português e inglês, os quais demonstram a consolidação do termo.

No entanto, destaca-se que, em inglês, a expressão *geological diversity* é muito mais usual, sendo 164 vezes mais citado que *geodiversity* e 88 vezes mais que *geomorphological diversity*. Em português, essa frequência se repete, porém com menores discrepâncias. O termo *diversidade geológica* é citado quase quatro vezes mais que *geodiversidade* e cerca de duas vezes mais que *diversidade geomorfológica*. Os termos em inglês somam 33.677.000 resultados, enquanto os termos em português totalizam 507.800.

Quadro 1.2 Número de resultados obtidos no Google, em consulta em junho de 2017, para os termos *geodiversidade*, *diversidade geológica* e *diversidade geomorfológica*, em português e inglês

Termo	Número aproximado de resultados
Geodiversity	202 mil resultados em 0,41 segundo
Geodiversidade	71.800 resultados em 0,43 segundo
Geological diversity	33.100.000 resultados em 0,48 segundo
Diversidade geológica	286 mil resultados em 0,32 segundo
Geomorphological diversity	375 mil resultados em 0,37 segundo
Diversidade geomorfológica	150 mil resultados em 0,39 segundo

1.1.3 VALORES E AMEAÇAS

Na atualidade, os valores da natureza vêm sendo discutidos, especialmente no âmbito da "economia dos ecossistemas", cuja premissa básica é o fato de as atividades econômicas, a coesão das sociedades e o bem-estar humano serem completamente dependentes dos serviços ecossistêmicos (Andrade; Romeiro, 2009). Esse conceito se baseia nos resultados da Avaliação Ecossistêmica do Milênio (MA), criada em 2000 por solicitação do ex-secretário-geral das Nações Unidas Kofi Annan. Realizado entre 2001 e 2005, com a produção de relatórios extensos e completos, o objetivo do MA foi avaliar as consequências das mudanças dos ecossistemas na vida humana e identificar as bases científicas para a execução das ações necessárias a fim de melhorar a conservação e o uso sustentável desses sistemas e sua contribuição para o bem-estar humano. O MA envolveu o trabalho de mais de 1.360 especialistas em todo o mundo. Suas descobertas, contidas em cinco volumes técnicos e seis relatórios de síntese, fornecem avaliação científica sobre a condição e as tendências nos ecossistemas mundiais, os serviços que prestam (como água limpa, alimentos, produtos florestais, controle de inundação e recursos naturais) e as opções para restaurar, conservar ou melhorar o uso sustentável dos ecossistemas (http://www.millenniumassessment.org/en/Index-2.html).

No contexto dos serviços ecossistêmicos, muitos trabalhos vêm discutindo os valores da natureza em geral. Para a English Nature (2002), 25 funções sociais podem ser atribuídas para a biodiversidade e geodiversidade, tomadas segundo uma visão integrada: (a) apreciação; (b) conhecimento; (c) produtos; e (d) provisão de serviços ecossistêmicos. Os serviços ecossistêmicos listados são: (a) serviços de suporte à vida no planeta; (b) controle de erosão e inundações; (c) qualidade e quantidade de água; (d) controle da poluição; (e) formação dos solos; (f) formação das paisagens; (g) disposição e decomposição de resíduos; (h) polinização; (i) controle biológico; e (j) provisão de *habitat*.

Já os trabalhos sobre os valores da geodiversidade, enquanto provedora de serviços ecossistêmicos, encontram as mais detalhadas discussões em Gray (2004, 2013). A evolução da classificação dos valores e serviços de Gray (2004, 2013) é detalhada por Silva (2016) e Silva e Nascimento (2016). Na edição de 2013, Gray estabeleceu um único valor para a geodiversidade: o valor intrínseco ou de existência, definido por ele como o valor atribuído pelo simples fato de existir e que independe de sua utilização (visão utilitarista da natureza). Envolve uma dimensão ética e filosófica da relação entre a sociedade e a natureza, e apresenta uma classificação do valor intrínseco com base nos seguintes serviços: (a) regulação; (b) suporte; (c) provisão; (d) cultura; e (e) conhecimento (Figs. 1.1 e 1.2).

Essa geodiversidade, com relevância aos serviços que prestam, pode sofrer ameaças, e a maior parte delas se relaciona à alteração do meio natural diretamente pelo homem, dada a ocupação e o uso para diversos fins, desde militares até a agricultura. Os danos também podem ser causados por processos naturais, como a erosão. Não são poucos os trabalhos que se ocupam em mostrar os danos decorrentes do uso inadequado da geodiversidade. Gray (2013) os sintetiza em oito tipos básicos: (a) perda total; (b) perda parcial ou dano físico; (c) fragmentação do interesse; (d) perda de visibilidade; (e) perda de acesso; (f) interrupção do processo natural por impactos fora do sítio; (g) poluição; e (h) impacto visual.

Quase todas as ameaças antrópicas advêm do desconhecimento, por parte da população e dos governantes, da importância geológica dos sítios e da ausência de planos e programas de ordenamento territorial que levem em conta sua existência. Em geral, a raiz das ameaças está nos interesses econômicos para o uso das terras, muitas vezes incompatível com a conservação da geodiversidade. Gray (2013) lista os seguintes grupos de ameaças: (a) extração mineral; (b) aterros e recuperação de áreas mineradas; (c) expansão urbana; (d) gestão de zonas costeiras e obras de engenharia (Fig. 1.3A); (e) gestão de bacias hidrográficas, hidrologia e obras de engenharia; (f) desmatamento e revegetação; (g) agricultura; (h) mudanças no uso das terras; (i) turismo e lazer (Fig. 1.3B); (j) coleta de amostras (Fig. 1.3C); (k) mudanças climáticas e do nível do mar; (l) incêndios; (m) atividades militares; e (n) falta de informações/educação (Fig. 1.3D).

1.1.4 Cartografia para avaliação quantitativa e qualitativa da geodiversidade

Nos últimos anos, muitos autores vêm se ocupando do desenvolvimento de metodologias para cartografar a geodiversidade, cuja demanda para utilização em gestão territorial vem sendo relatada. Conforme já mencionado, Vincent (2004) já chamava atenção para a dificuldade de uso do conceito de geodiversidade proposto pela maioria dos autores da época, em razão da impossibilidade de cartografar o tema. Porém, hoje existe um ferramental teórico-metodológico que permite esse mapeamento, apesar de ainda existirem dificuldades para consolidar os diversos temas que compõem a

Fig. 1.1 *O papel da geodiversidade na geração de bens e serviços*

**Nota: os fósseis no Brasil são patrimônio cultural da União*

Fonte: Gray (2013).

geodiversidade, de maneira a retratar, em pesos adequados, os elementos da natureza abiótica de modo mais coerente com a realidade. As metodologias hoje utilizadas representam a geodiversidade de modo quantitativo ou qualitativo, e esta última baseia-se na análise da paisagem.

Fig. 1.2 *Exemplos de serviços ecossistêmicos providos pela geodiversidade: (A) regulação – dunas frontais que auxiliam na proteção contra a erosão na praia do Peró (Cabo Frio, RJ); (B) suporte – manguezal com substrato rochoso e contribuição de água subterrânea no Mangue de Pedra (Armação dos Búzios, RJ); (C) provisão – extração de sal na Lagoa Vermelha (Araruama, RJ); (D) cultura – paisagem do Dedo de Deus (Teresópolis/Guapimirim, RJ); (E) cultura – vista de parte da estátua de Ramsés II com contatos litológicos e xenólitos (Museu Britânico, Londres); (F) conhecimento – discordância angular em Siccar Point, descrita por James Hutton (Berwickshire, Escócia)*

Fonte: (D) Felipe Medeiros.

FIG. 1.3 *Alguns exemplos de ameaças e danos à geodiversidade: (A)* beachrocks *descritos por Charles Darwin ameaçados de soterramento por projeto de porto em Jaconé (Maricá, RJ); (B) bugues e automóveis 4 × 4 nas dunas do Peró (Cabo Frio, RJ); (C) extração de amostra de pegada de dinossauro na trilha interpretativa no centro de visitantes do Vale dos Dinossauros (Bacia de Sousa, PB); (D) imagens, objetos religiosos e velas acesas no interior da Lapa dos Brejões, caverna em João Dourado (Morro do Chapéu, BA)*

Fonte: (A) Renato Ramos, (C) <https://www.flickr.com/photos/annymery/6358165185> e (D) Rafael Albani.

Metodologias de avaliação quantitativa da geodiversidade

Kozlowski (2004), Xavier da Silva e Carvalho Filho (2001), Serrano e Ruiz-Flaño (2007), Jackova e Romportl (2008), Benito-Calvo et al. (2009), Hjort e Luoto (2010), Ruban (2010), Pellitero et al. (2011), Pereira et al. (2013), Pellitero, Manosso e Serrano (2014), Manosso e Nóbrega (2015), Santos (2016), Santos et al. (2017), entre outros autores, produziram mapas quantitativos de geodiversidade, com variações nos métodos, mas buscando o mesmo objetivo: apresentar sua riqueza em um determinado território. Esses autores aplicaram variações quanto aos pesos dos fatores (especialmente geologia, geomorfologia, pedologia e hidrografia) e formas de cartografia.

Para Santos (2016, p. 29), o objetivo do esforço geral para o

> desenvolvimento de metodologias quantitativas é consolidar uma forma de se mapear a riqueza de elementos do meio físico e de representar a distribuição espacial da mesma a partir de um mapa de índice de geodiversidade. Este produto pode tornar possível a localização das áreas de maior diversidade, indicando-as como possíveis alvos prioritários para ações de geoconservação, geoturismo etc.

Esse autor produziu um mapa de riqueza de geodiversidade para o município de Armação dos Búzios (Fig. 1.4), apoiado na metodologia de Pereira et al. (2013), e comparou os resultados com a distribuição da biodiversidade, mapeada para o município por Dantas (2005), encontrando uma boa correlação entre ambos. Esse método compara a riqueza de cada tema em uma

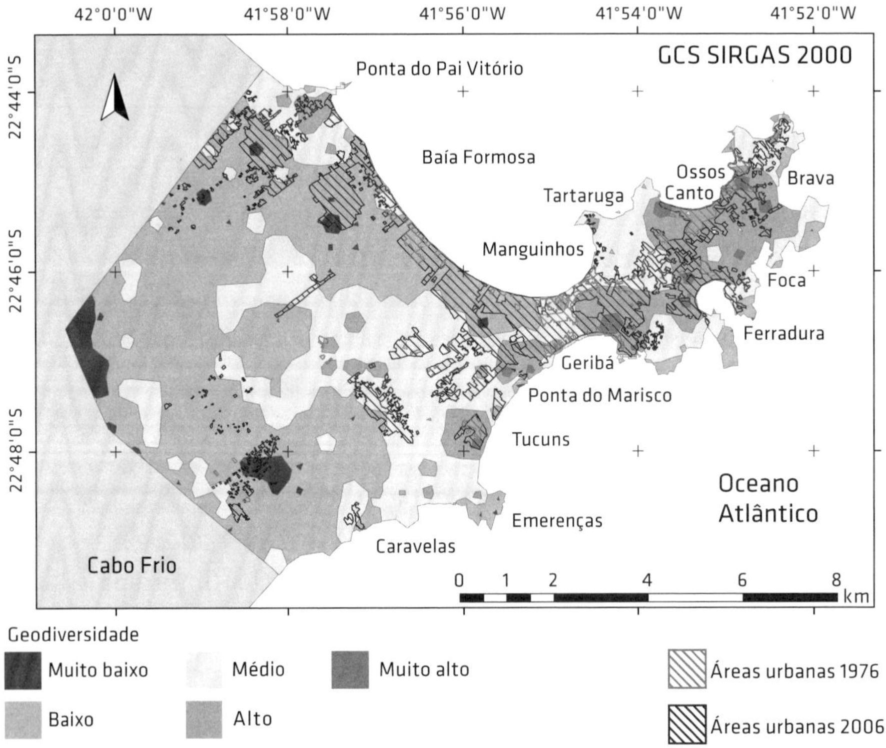

Fig. 1.4 *Mapa índice de geodiversidade de Armação dos Búzios, segundo a metodologia quantitativa, elaborado com base na integração de índices mapeados para a geologia, pedologia, geomorfologia e hidrografia*

Fonte: modificado de Santos et al. (2017).

unidade de território, delimitada pela matriz formada por áreas quadradas iguais, nas quais o número de unidades presentes em cada retículo é calculado automaticamente por meio do Sistema de Informação Geográfica (SIG) ou manualmente, o que se torna muito trabalhoso no caso de áreas amplas.

A Fig. 1.5 mostra o reticulado sobre o mapa geológico do Parque Estadual da Pedra Branca, no Estado do Rio de Janeiro (para cálculo do subíndice geologia), que utilizou o método de Pereira et al. (2013). A Fig. 1.6 mostra um *zoom* no reticulado com a contagem relativa à hierarquia dos rios (subíndice hidrografia). Para cada tema (geologia, geomorfologia, solos, hidrografia, sítios fossilíferos e recursos minerais), calcula-se um subíndice que, posteriormente, é agrupado para compor o mapa de riqueza (ou índice) de geodiversidade.

Metodologias de avaliação qualitativa da geodiversidade

A Companhia de Pesquisa de Recursos Minerais (CPRM, 2006), com base na produção do mapa de geodiversidade do Brasil na escala de 1:2.500.000, executou mapas de geodiversidade estaduais, disponíveis para *download* em <http://www.cprm.gov.br/publique/Gestao-Territorial/Geodiversidade/Mapas-de-Geodiversidade-Estaduais-1339.html>. As publicações apresentam os principais aspectos do meio físico que possuam relevância na interação com

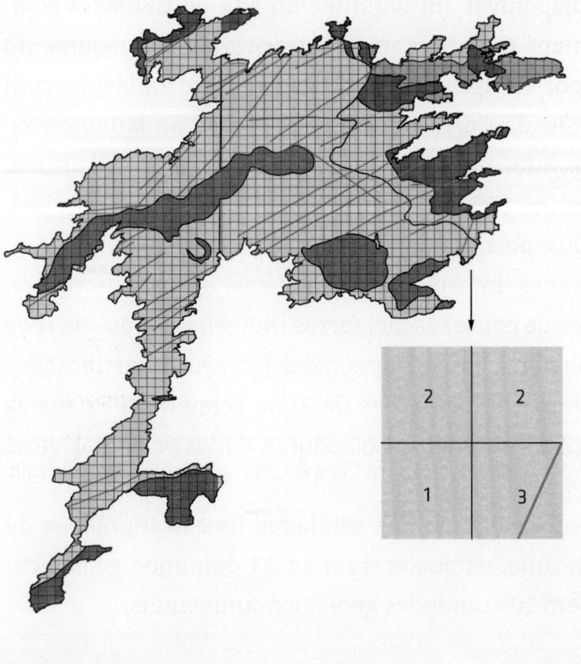

FIG. 1.5 *Mapa geológico do Parque Estadual da Pedra Branca sobreposto por grade regular. No detalhe, mostra-se a contagem de ocorrências dentro das células, incluindo-se unidades litológicas e estruturas* ◪
Fonte: Santos (2014).

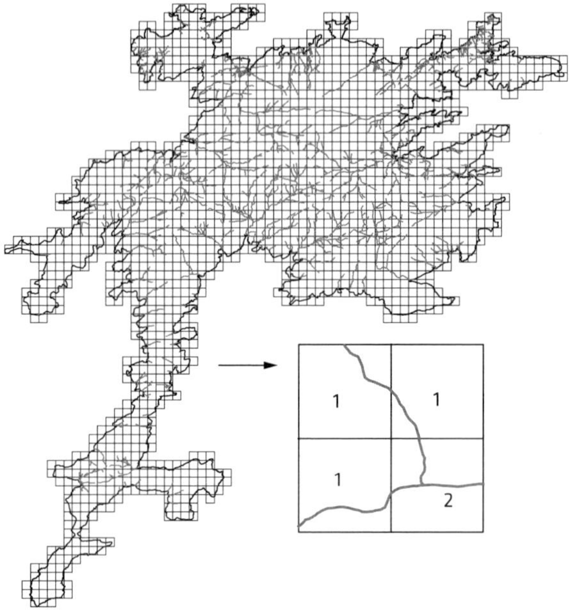

Fig. 1.6 *Mapa do Parque Estadual da Pedra Branca, com a representação do reticulado do subíndice hidrografia. No detalhe, mostra-se a pontuação adotada de acordo com a hierarquia dos canais: os azuis são de primeira ordem e o verde, de segunda* ◪ *Fonte: Santos (2014).*

o meio biótico e atividades antrópicas, buscando, com base na aplicação prática de uma visão sistêmica da geologia, obter um produto cartográfico que possa ser usado facilmente na gestão territorial.

A metodologia usada para a elaboração do mapa, incluindo a confecção do banco de dados, está disponível em detalhes no site da CPRM. O objetivo declarado para esse mapa é o ordenamento territorial e planejamento dos setores mineral, transportes, agricultura, turismo e meio ambiente, com base nas informações do SIG da Carta Geológica do Brasil ao Milionésimo considerando os planos de informações gerados pela geologia, estruturas, pelo modelo digital do terreno SRTM (Shuttle Radar Topography Mission), pelo Mosaico Geocover 2000 e pela drenagem na escala 1:1.000.000.

Para isso, foram utilizadas informações temáticas de infraestrutura, recursos minerais, unidades de conservação, terras indígenas, dados da rede hidrológica e de água subterrânea, áreas impactadas (erosão, desertificação), áreas oneradas pela mineração, informações da Zona Econômica Exclusiva da Plataforma Continental (ZEE), gasodutos e oleodutos, dados paleontológicos e geoturísticos.

Assim, com base na reclassificação das unidades litoestratigráficas da Carta Geológica ao Milionésimo, estabeleceram-se 23 domínios geológico-ambientais, subdivididos em 108 unidades geológico-ambientais.

Nesse modelo, o conceito de geodiversidade se traduz como uma ferramenta de análise da paisagem de modo integral, colocando o conhecimento do meio físico a serviço da conservação da natureza e do planejamento territorial (Dantas et al., 2015).

Para Armação dos Búzios, Santos (2016) elaborou um mapa de geodiversidade (Fig. 1.7) com base no mesmo modelo metodológico qualitativo da CPRM.

Tanto o mapa de índice de geodiversidade (Fig. 1.4) quanto o mapa de geodiversidade (Fig. 1.7) de Armação dos Búzios mostraram-se coerentes entre si e com a distribuição da biodiversidade municipal (Santos et al., 2017).

1.2 Patrimônio geológico: conceitos e desafios para proteção

1.2.1 Cultura, patrimônio e ciência

A primeira definição de cultura é atribuída a Edward Burnett Tylor, antropólogo britânico do século XIV. Para ele, cultura é o complexo que inclui conhecimento, crenças, arte, moral, leis, costumes e outras aptidões e hábitos adquiridos pelo homem enquanto membro da sociedade (Marconi; Presotto, 2006). Segundo esses autores, *cultura* é etimologicamente uma palavra de origem latina, proveniente do verbo *colere* (cultivar ou instruir) e do substantivo *cultus* (cultivo, instrução), com origem no ambiente agrário. Essa palavra é, ainda, usada para designar o grau de educação e instrução de uma pessoa. Os termos *culto* e *inculto*, apesar do uso popular, não são usados em antropologia, por discriminarem indivíduos (Marconi; Presotto, 2006). Todas as sociedades e pessoas são portadoras de cultura. Assim, os autores, após analisarem mais de uma centena de conceitos de cultura, concluem:

> A cultura, portanto, pode ser analisada, ao mesmo tempo, sob vários enfoques: ideias (*conhecimento* e filosofia); crenças (religião e superstição); valores (ideologia e moral); normas (costumes e leis); atitudes (preconceito e respeito ao próximo); padrões de conduta (monogamia, tabu); abstração do comportamento (símbolos e compromissos); instituições (família e sistemas econômicos); técnicas (artes e habilidades); e artefatos (machado de pedra, telefone). (Marconi; Presotto, 2006, p. 24, grifo da autora).

O conceito de cultura é aplicável no trato e na proteção dos bens naturais de valor científico. Cita-se, aqui, o caso do tombamento cultural, com base na importância da geodiversidade e biodiversidade de duas áreas de excepcional valor paisagístico e científico em Armação dos Búzios, promovido pelo

Instituto Estadual do Patrimônio Artístico e Cultural do Estado do Rio de Janeiro (Inepac). Considerando a possibilidade de altos ganhos com a ocupação dessas áreas, alguns proprietários buscaram na justiça uma utilização

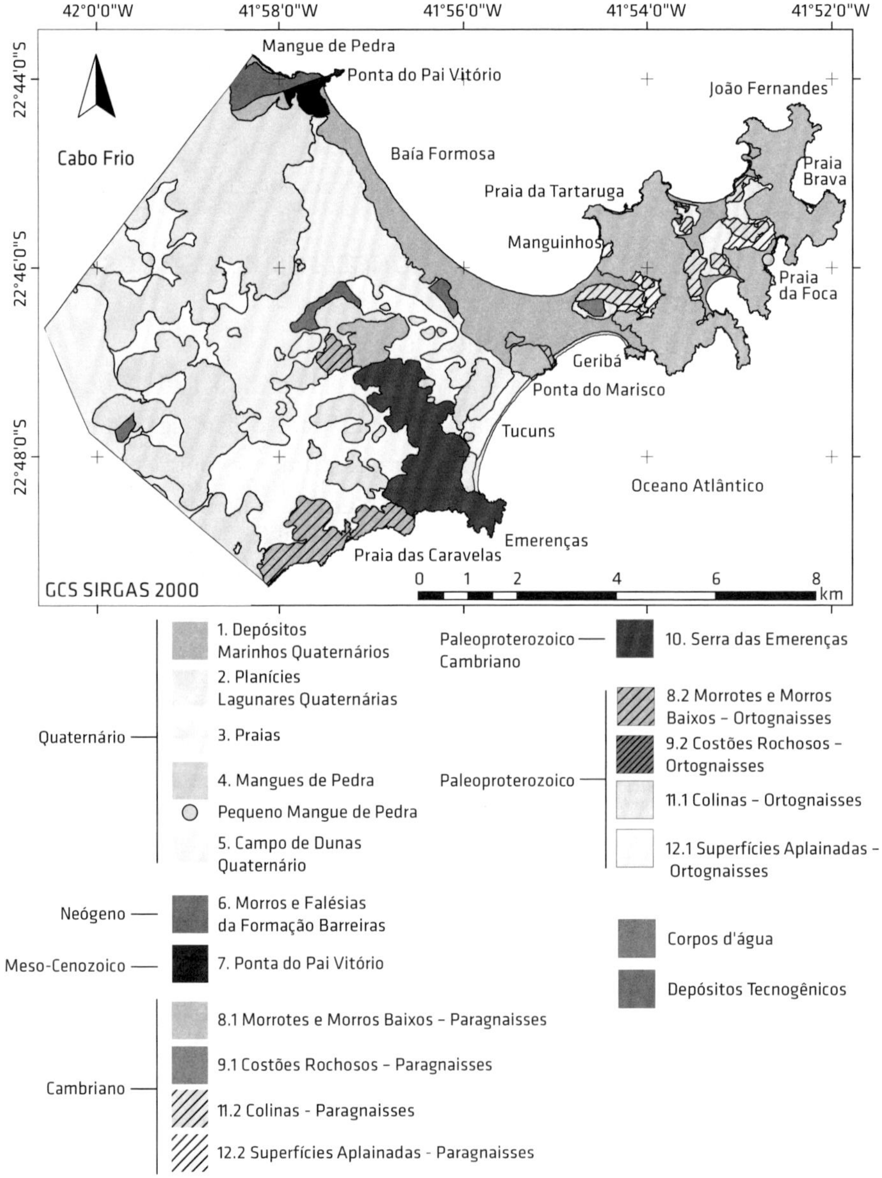

Fig. 1.7 *Mapa de geodiversidade de Armação dos Búzios, elaborado segundo a metodologia qualitativa da CPRM*

Fonte: Santos (2016).

mais intensiva dos terrenos, já que o tombamento restringiu seu percentual de ocupação. Por meio de ações no Judiciário, tentaram anular, ou diminuir, a abrangência do tombamento com base na discussão de que uma área natural não pode ser protegida por um instrumento que se baseia no valor cultural do bem, entre outros motivos. O procurador da Procuradoria-Geral do Estado do Rio de Janeiro (PGE-RJ) Fabio Santos de Macedo assim defendeu o tombamento (processo administrativo E-14/056.710/08, grifos do original):

> O termo cultura possui uma definição tão ampla que invariavelmente sua conceituação não abarcará todos os elementos que formam o seu conjunto. Contudo, *se podemos definir cultura como universo de valores característicos de uma sociedade, não há dúvidas que, para uma sociedade que é calcada pela razão, a ciência é valor que integra o núcleo do conceito de cultura.*

Patrimônio tem origem no latim *patrimonium* e significa herança. Remete ao conceito de valor, do que é herdado. Até a década de 1980, vigorava o conceito de patrimônio dividido em duas vertentes: (a) patrimônio cultural, que englobava os patrimônios históricos, artísticos e os culturais, em que cultural se distingue do artístico e do histórico; e (b) patrimônio natural, que englobava as riquezas da natureza (Oliveira, 2013). A Convenção de Paris de 1972 (Convenção para a Proteção do Patrimônio Mundial, Cultural e Natural) reproduz essa divisão. No entanto, no final do século XX, surge um conceito unificado, denominado "patrimônio total" (Oliveira, 2007), com valor cultural, incluindo a natureza, ecomuseus, patrimônio imaterial, entre outros. Para esse autor, a ciência e a sociedade compreenderam que a história do homem e da natureza está ligada a uma ecologia, onde o homem se apropria do meio para criar seu espaço (a cidade) e seu modo de produção (plantio) para, nesse contexto cultural, enfrentar as adversidades. Desta forma, a natureza tem um papel capacitador das criações, das conquistas e, mesmo, das derrotas humanas, registradas nos ecossistemas pela economia, sociologia, história e cultura. Oliveira (2007) conclui que dessa relação surge um patrimônio total que, mesmo estando intocável, é fonte de riquezas e até de futuros atos ilícitos do homem e, assim sendo, é cultural.

No Brasil, o conceito unificado de patrimônio encontra amparo no artigo 216 da Constituição de 1988, que apresenta os grandes grupos de bens de natureza material e imaterial que constituem o patrimônio cultural brasileiro. Entre eles, estão os sítios de valor histórico, paisagístico, artístico, arqueológico, paleontológico, ecológico e científico. A proteção do patrimônio é feita por meio do tombamento, embasada no Decreto-Lei nº 25 de 1937, parágrafo 2º do artigo 1º: "estão sujeitos a tombamento os monumentos naturais, bem como os sítios e paisagens que importe conservar e proteger pela feição notável com que tenham sido dotados, pela natureza, ou agenciados pela indústria humana". Pode ocorrer na esfera municipal, estadual ou federal.

Ressalta-se que esse artigo da Constituição modificou, por ampliação da abrangência, o conceito de patrimônio estabelecido pelo Decreto-Lei nº 25, de 30 de novembro de 1937, substituindo a denominação *patrimônio histórico e artístico* por *patrimônio cultural brasileiro* (http://portal.iphan.gov.br/pagina/detalhes/218).

1.2.2 Patrimônio geológico e geopatrimônio

São classificados como patrimônio geológico afloramentos únicos, formações geológicas, estilos de deformação e outros elementos geológicos de indubitável valor científico e ocorrência restrita. São exemplos didáticos os testemunhos da história geológica. Para sua preservação e reconhecimento da sua importância, são necessárias a difusão do conhecimento e a conscientização da sociedade em geral (Carvajal; González, 2003).

Brilha (2005) conceituou patrimônio geológico como o conjunto de geossítios de uma dada região, ou seja, o conjunto de locais bem delimitados geograficamente, nos quais ocorrem um ou mais elementos da geodiversidade com singular valor do ponto de vista científico, pedagógico, cultural, turístico ou outro.

Brilha (2016) realizou uma revisão de conceitos sobre patrimônio geológico e geoconservação, e, nesse sentido, modificou o conceito estabelecido por ele em seu livro de 2005. Criou uma divisão entre patrimônio geológico *in situ* e *ex situ*. Para ambos, ficou estabelecido o critério do valor científico como cerne do conceito.

Entende-se como valor científico as informações contidas naqueles sítios ou objetos que representam parte da história da Terra e de sua evolução ou um registro significante da história do conhecimento geológico. Classificou-se o patrimônio geológico *in situ* como "sítio do patrimônio geológico" ou geossítio; classificou-se o *ex situ* como "elemento do patrimônio geológico". Vale ressaltar que geossítios são afloramentos ou ocorrências naturais em seu local de origem (Fig. 1.8). Podem-se exemplificar os elementos do patrimônio geológico como amostras que compõem coleções científicas (Fig. 1.9), como as existentes nos acervos dos museus de geologia.

Muitos autores utilizam o termo *geossítio* como sinônimo de geomonumento, geotopo, ponto, local ou lugar de interesse geológico, entre outros. Mais recentemente, o termo *geopatrimônio* (relacionado ao termo em inglês

FIG. 1.8 *Patrimônio geológico* in situ *– afloramento de calcário laminado no qual funciona uma pedreira, de onde se retiraram fósseis de muitas novas espécies animais e vegetais do Cretáceo (Membro Crato da Formação Santana da Bacia do Araripe)*
Fonte: Carvalho et al. (2015).

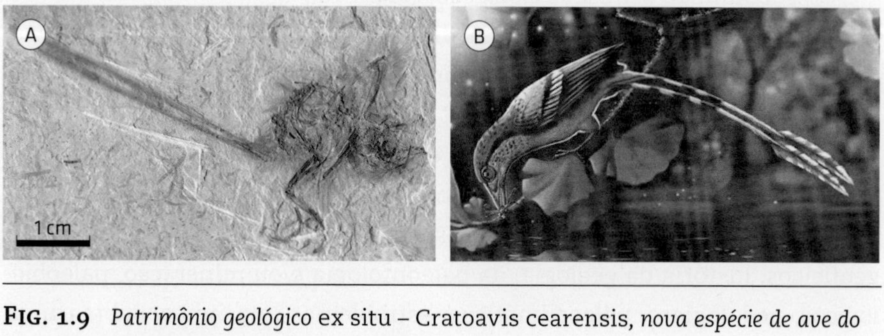

FIG. 1.9 *Patrimônio geológico* ex situ – Cratoavis cearensis, *nova espécie de ave do Cretáceo: (A) fóssil encontrado no afloramento/pedreira da Fig. 1.8, parte do acervo do Museu da Geodiversidade, e (B) sua reconstituição*
Fonte: Carvalho et al. (2015).

geoheritage) surgiu como novidade, defendido em especial por geomorfólogos como um termo mais abrangente, que abriga os patrimônios geológicos, geomorfológicos, pedológicos e outros (Rodrigues; Fonseca, 2008). Realizando-se uma simples pesquisa no Google, os resultados mostram que *patrimônio geológico* e *geological heritage* têm uso mais disseminado que os demais termos (Quadro 1.3).

Quadro 1.3 Número de resultados obtidos no Google, em consulta em junho de 2017, para os termos *geoheritage*, *geopatrimônio* + *geopatrimónio* (diferenças entre o português do Brasil e o de Portugal), *geological heritage* e *patrimônio geológico*

Termo	Número aproximado de resultados
Geoheritage	127 mil resultados em 0,34 segundo
Geopatrimônio + geopatrimónio	4.370 resultados em 0,44 segundo
Geological heritage	1.780.000 resultados em 0,44 segundo
Patrimônio geológico	620 mil resultados em 0,39 segundo

Independentemente das razões apresentadas para a mudança de um termo consagrado na literatura, o termo *geopatrimônio* vem ganhando força entre os autores de língua portuguesa. Em inglês, *geological heritage* e *geoheritage* têm sido usados com o mesmo sentido (Brilha, 2016).

García-Cortés (1996) classifica o patrimônio geológico por seu conteúdo, utilização e influência:

- *conteúdo*: estratigráfico, paleontológico, tectônico, hidrogeológico, petrológico, geotécnico, mineiro, mineralógico, geomorfológico, geofísico, geoquímico e museus e coleções (Fig. 1.10);
- *utilização*: turística, científica, didática e econômica;
- *influência*: local, estadual, nacional e internacional.

A classificação por conteúdo pode e deve ser adaptada à realidade local. Assim, diversos autores utilizam uma tipologia adaptada ao seu país ou região, apropriando-se de conteúdos diversos, como os gemológicos, geoquímicos, geofísicos, história da geologia, da paleontologia e/ou mineração, paleobiológicos, pedológicos, paleoclimáticos, astroblemas, marinhos, submarinos, metalogenéticos, metamórficos, sedimentares, ígneos, entre outros.

Como mencionado, o patrimônio do tipo geomorfológico tem sido tratado de maneira especial. Recebeu o nome particular de geomorfossítio e possui uma abordagem conceitual semelhante mas paralela ao do patrimônio geológico. Reynard (2005) apresenta um quadro-síntese com a evolução do conceito ao longo do tempo. Os geomorfossítios são paisagens geomorfológicas

Fig. 1.10 *Alguns exemplos de patrimônio geológico do Estado do Rio de Janeiro classificados por conteúdo: (A) estratigráfico – seção-tipo da Sucessão Búzios, onde foi datada a Orogenia Búzios (Ponta da Lagoinha, Armação dos Búzios, RJ); (B) tectônico – Falha do Pai Vitório (Armação dos Búzios, RJ); (C) geomorfológico – erosão diferencial na Fenda de Nossa Senhora, Ilha do Cabo Frio (Arraial do Cabo, RJ); (D) geoambiental – estromatólitos holocênicos na Lagoa Salgada (São João da Barra, RJ); (E) sedimentológico – areias granatíferas na praia do Forno (Armação dos Búzios, RJ); (F) petrológico – brecha vulcânica na Ilha do Cabo Frio (Arraial do Cabo, RJ)*

Fonte: (B) Gerhard Walter Garz e (C) Eliane Guedes.

às quais foram atribuídos valores científico, cultural/histórico, estético ou social/econômico pela percepção humana ou por sua explotação (Panizza, 2001). Para promover a divulgação e proteção dos geomorfossítios, a International Association of Geomorphologists (IAG) criou um grupo de trabalho em 2001 para atuar na conservação, educação e atratividade turística desses locais, segundo quatro vertentes: definição, metodologia para avaliação, método de mapeamento e proteção (Panizza; Piacente, 2008). Esse grupo de trabalho organizou eventos internacionais e publicações específicas, e o relatório final das suas atividades pode ser obtido em <http://www.geomorph.org/wp-content/uploads/2015/06/WGGS_Final_report_2009-2013.pdf>.

No caso do patrimônio paleontológico, vale ressaltar que, apesar dos processos geológicos envolvidos na fossilização, alguns autores, como Romero (1996), buscam uma forma de análise específica separadamente. Como a paleontologia, por vezes, trata isoladamente dos aspectos biológicos e funcionais dos organismos pretéritos, também parece haver uma tendência em separar o patrimônio paleontológico do geológico como um todo. Isso também aparece na legislação (Henriques et al., 2007), uma vez que os fósseis são caracterizados como patrimônio cultural da nação brasileira e possuem, assim, proteção diferenciada.

O patrimônio arqueológico não consta da lista de importância por conteúdo do patrimônio geológico, mas pode envolver informações sobre o paleoclima e paleoambiente do Quaternário, e, desse modo, pode auxiliar no entendimento da geologia de uma área. As oficinas líticas pré-históricas e as antigas minerações, incluindo equipamentos, podem ser enquadradas na categoria de patrimônio geomineiro, como parte da chamada arqueologia industrial (Guedes, 1999).

1.2.3 DESAFIOS PARA A PROTEÇÃO DO PATRIMÔNIO GEOLÓGICO

O patrimônio geológico sofre, obviamente, as mesmas ameaças que a geodiversidade. No caso do patrimônio geológico *ex situ* (elementos do patrimônio geológico, segundo Brilha, 2016), o principal problema encontrado está no acondicionamento adequado dos acervos, em que danos por impacto, armazenamento inadequado, perda de identificação ou alteração por formação de sais ou outros agentes provocam alteração nos objetos. Nesse caso, deve-se realizar a curadoria dos acervos com critérios específicos ao tipo e à fragilidade das peças. A curadoria paleontológica merece um destaque especial nesse aspecto (Carvalho, 2010).

Já para o patrimônio geológico *in situ* (geossítio ou sítio do patrimônio geológico de Brilha, 2016), deve-se chamar atenção para os casos em que as ameaças estão diretamente associadas ao seu uso científico e didático. Mansur, Ponciano e Castro (2017) chamam atenção para a demanda de um código de conduta para os trabalhos de campo no âmbito da geologia, porque afloramentos de grande valor patrimonial vêm sofrendo com as constantes visitas de campo, dado o uso indiscriminado do martelo por geólogos, professores e alunos. Entre as 29 medidas propostas para compor um código de conduta brasileiro, com base na geoética e na geoconservação, sete referem-se aos cuidados para minimizar a degradação dos afloramentos. De maneira geral, podem ser assim relacionados e resumidos:

- Estudantes não devem ser estimulados a destruir afloramentos durante os trabalhos de campo educacionais. A coleta deve ser mínima, se necessário, e os guias de campo devem alertar sobre as rochas que podem ou não ser marteladas. Deve-se ter em mente que as visitas frequentes com coleta aos afloramentos levam à sua destruição em médio e longo prazo.
- A amostragem com retirada de testemunhos pode causar muitos danos aos afloramentos (Fig. 1.11A). Quando necessária, deve ser feita em locais menos visíveis do afloramento e em pequenas quantidades. Depois da coleta, os furos devem ser recompostos conforme indicado na literatura internacional (por exemplo, MacFadyen, 2007, 2011 e Geologists' Association, 1995).

FIG. 1.11 *Danos e ameaças ao patrimônio geológico: (A) retirada de testemunhos em Salisbury Crags com tentativa não adequada de restauro (Edimburgo, Escócia) e (B) marcação para tentativa de furar poço no afloramento de estromatólitos neoproterozoicos na Fazenda Arrecife (Várzea Nova, BA)*

- A lista de sítios registrados e aprovados pela Comissão Brasileira de Sítios Geológicos e Paleobiológicos (Sigep) deve ser consultada antes de se iniciar os trabalhos de campo, visando à sua completa preservação.
- Os afloramentos não devem ser escalados, exceto se for essencial para o trabalho, especialmente se a área já estiver sofrendo processos erosivos.
- Os afloramentos não devem ser marcados permanentemente com tinta (Fig. 1.11B), porque isso pode ser considerado "pichação geológica". O uso de marcadores temporários removíveis (metálicos e com fitas coloridas) pode ser um bom método substituto.
- Se amostras forem coletadas, deve-se garantir que esses exemplares são essenciais para a pesquisa ou coleção, cuidando-se, na coleta, na preparação e no transporte, para não se perder informações relevantes.
- Deve-se extrair do local de coleta todas as informações de modo a maximizar o valor científico das amostras. Deve-se treinar os estudantes para esse tipo de preocupação.

1.3 Geoturismo: o desafio para a promoção do conhecimento sobre o meio abiótico para a sociedade

Desde o século XVII, relatam-se registros de visitas de viajantes a cavernas e minas em Peak District, no Reino Unido. Por esse motivo, Hose (2008) descreve essa região como o berço do geoturismo. No Brasil, a utilização mais remota do termo *geoturismo* parece ocorrer em 1970, com a publicação da *Cartilha geo-turística e rodoviária do Estado do Rio de Janeiro*. Essa publicação, acompanhada por um mapa na escala de 1:600.000, lista as festas e os eventos turísticos da época, distribuídos ao longo do ano e identificados por cidade fluminense, além de informações básicas sobre produção mineral, industrial, disponibilidade de estradas, existência de parques etc.

Hose (1995) fez a primeira definição do termo *geoturismo* como a provisão de serviços e facilidades interpretativas, a fim de possibilitar aos turistas a compreensão e aquisição de conhecimentos sobre um sítio geológico e geomorfológico, em vez da simples apreciação estética.

Em sua última atualização do conceito, Hose (2012) definiu geoturismo como a provisão de instalações e serviços interpretativos para geossítios e geomorfossítios e a topografia do entorno (incluindo artefatos *in situ* e *ex situ* associados), visando à sua conservação e gerando apreciação, aprendizagem e pesquisa para as atuais e futuras gerações. Assim, para Hose (1995, 2008, 2012), esse tipo de turismo se baseia na valorização dos aspectos geológicos/geomorfológicos dos sítios, para fruição dos visitantes.

Essa, no entanto, não é a abordagem de Stueve, Cooks e Drew (2002), utilizada pela *National Geographic Magazine*, em que os aspectos geográficos estão no centro do conceito. Para Stueve, Cooks e Drew (2002), o geoturismo é uma combinação de atributos naturais e culturais, que fazem com que um determinado local seja distinto do outro, enfocando as características geográficas do destino (Nascimento; Mansur; Moreira, 2015).

Outra definição, muito próxima à de Stueve, Cooks e Drew (2002), pode ser encontrada na Declaração de Arouca, elaborada durante o Congresso Internacional de Geoturismo que ocorreu sob os auspícios da Unesco no *geopark* Arouca, em Portugal:

> Entende-se o Geoturismo como o turismo que sustenta e incrementa a identidade de um território, considerando a sua geologia, ambiente, cultura, valores estéticos, patrimônio e o bem-estar dos seus residentes (Arouca, 2011).

Para Newsome e Dowling (2006), o geoturismo relaciona geologia, geomorfologia, recursos naturais e seus processos de evolução com o turismo, que, por sua vez, envolve visitação, de modo a gerar nas pessoas um sentimento de interesse, apreciação e entendimento.

Moreira (2011) trata o geoturismo como uma segmentação turística sustentável, realizada por pessoas com interesse em conhecer mais os aspectos geológicos e geomorfológicos de um determinado local, sendo essa a sua principal motivação na viagem.

Hose (2008) apresenta o geoturista como a pessoa que viaja com propósitos específicos, como: (a) educacional: alunos desde a pré-escola até os cursos de pós-graduação que visitam o local com fins de ampliação do conhecimento geológico, indo a centros de visitantes e trilhas interpretativas; e (b) recreacional: amadores que visitam os sítios por seus fósseis, minerais, rochas ou paisagens excepcionais – para esse autor, esses são os típicos visitantes dos geoparques, por exemplo.

O turismo (e o geoturismo, por conseguinte), como importante indutor econômico dos lugares, tem papel relevante nos projetos de uso da geodiversidade, com valores especiais (sejam considerados patrimônios geológicos ou não), porque pode induzir ao desenvolvimento local pela visitação e ganhos com hospedagem, gastronomia, compras de artesanatos e outros produtos, porém com a garantia da conservação do bem. Nesse ponto, vale chamar atenção para os casos de turismo denominado predatório, em que a degradação por uso inadequado pode levar até a perda do bem ou ao desinteresse para futura visitação.

1.3.1 Interpretação

Mas quem é esse geoturista? Em que está interessado? O que já sabe? O que pensa sobre o que está disponível para ele no local? Essas perguntas, segundo Costley (2001), devem orientar na identificação das demandas e dos interesses dos visitantes para o sucesso de um plano de interpretação. É corrente a aplicação de questionários para identificar as respostas a essas perguntas. Afinal, a opinião do visitante deve ser ouvida para que melhorias sejam aplicadas na gestão da informação sobre o local.

Segundo Tilden (1957), a interpretação é uma atividade educacional que pretende revelar significados e relações por meio da utilização de objetos originais, de experiências por contato direto com o recurso ou por meios ilustrativos, em vez de simplesmente comunicar informações factuais. Para alcançar seu objetivo, a interpretação lança mão de diversas ferramentas, como painéis interpretativos, folhetos, mapas, guias impressos, centros de visitantes e visitas guiadas em trilhas ou em espaços musealizados.

No Brasil, a interpretação sobre a geodiversidade e o patrimônio geológico encontra em painéis interpretativos, folhetos e em páginas na internet seus instrumentos mais comuns. Mansur et al. (2013) apresentaram os principais programas institucionais brasileiros executados à época, com o objetivo de promover o patrimônio geológico (Fig. 1.12).

Guias geoturísticos virtuais estão sendo elaborados em particular para projetos de geoparques, como no caso do geoparque Seridó, para o qual foi desenvolvido um aplicativo com informações sobre os geossítios inventariados e descritos na região do Seridó potiguar (http://www.geoparqueserido.com.br/2016/08/22/aplicativo-geoparque-serido).

1.3.2 Geoturismo urbano

O geoturismo urbano desenvolve-se nas cidades e possibilita a inclusão de discussões sobre geoconservação no centro urbano, onde se encontra a maior parte da população (Liccardo; Mantesso-Neto; Piekarz, 2012). Segundo dados da ONU (2014), a população urbana mundial era de 54% em 2014 e será de 66% em 2050.

Em geral, as cidades possuem atrativos para os turistas, mas nem sempre para os geoturistas. Assim, o desenvolvimento do geoturismo nas cidades torna-se cada dia mais estratégico e necessário. Algumas cidades, como o Rio de Janeiro, possuem afloramentos rochosos dentro do centro urbano,

FIG. 1.12 *Ferramentas de interpretação utilizadas em projetos brasileiros: (A) painel interpretativo implantado pelo projeto geopark Quadrilátero Ferrífero (MG); (B) painel do Projeto Caminhos Geológicos (RJ); (C) painel do Projeto Sítios Geológicos e Paleontológicos (PR); (D) imagem de papel de bandeja/minitoalha distribuído durante o 43° Congresso Brasileiro de Geologia, em Aracaju (SE), que fez parte do Projeto Caminhos Geológicos da Bahia; (E) painel do Projeto Monumentos Geológicos (RN); (F) painel no Parque do Varvito (SP)*
Fonte: (A) Andrea Trevisol, (B) Kátia Mansur, (C) Gil Piekarz, (E) Marcos Nascimento e (F) acervo IG/SMA – dezembro de 2009.

o que permite o uso desses sítios naturais para a interpretação ambiental de cunho geológico, mas essa não é a regra das cidades. Porém, os prédios, históricos ou não, possuem rochas ornamentais em quantidade e variedade que permitem projetos de roteiros turísticos urbanos.

Curitiba foi a primeira cidade brasileira a ter um guia geoturístico (Liccardo; Piekarz; Salamuni, 2008), seguida de São Paulo (Del Lama et al., 2015) e do Centro Histórico de Natal (Silva et al., 2015). No Rio de Janeiro, Medeiros e Polck (2017) publicaram um artigo sobre o geoturismo paleontológico no Centro Histórico, enquanto Mansur et al. (2016) e Silva e Mansur (2017) trataram de um roteiro geoturístico no centro da cidade (Fig. 1.13).

Fig. 1.13 *Geoturismo urbano: (A) banco com rochas fossilíferas do Jurássico da Inglaterra (Euston Station, Londres) e (B) decoração esculpida em gnaisse facoidal na fachada do Museu das Ciências da Terra (CPRM, Rio de Janeiro, RJ)*
Fonte: (B) Vitor Nascimento.

1.4 Geoconservação

Erikstad (2008) indicou a proteção da caverna de Baumann, na Alemanha, em 1668, como o primeiro caso de proteção legal atribuída a um sítio natural. Essa caverna foi objeto de uma ordem de conservação do duque de Brunswick-Lüneburg, Rudolf August, que decretou o controle de acesso ao seu interior de maneira a preservá-la e designou um trabalhador para supervisionar a visitação ao monumento natural. A caverna de Baumann é um dos geossítios do Harz Geopark (http://www.harzregion.de/files/rvh/downloads/Landmarken_Englisch/RVH%20Landmark%2013.pdf).

Alguns sítios também são parte da história da geoconservação desde o século XIX, como a Hutton's Rock, em Salisbury Crags, Edimburgo, Escócia (Fig. 1.14), protegida a pedido do próprio James Hutton, que impediu que ela fosse explorada pela empresa mineradora que existiu naquele lugar, e

Fig. 1.14 *Rocha (veio hidrotermal rico em hematita) preservada de ser explotada na antiga pedreira de Salisbury Crags por solicitação de James Hutton*

as estrias glaciais descritas por Agassiz, também localizadas em Edimburgo (Thomas; Warren, 2008).

Outro importante marco histórico para a geoconservação foi a criação do Parque Nacional de Yellowstone, em 1872, o primeiro parque dos Estados Unidos. Com ele, iniciou-se a história das unidades de conservação no mundo.

1.4.1 Conceitos

As diversas definições da literatura especializada sobre geoconservação não são antagônicas, e muitas se completam. Para Sharples (2002), um dos primeiros autores a propor uma definição formal para o termo, a geoconservação visa preservar a geodiversidade relacionada aos importantes processos e feições geológicas, geomorfológicas e de solos, garantindo a manutenção da história de sua evolução em termos de velocidade e magnitude. A essa definição, Brilha (2005) acrescentou a gestão do patrimônio geológico e dos processos naturais associados.

Worton (2008) definiu que a geoconservação compreende as intenções e atividades desenvolvidas para conservar e proteger feições e processos geológicos para benefício das futuras gerações. Carcavilla Urqui, López-Martínez e Durán (2007) a definiram como o conjunto de técnicas e medidas destinadas a assegurar a conservação do patrimônio geológico e da geodiversidade, com base na análise de seus valores intrínsecos, vulnerabilidade e risco de degradação.

Nascimento, Mansur e Moreira (2015) ressaltam que o termo *geoconservação* tem sido usado para englobar as atividades relacionadas à proteção do patrimônio geológico, desde as ações de levantamento básico até as práticas de gestão. Destacam, ainda, a publicação de dois livros sobre a temática: *The history of geoconservation*, editado por Burek e Prosser (2008), e *Geoconservación*, de Carcavilla Urqui (2012). No Brasil, o livro *Geodiversidade, geoconservação e geoturismo: trinômio importante para proteção do patrimônio geológico* (Nascimento; Ruchkys; Mantesso-Neto, 2008) cumpre esse mesmo papel, apesar de ter uma abordagem mais ampla.

Porém, Brilha (2016), em sua revisão teórica sobre o tema, propôs um esquema conceitual que abarca a geodiversidade, o patrimônio geológico e a geoconservação (Fig. 1.15), ajustando conceitos e incorporando as discussões que vinham sendo feitas.

Nesse esquema, pode-se enquadrar, além do valor científico, outros valores que também dão *status* patrimonial à geodiversidade, que lhe dá a

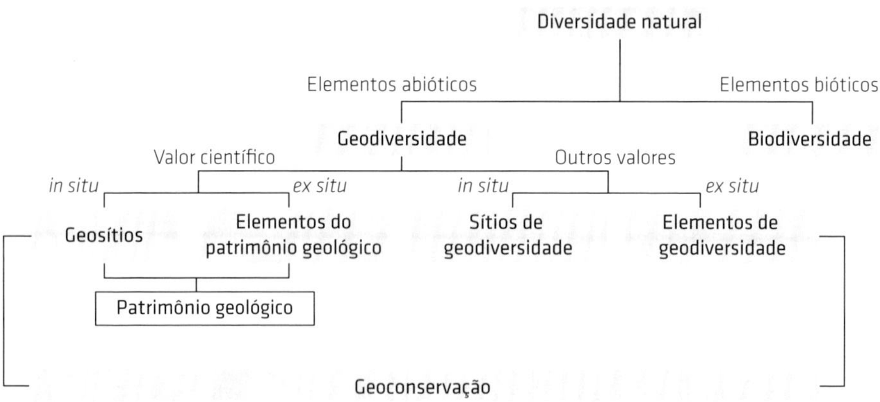

FIG. 1.15 *Esquema conceitual da relação entre geodiversidade e seus valores, patrimônio geológico, outros tipos de patrimônio e geoconservação*
Fonte: Brilha (2016).

caracterização como patrimônio geológico. Outros valores, como o educacional, turístico ou identitário de uma população, serão relacionados aos sítios de geodiversidade (*in situ*) e elementos da geodiversidade (*ex situ*), mas também podem ser atribuídos como valores adicionais aos geossítios.

Para Henriques et al. (2011), a geoconservação pode ser caracterizada como uma geociência emergente, dentro das ciências da Terra e do espaço, e reivindicar essa classificação. Segundo os autores, ela cumpre com os requisitos básicos utilizados modernamente para a aceitação de criação de novas disciplinas. Tais requisitos são: (a) ampliação do número de pessoas que trabalham na temática em tempo integral, com posições e estruturas de carreira definidos; (b) estabelecimento de qualificações (por exemplo, doutores) que dão certificação à ciência por suas competências científicas; (c) implantação de processos de treinamento com o surgimento de grupos de pesquisa; (d) desenvolvimento de nomenclatura técnica própria; (e) crescente autoconsciência por parte dos profissionais, com a criação de associações e publicações científicas e profissionais; e (f) estabelecimento de sistemas de recompensa para reconhecer melhores práticas e praticantes. Os autores apresentaram diversos exemplos que apoiam essas afirmativas.

No Brasil, Ruchkys, Mansur e Bento (2017) avaliaram a produção acadêmica de mestrados e doutorados entre 2003 e abril de 2016, os quais possuíam no título os termos *geodiversidade*, *patrimônio geológico*, *geoturismo*, *geoconservação* e *geoparque*, e concluíram que 80 defesas haviam sido feitas no período, sendo 15 de doutorado e 65 de mestrado. Isso demonstra uma significativa produção acadêmica e mostra uma perspectiva de ampliação desses números, uma vez que os pesquisadores formados nesse grupo hoje já orientam pesquisas na mesma temática.

1.4.2 Passos estratégicos para se alcançar a geoconservação

Brilha (2005) sugere a execução de seis etapas como requisito básico para se promover a geoconservação de uma dada área: inventário, quantificação do valor, proteção legal, divulgação/valorização, conservação e monitoramento.

Inventário

O inventário é uma ferramenta aplicada para todos os tipos de patrimônio, tanto natural quanto construído, tanto material quanto imaterial. É usado para reconhecer o valor patrimonial dos bens e divulgá-los, feito em bases técnico-

-científicas e utiliza pareceres e pesquisas para comprovar a importância dos bens listados. A singularidade/monumentalidade/excepcionalidade são atributos que se buscam identificar em cada bem inventariado, de modo a realçar seu valor e justificar sua proteção. Não é diferente do objetivo de um inventário de patrimônio geológico, que, sem dúvida, é a primeira e essencial tarefa a ser realizada para fins de reconhecimento e geoconservação (Brilha, 2005).

Em uma perspectiva de caracterização de sítios como patrimônio geológico mundial, a União Internacional para Conservação da Natureza (IUCN) produziu um estudo em 2005 (http://cmsdata.iucn.org/downloads/geology.pdf) que também discute o papel dos inventários nacionais e da importância da análise comparativa para a identificação do "valor universal excepcional" tratado pela Convenção do Patrimônio Mundial, aprovada pela Unesco em Paris, em 1972. Avançou na caracterização da tipologia associada ao patrimônio geológico, sugerindo 13 temas para enquadramento. Realizou, ainda, um apanhado dos principais elementos utilizados nos diversos países, para inventariar e avaliar o valor dos sítios geológicos/geomorfológicos.

Desde 1998, a Sigep é a organização brasileira que trabalha com um modelo unificado para o inventário nacional (http://sigep.cprm.gov.br). Um de seus objetivos é organizar e gerenciar a base de dados de sítios geológicos brasileiros e divulgá-los por meio de publicações específicas e na internet. Três volumes já foram publicados com descrição de sítios. Porém, desde 2012 as ações da Sigep estão paralisadas, aguardando a institucionalização das suas atribuições legais, ligada à salvaguarda do patrimônio inventariado.

Lima (2008) realizou um estudo bastante completo e propôs uma metodologia unificada para a concretização de um inventário nacional, considerando a CPRM a instituição que deve organizá-lo e mantê-lo, com a participação de Estados e cientistas. Nesse trabalho, outros inventários nacionais foram apresentados e discutidos, como os do Reino Unido, Espanha, Portugal e Suíça. Para a autora, os pontos fortes encontrados entre os inventários pesquisados foram: (a) atividades participativas envolvendo pesquisadores na elaboração dos inventários; (b) utilização de critérios qualitativos para seleção dos geossítios; e (c) utilização de contextos geológicos ou *frameworks* para sistematizar os inventários. Como pontos negativos, são relacionadas dificuldades para a sensibilização de governantes e mesmo de cientistas.

García Cortés e Carcavilla Urqui (2009) publicaram as bases do inventário espanhol, com detalhamento da metodologia de levantamento dos sítios, incluindo quantificação dos valores científico, educativo, turístico e do risco de degradação. Brilha (2016) também atualizou seu modelo de inventário e quantificação do valor dos sítios, aproximando-se, de modo geral, ao modelo espanhol.

A CPRM, com base nos modelos de García Cortés e Carcavilla Urqui (2009) e Brilha (2016), desenvolveu uma plataforma digital para inserção do inventário nacional, denominada GEOSSIT (http://www.cprm.gov.br/geossit), elaborada para ser alimentada e consultada via internet. Incluem inventário e entrada de dados e cálculo automático para quantificação do valor dos sítios.

São Paulo é o único Estado que possui um projeto estruturado para criação do seu inventário, com bases metodológicas bem definidas, cuja execução encontra-se em andamento sob a coordenação da Universidade de São Paulo (USP) (Garcia et al., 2017).

Um sítio pode ser localizado partindo-se de um ponto ou mesmo compor toda uma área. Com base nisso, Fuértes-Gutiérrez e Fernández-Martínez (2010) propuseram uma classificação, considerando sua possível delimitação e abrangência como ponto, seção/percurso, área, mirante ou área complexa.

No geral, o inventário se baseia em um levantamento preliminar de sítios, realizado com pesquisadores das áreas, que indicam os mais relevantes. Assim, passa-se a uma segunda etapa: a quantificação do valor.

Quantificação do valor

A valoração (ou quantificação do valor dos sítios) busca demonstrar a relevância do patrimônio para dar suporte às ações de geoconservação, com o mínimo de critérios subjetivos. Em geral, os métodos de avaliação quantitativa dos sítios utilizam parâmetros de pontuação por atribuição de notas e estabelecimento de um *ranking* comparativo. Recentemente, García Cortés e Carcavilla Urqui (2009) e Brilha (2016) segmentaram a análise para avaliar cada sítio por valores específicos/potencial de uso (científico, educativo e turístico) e risco de degradação.

A literatura sobre valoração de patrimônio geológico remonta da década de 1990, quando, Cendrero Uceda (1996), Brilha (2005), García-Cortés e Carcavilla Urqui (2009) e Brilha (2016), entre outros, apresentaram seus modelos. O método proposto por Brilha (2016) separa a forma de cálculo e enquadramento para geossítios de maneira diferenciada dos sítios de geodiversidade. Já Pena dos Reis e Henriques (2009) inovaram na forma de valoração, apresentando um esquema de classificação com base no enquadramento em um gráfico. Esse método foi utilizado por Henriques, Tavares e Bala (2013), e o enquadramento para o *ranking* proposto se baseou, também, em entrevistas e pesquisas na internet. Pena dos Reis e Henriques (2015) utilizaram esse mesmo método como base para o enquadramento do patrimônio paleontológico, extrapolando, até mesmo, para o patrimônio *ex situ*, resguardado nas coleções de fósseis e, também, de rochas e minerais.

Já o patrimônio geomorfológico apresenta uma gama muito maior de metodologias publicadas. Pereira (2006) avaliou os métodos de mais de uma dezena de autores e, com base nas avaliações realizadas, propôs um novo método que buscou sintetizar os vários tipos em uma proposta integrada.

Na lógica de Brilha (2005), após a valoração é fundamental que os sítios considerados mais valiosos no *ranking* sejam protegidos, caso ainda não o sejam, por algum tipo de legislação.

Classificação (ou proteção legal)

Esta seção refere-se ao enquadramento dos geossítios de interesse na legislação de proteção. No Brasil, não existe uma figura legal específica para a proteção do patrimônio geológico. Porém, pelo ponto de vista da lei do Sistema Nacional de Unidades de Conservação (Snuc), a Lei Federal nº 9985, de 18 de julho de 2000, que regula as áreas protegidas onde pode haver esse enquadramento, faz menção à importância geológica e a outros aspectos do meio físico no Artigo 4º, conforme trechos selecionados a seguir:

> Art. 4º - O SNUC tem os seguintes objetivos: [...]
> III - contribuir para a preservação e a restauração da diversidade de ecossistemas naturais; [...]
> VI - proteger paisagens naturais e pouco alteradas de notável beleza cênica;
> VII - proteger as características relevantes de natureza geológica, geomorfológica, espeleológica, arqueológica, paleontológica e cultural;
> VIII - proteger e recuperar recursos hídricos e edáficos; [...]
> X - proporcionar meios e incentivos para atividades de pesquisa científica, estudos e monitoramento ambiental; [...]
> XII - favorecer condições e promover a educação e interpretação ambiental, a recreação em contato com a natureza e o turismo ecológico. [...]

As unidades de conservação contidas no Snuc podem ser do tipo de proteção integral ou de uso sustentável. O primeiro grupo sempre será mais adequado para a proteção total do sítio. O monumento natural pode ser destacado como uma das formas mais apropriadas de enquadramento do patrimônio geológico no Snuc: (a) Monumento Natural dos Pontões Capixabas, no Espírito Santo (esfera federal); (b) Monumento Natural das Árvores Fossilizadas, no Tocantins, e Monumento Natural Vale dos Dinossauros, na Paraíba (esfera estadual); e (c) Monumento Natural dos Costões Rochosos, em Rio das Ostras (RJ), e Monumento Natural dos Morros do Pão de Açúcar e da Urca, no Rio de Janeiro (RJ) (esfera municipal). Ponciano et al. (2011) mencionam outras categorias do Snuc que também já foram utilizadas para a proteção ao patrimônio geológico, como parques (em níveis nacional, estadual ou municipal) e áreas de proteção ambiental (APAs). Existem também raras exceções de unidades de conservação cuja temática é essencialmente paleontológica, como o parque paleontológico de São José de Itaboraí (Itaboraí, RJ). A APA Carste de Lagoa Santa (MG) também é um exemplo de unidade de conservação de grande importância histórica e científica para a Paleontologia, por conter registros de megafauna pleistocênica e do fóssil de hominídeo mais antigo do Brasil.

Por outra vertente, e como já mencionado anteriormente, sítios de valor histórico, paisagístico, artístico, arqueológico, paleontológico, ecológico e científico estão protegidos pela Constituição Federal (art. 216) como patrimônio cultural brasileiro. Esse foi o caminho encontrado, a partir de 1931, para a salvaguarda de bens de valor patrimonial. Assim, foram firmados documentos no âmbito dos organismos internacionais e mesmo nacionais (Cury, 2004), o que se convencionou chamar de cartas patrimoniais. Essas cartas não têm valor de legislação; entretanto, os governos são aconselhados a produzirem regulamentos acompanhando as recomendações nelas expressas.

A legislação sobre patrimônio evoluiu com o tempo em termos de abrangência, modos de gestão e divulgação. Se na década de 1930 a discussão girava em torno da preservação do patrimônio histórico e da expansão urbana, na década de 1950 o restauro do patrimônio danificado pela Segunda Guerra Mundial foi tema em dois congressos internacionais (Pelegrini, 2006). O patrimônio natural foi incorporado efetivamente às discussões com a Carta de Paris de 1972, e o imaterial ganhou força com a Carta de Fortaleza de 1997.

No século XXI, a discussão avança para as paisagens e os itinerários culturais, incluindo, então, valores múltiplos na concepção do patrimônio. Se por um lado as primeiras cartas já incluíam temas relacionados à educação patrimonial em seu escopo, por outro, o alcance das ações evoluiu para uma participação mais efetiva das comunidades na definição e proteção dos bens patrimoniais. Pelegrini (2006) cita a importância da valorização das tradições formadoras da nacionalidade para a apropriação dos valores patrimoniais pela sociedade e destaca, como ações concretas, as novas formas de acautelamento, como o registro dos bens imateriais, e os programas para formação de mão de obra local para restauro de bens.

Também já existem exemplos da realização de tombamento de geossítios pelo Instituto do Patrimônio Histórico e Artístico Nacional (Iphan) e por órgãos estaduais de defesa do patrimônio, como a Floresta Fóssil do Rio Poti, em Teresina (PI), as crateras de impacto (astroblemas) em Colônia (SP) e em Vista Alegre (PR), e os costões rochosos de Armação dos Búzios (RJ). Essa estratégia pode ser aplicada aos sítios integrados à cultura local, que possuem grande valor paisagístico e importância para o ambiente urbano, de acordo com o Decreto-Lei nº 25, de 30 de novembro de 1937, que organiza a proteção ao patrimônio histórico e artístico nacional.

Entretanto, Pereira, Brilha e Martinez (2008) ressaltam que o acautelamento dado pela vertente cultural do patrimônio geológico não é efetivo no Brasil, pois as entidades relacionadas a esse setor ainda não possuem tradição nem equipe especializada para avaliar os aspectos geológicos e paleontológicos dos sítios culturais. Esses autores mencionam as categorias do Snuc, em particular a dos monumentos naturais, como as mais adequadas à conservação do patrimônio geológico. Mansur (2010) apresentou uma discussão detalhada sobre a legislação relativa ao patrimônio geológico e ao ordenamento territorial.

Conservação

A conservação pressupõe a manutenção da integridade do geossítio, podendo incluir restrições de uso e até a implantação de barreiras físicas para impedir a aproximação do visitante. Vale ressaltar que a retirada de amostras pode danificar o afloramento, suprimindo algumas feições/estruturas raras ou didáticas que foram descritas, por exemplo, em publicações de referência. Aliás, os códigos de conduta para trabalhos de campo têm essa finalidade. Outras maneiras comuns de degradação de afloramentos são ações de vandalismo (pichação, por exemplo), roubo de amostras (em particular de fósseis) ou o uso indiscriminado de miniperfuratrizes em afloramentos de ampla visitação didática ou científica.

Outro meio de conservação refere-se aos cuidados relativos aos elementos da geodiversidade existentes nos prédios históricos, esculturas e monumentos. Isso se dá com base no diagnóstico de alterações por causas naturais e antrópicas – ver Icomos (2008) e Fig. 1.16 – e nas intervenções que possibilitam dar estabilidade e funcionalidade às obras. Os diagnósticos das

GENERAL TERMS - TERMOS GERAIS

Alteration	Alteração
Damage	Dano
Decay	Decaimento
Degradation	Degradação
Deterioration	Deterioração
Weathering	Meteorização/ Intemperismo

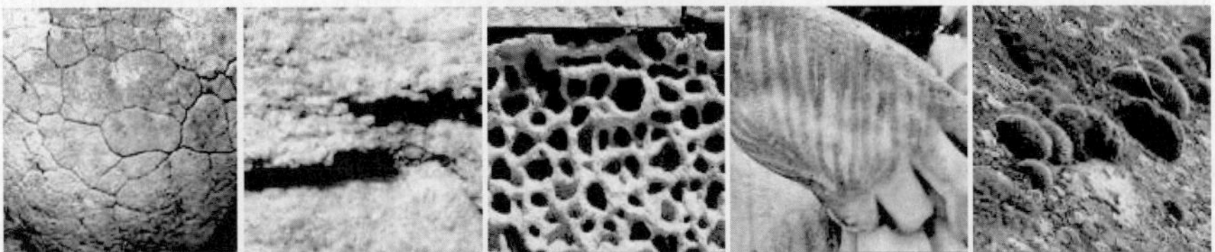

Crack & deformation — Fenda e deformação

- **Crack** Fenda
- **Fracture** Fratura
- **Star crack** Fendas em estrelas
- **Hair crack** Fissura
- **Craquele** Craquelê
- **Splitting** Divisão
- **Deformation** Deformação

Detachment — Destacamento em área

- **Blistering** Bolha
- **Bursting** Estalado
- **Delamination** Delaminação
- **Exfoliation** Esfoliação
- **Desintegration** Desagregação
- **Crumbling** Esboroamento
- **Granular disintegration** Desagregação granular
  - **Powdering, Chalking** Pulverização
  - **Sanding** Arenização
  - **Sugaring** Sugaring
- **Fragmentation** Fragmentação
- **Splintering** Fragmentação em esquírolas
- **Chipping** Lascagem
- **Peeling** Destacamento peculiar
- **Scaling** Destacamento em espessura
- **Flaking** Descamação
- **Contour scaling** Desplacamento contornante

Features induced by material loss — Formas devidas à perda de material

- **Alveolization** Alveolização
- **Coving** Escavado
- **Erosion** Erosão
- **Differental erosion** Erosão diferencial
- **Loss** Perda:
  - **of components** de componentes
  - **of matrix** de matriz
- **Rounding** Arredondamento/ boleamento
- **Roughening** Aumento da rugosidade
- **Mechanical damage** Danos de origem mecânica
- **Impact damage** Dano de impacto
- **Cut** Incisão
- **Scratch** Risca
- **Abrasion** Abrasão
- **Keying** Apicoado/ Picado
- **Microkarst** Microcarsificação
- **Missing part.** Lacuna
- **Gap** Falta
- **Perfuration** Perfuração
- **Pitting** Corrosão

Discoloration & deposit — Alteração cromática e depósito

- **Crust** Crosta
- **Black crust** Crosta negra
- **Salt crust** Crosta de sal
- **Deposit** Depósito
- **Discolouration** Alteração cromática
- **Colouration** Coloração
- **Bleaching** Descoloração
- **Moist area** Mancha de umidade
- **Staining** Mancha
- **Efflorescence** Eflorescência
- **Encrustation** Incrustação
- **Concretion** Concreção
- **Film** Filme
- **Glossy aspect** Aspecto brilhante
- **Graffiti** Grafite
- **Patina** Pátina
- **Iron rich patina** Pátina rica em ferro
- **Oxalate patina** Pátina de oxalatos
- **Soiling** Sujidade
- **Subflorescence** Subflorescência

Biological colonization — Colonização biológica

- **Biological colonization** Colonização biológica
- **Alga** Algas
- **Lichen** Líquenes
- **Moss** Musgo
- **Mould** Bolor
- **Plant** Plantas

Fig. 1.16 *Nomenclatura das morfologias de alteração das rochas em monumentos. As palavras não traduzidas para o português se devem à manutenção pelo Icomos do termo na língua inglesa na tradução oficial das morfologias de alteração*
Fonte: Icomos (2008).

alterações, baseados geralmente em ensaios não destrutivos realizados *in situ*, apresentam-se como uma importante área de pesquisa atual (Fitzner, 2016; Delgado Rodrigues, 2016).

Valorização e divulgação

Valorização é o conjunto de ações executadas para demonstrar a importância do geossítio, como painéis interpretativos, folhetos, mídia eletrônica, entre outros. A compreensão pela população dos fenômenos que geram os monumentos geológicos é essencial para a promoção da geoconservação, porém, a divulgação da informação à sociedade deve ser feita desde que não leve perigo à integridade do local. Por esse motivo, a divulgação de alguns sítios só deve ser realizada após sua proteção legal (Brilha, 2005).

O objetivo da divulgação científica é transmitir uma mensagem com conteúdo científico, por meio da decodificação de termos pouco usuais para uma linguagem acessível ao público leigo (Mansur, 2009). Busca-se, portanto, alcançar o maior número de pessoas. A geoconservação depende do apoio da sociedade para se concretizar, mas esse apoio só será obtido se houver um entendimento da importância desses locais de interesse geológico, o que pressupõe a absorção de informações e conceitos básicos pelos cidadãos. As iniciativas em curso no Brasil mostram que é possível promover projetos de sucesso para a popularização das geociências para as comunidades. Porém, indicam que é fundamental a existência de um programa de divulgação científica articulado, que contemple o sistema educacional formal e a população como um todo.

A divulgação é um dos aspectos mais sensíveis em uma proposta de geoconservação. Leva em consideração o entendimento do público sobre conceitos muitas vezes pouco presentes no dia a dia, mas que podem fazer parte do cotidiano sem que seja percebido (materiais de construção, combustíveis, inundações, movimentos de massa, entre outros). Museus, centros de ciência e outros aparatos de comunicação também fazem parte desse grupo de ferramentas de comunicação e popularização da ciência.

Monitoramento

O monitoramento refere-se ao acompanhamento sistemático da situação dos geossítios para verificação do possível alcance das ações antrópicas sobre eles. Vale ressaltar que algumas alterações podem ser naturais, como erosão ou crescimento de vegetação. A capacidade do local em receber visitantes deve ser avaliada. Para Brilha (2005), é importante que o monitoramento seja realizado pela mesma equipe, sempre com apoio de registro fotográfico.

1.4.3 Geoparques, uma breve introdução

Os geoparques podem ser entendidos como soluções do século XXI para a geoconservação de áreas relevantes, com base em seu uso e no comprometimento das populações residentes no território. Desde 2016, a Unesco é a entidade promotora desse programa internacional (http://www.unesco.org/new/en/natural-sciences/environment/earth-sciences/unesco-global-geoparks), e desde 2004 ela chancelava o programa, que era conduzido pela Rede Europeia de Geoparques. Isso se deu porque essa maneira de geoconservação e gestão territorial surgiu na Europa, partindo-se de quatro parques geológicos, que passavam por momentos de crise, conforme descrito por Modica (2009, p. 18):

> Em 1996, durante o Congresso Internacional de Geologia, em Pequim, alguns participantes constataram que a comunidade científica em si não tem a força nem o poder de garantir a gestão sustentável do patrimônio geológico, sem o forte envolvimento e participação das comunidades locais. Nasce, assim, a discussão em torno da necessidade de lançar uma nova iniciativa para a proteção e conservação do patrimônio geológico.

A Rede Europeia de Geoparques surge, então, com quatro membros. Hoje, a Rede Global de Geoparques da Unesco conta com 127 geoparques em 35 países.

Os geoparques da Unesco são áreas geográficas únicas e unificadas, onde sítios e paisagens com significância internacional são geridos com um conceito holístico de proteção, educação e desenvolvimento sustentável. Possui uma abordagem "de baixo para cima" porque combina conservação com desenvolvimento sustentável e envolvimento das comunidades locais (http://www.unesco.org/new/en/natural-sciences/environment/earth-sciences/unesco-global-geoparks). Nessa página, podem ser encontradas publicações oficiais sobre geoparques, listas e endereços eletrônicos de todos os geoparques da Unesco e as regras para submissão de candidaturas, entre outros documentos.

No Brasil, o *geopark* Araripe (http://geoparkararipe.org.br/) é nosso único representante na Rede Global há dez anos e destaca-se pela impressionante variedade de fósseis, qualidade da fossilização e a força da cultura nordestina.

A CPRM vem apoiando os projetos de levantamento para constituição de geoparques em nível nacional, tendo também lançado um livro no qual constam detalhes sobre 17 propostas (http://www.cprm.gov.br/publique/Gestao-Territorial/Geoparques-134).

1.5 Conclusões

A International Association for Promoting Geoethics (IAPG, 2012) define geoética da seguinte maneira: (a) consiste na pesquisa e reflexão sobre valores nos quais baseamos nossos comportamentos e práticas apropriados, quando as atividades humanas interceptam a geosfera; (b) lida com as implicações éticas, sociais e culturais da pesquisa e prática geológica, fornecendo um ponto de interseção para Geociências, Sociologia e Filosofia; (c) representa uma oportunidade para os geocientistas tornarem-se mais conscientes do papel social e das responsabilidades na condução de suas atividades; e (d) é uma ferramenta para influenciar na consciência da sociedade, com relação a problemas relacionados aos (geo)recursos e (geo)ambiente. Esse conceito, associado ao de geoconservação, leva a uma reflexão sobre o papel do ser humano em relação ao seu próprio bem-estar e o das futuras gerações.

Os temas aqui apresentados indicam uma nova modalidade de abordagem do patrimônio natural com base em seus aspectos geológicos. A raridade ou singularidade, monumentalidade e função passam, assim, a dar valor ao geossítio, levando à demanda de sua conservação como testemunho da história da Terra. Assim, dadas as ameaças a que os geossítios estão sujeitos, torna-se necessária a elaboração de uma agenda para a proteção do patrimônio natural que, entendemos, deve se basear na divulgação de seus vários aspectos, incluindo fauna e flora, mas também as rochas e as belas geoformas que a natureza produz, em uma visão holística e sistêmica.

A proteção do meio geológico visa, portanto, garantir o acesso às informações que permitam aos geocientistas contar a história da evolução da Terra, desde sua origem até como a vemos hoje. Os maiores benefícios da geoconservação vêm com essa "reserva de conhecimento e riquezas naturais" para o futuro, com ganhos diretos (econômicos e sociais) para os lugares e o bem-estar de todos.

Referências bibliográficas

ANDRADE, D. C.; ROMEIRO, A. R. Serviços ecossistêmicos e sua importância para o sistema econômico e o bem-estar humano. *Textos para discussão*, IE/Unicamp, n. 155, fev. 2009.

AROUCA DECLARATION. International Congress of Geotourism, Arouca, 2011.

BENITO-CALVO, A.; PÉREZ-GONZÁLEZ, A.; MAGRI, O.; MEZA, P. Assessing regional geodiversity: the Iberian Peninsula. *Earth Surface Processes and Landforms*, v. 34, n. 10, p. 1433-1445, 2009.

BRILHA, J. *Patrimônio geológico e geoconservação*: a conservação da natureza na sua vertente geológica. 1. ed. Braga: Palimage Editores, 2005. 190 p.

BRILHA, J. Inventory and quantitative assessment of geosites and geodiversity sites: a review. *Geoheritage*, v. 8, 2016. doi: 10.1007/s12371-014-0139-3.

BUREK, C. V.; PROSSER, C. D. (Ed.). *The history of geoconservation*. London: The Geological Society of London, June 2008. p. 1-5. (Special Publications, n. 300).

CARCAVILLA URQUI, L. *Geoconservación*. Madrid: Editora Los Libros de la Catarata, 2012. 128 p.

CARCAVILLA URQUI, L.; LÓPEZ-MARTÍNEZ, J. Y.; DURÁN, J. J. *Patrimonio geológico y geodiversidad*: investigación, conservación, gestión y relación con los espacios naturales protegidos. Madrid: Instituto Geológico y Minero de España, 2007. (Cuadernos del Museo Geominero, n. 7).

CARVAJAL, D. J.; GONZÁLEZ, A. La contribuición del patrimonio geológico y minero al desarrollo sostenible. In: VILLAS-BOAS, R. C.; MARTÍNEZ, A. G.; ALBUQUERQUE, G. A. S. C. (Ed.). *Patrimonio geológico y minero en el contexto del Cierre de Minas*. Rio de Janeiro: CNPq/CYTED, 2003. p. 27-49.

CARVALHO, I. S. Curadoria paleontológica. In: CARVALHO, I. S. (Org.). *Paleontologia*. 3. ed. Rio de Janeiro: Interciência, 2010. v. 1, p. 373-386.

CARVALHO, I. S.; NOVAS, F. E.; AGNOLÍN, F. L.; ISASI, M. P.; FREITAS, F. I.; ANDRADE, J. A. A new genus and species of enantiornithine bird from the Early Cretaceous of Brazil. *Braz. J. Geol.*, São Paulo, v. 45, n. 2, Apr./June 2015.

CARVALHO, M. *O que é natureza*. São Paulo: Brasiliense, 1991. 82 p. (Coleção Primeiros Passos).

CENDRERO UCEDA, A. Propuesta sobre criterios para la clasificación y catalogación del patrimonio geológico. In: MINISTERIO DE OBRAS PÚBLICAS, TRANSPORTES Y MEDIO AMBIENTE; SOCIEDAD ESPAÑOLA DE GEOLOGIA AMBIENTAL Y ORDENACIÓN DEL TERRITORIO; COMISIÓN DE PATRIMONIO GEOLÓGICO DE LA SOCIEDAD GEOLÓGICA DE ESPAÑA (Ed.). *El patrimonio geológico*: bases para su valoración, protección, conservación y utilización. Madrid, 1996. p. 29-38. (Serie Monografías).

COMMONWEALTH OF AUSTRALIA. *Australian Natural Heritage Charter for the conservation of places of natural heritage significance*. 2. ed. 2002. 25 p. First printed: 1996. Disponível em: <http://www.environment.gov.au/system/files/resources/56de3d0a-7301-47e2-8c7c-9e064627a1ae/files/australian-natural-heritage-charter.pdf>. Acesso em: 26 jun. 2017.

COSTLEY, T. Taking a closer look. *Interpret Scotland*, v. 3, n. 3, 2001.

CPRM – COMPANHIA DE PESQUISA DE RECURSOS MINERAIS. *Mapa de geodiversidade do Brasil, escala 1:2.500.000*. 2006. Disponível em: <http://www.cprm.gov.br/publique/media/geodiversidade. pdf>. Acesso em: 26 jun. 2017.

CURY, I. *Cartas patrimoniais*. 3. ed. Brasília: Iphan, 2004. 408 p. (Coleção Edições do Patrimônio).

CUTHBERT, S. J. Geodiversity and Scottish wild land. *Magazine of the Scottish Wild Land Group*, n. 84, p. 10-14, 2013. Disponível em: <http://www.swlg.org.uk/uploads/6/3/3/8/6338077/wln84_web.pdf.>. Acesso em: 26 jun. 2017.

DANTAS, H. G. *Paisagem e vegetação do município de Armação dos Búzios, Rio de Janeiro.* 2005. 82 f. Dissertação (Mestrado) – Programa de Pós-Graduação em Botânica, Escola Nacional de Botânica Tropical do Instituto de Pesquisas do Jardim Botânico do Rio de Janeiro, Rio de Janeiro, 2005.

DANTAS, M. E.; ARMESTO, R. C. G.; SILVA, C. R.; SHINZATO, E. Geodiversidade e análise da paisagem: uma abordagem teórico-metodológica. *Terrae Didatica*, v. 1, n. 11, p. 4-13, 2015.

DARWIN, C. R. *On the origin of species by means of natural selection, or the preservation of favoured races in the struggle for life.* 2. ed. London: Murray, 1860. Disponível em: <http://darwin-online.org.uk/content/frameset?itemID=F376&viewtype=text&pageseq=1>. Acesso em: 26 jun. 2017.

DELGADO RODRIGUES, J. Conservação de superfícies pétreas em monumentos: aspectos metodológicos. *Geonomos*, v. 24, n. 2, p. 39-44, 2016.

DEL LAMA, E. A.; BACCI, D. C.; MARTINS, L.; GARCIA, G. M.; DEHIRA, L. K. Urban Geotourism and the Old Centre of São Paulo City, Brazil. *Geoheritage*, v. 7, p. 147-164, 2015.

ENGLISH NATURE. *Revealing the value of nature.* Birmingham: W Lake, 2002. 38 p.

ERIKSTAD, L. History of geoconservation in Europe. In: BUREK, C. V.; PROSSER, C. D. (Ed.). *The history of geoconservation.* London: The Geological Society of London, June 2008. p. 249-256. (Special Publications, n. 300).

FITZNER, B. J. Investigation of weathering damage on stone monuments. *Geonomos*, v. 24, n. 2, p. 1-15, 2016.

FUERTES-GUTIÉRREZ, I.; FERNÁNDEZ-MARTÍNEZ, E. Geosites inventory in the Leon Province (Northwestern Spain): a tool to introduce geoheritage into regional enviromental management. *Geoheritage*, v. 2, p. 57-75, 2010.

GARCIA, M. G. M.; BRILHA, J.; LIMA, F. F.; VARGAS, J. C. The inventory of geological heritage of the State of São Paulo, Brazil: methodological basis, results and perspectives. *Geoheritage*, p. 1-20, 2017.

GARCÍA-CORTÉS, A. G. Inventario del patrimonio geológico. In: MINISTERIO DE OBRAS PÚBLICAS, TRANSPORTES Y MEDIO AMBIENTE; SOCIEDAD ESPAÑOLA DE GEOLOGIA AMBIENTAL Y ORDENACIÓN DEL TERRITORIO; COMISSIÓN DE PATRIMONIO GEOLÓGICO DE LA SOCIEDAD GEOLÓGICA DE ESPAÑA (Ed.). *El patrimonio geológico*: bases para su valoración, protección, conservación y utilización. Madrid: Instituto Geológico y Minero de España, 1996. p. 53-60.

GARCÍA-CORTÉS, A. G.; CARCAVILLA URUQUI, L. *Propuesta para la actualización metodológica del Inventario Español de Lugares de Interés Geológico (IELIG).* Versión 11, 12 marzo 2009. Madrid: Instituto Geológico y Minero de España, 2009. 61 p.

GEOLOGISTS' ASSOCIATION. *A code for geological fieldwork.* London, 1995. Disponível em: <http://www.amlwchhistory.co.uk/parys/geology%20field%20work%20code.pdf>. Acesso em: 26 jun. 2017.

GRAY, M. *Geodiversity*: valuing and conserving abiotic nature. Chichester: Wiley-Blackwell, 2004. 434 p.

GRAY, M. Geodiversity: the origin and evolution of a paradigm. In: BUREK, C. V.; PROSSER, C. D. (Ed.). *The history of geoconservation.* London: The Geological Society of London, June 2008. p. 31-36. (Special Publications, n. 300).

GRAY, M. *Geodiversity*: valuing and conserving abiotic nature. 2. ed. Chichester: John Wiley & Sons, 2013. 495 p.

GUEDES, M. V. Arqueologia industrial. *Electricidade*, v. 372, p. 293-299, 1999.

HENRIQUES, M. H. P.; LOPES, D. R.; ARAUJO, P. R. B. L.; SCHWANKE, C. A geoconservação do patrimônio paleontológico em Portugal e no Brasil: semelhanças, diferenças e consequências. In: CARVALHO, I. S.; CASSAB, R. C. T.; SCHWANKE, C.; CARVALHO, M. A.; FERNANDES, A. C. S.; RODRIGUES, M. A. C.; CARVALHO, M. S. S.; ARAI, M.; OLIVEIRA, M. E. Q. (Coord.). *Paleontologia*: cenários de vida. Rio de Janeiro: Interciência, 2007. v. 2, p. 171-183.

HENRIQUES, M. H.; PENA DOS REIS, R. Framing the palaeontological heritage within the geological heritage: an integrative vision. *Geoheritage*, v. 7, p. 249-259, 2015.

HENRIQUES, M. H.; PENA DOS REIS, R. P.; BRILHA, J.; MOTA, T. Geoconservation as an emerging geoscience. *Geoheritage*, v. 3, p. 117-128, 2011.

HENRIQUES, M. H.; TAVARES, A. O.; BALA, A. L. M. The geological heritage of Tundavala (Angola): an integrated approach to its characterization. *Journal of African Earth Sciences*, v. 88, p. 62-71, 2013.

HJORT, J.; LUOTO, M. Geodiversity of high latitude landscapes in northern Finland. *Geomorphology*, v. 112, p. 324-333, 2010.

HOSE, T. A. Selling the story of Britain's stone. *Environmental Interpretation*, v. 10, n. 2, p. 16-17, 1995.

HOSE, T. A. Towards a history of geotourism: definitions, antecedents and the future. In: BUREK, C. V.; PROSSER, C. D. (Ed.). *The history of geoconservation*. London: The Geological Society of London, June 2008. p. 37-60. (Special Publications, n. 300).

HOSE, T. A. 3G's for modern geotourism. *Geoheritage*, v. 4, p. 1-2, 2012. doi: 10.1007/s12371-011-0052-y.

IAPG – INTERNATIONAL ASSOCIATION FOR PROMOTING GEOETHICS. *What is Geoethics?* 2012. Disponível em: <http://www.geoethics.org/geoethics>. Acesso em: 26 jun. 2017.

ICOMOS – INTERNATIONAL COUNCIL OF MONUMENTS AND SITES. ISCS – International Scientific Committee for Stone. *Glossário ilustrado das formas de deterioração da pedra*. 2008. Disponível em: <http://iscs.icomos.org/pdf-files/Portuguese_glossary.pdf>. Acesso em: 26 jun. 2017.

IAG – INTERNATIONAL ASSOCIATION OF GEOMORPHOLOGISTS. *Geomorphological sites*: research, assessment and improvement. 2003. Disponível em: <http://www.geomorph.org/geomorphosites-working-group/>. Acesso em: 26 jun. 2017.

JACKOVÁ, K.; ROMPORTL, D. The relationship between geodiversity and habitat richness in Šumava National Park and Křivoklátsko PLA (Czech Republic): a quantitative analysis approach. *Journal of Landscape Ecology*, v. 1, n. 1, p. 23-37, 2008.

JOHANSSON, C. E.; ANDERSEN, S.; ALAPASSI, M. Geodiversity in the Nordic countries. *ProGeo News*, v. 1, p. 1-3, 1999.

KIERNAN, K. Landform conservation and protection. In: REGIONAL SEMINAR ON NATIONAL PARKS AND WILDLIFE MANAGEMENT, 5., 1991, Tasmania. 1991. p. 112-129.

KOZLOWSKI, S. Geodiversity: the concept and scope of geodiversity. *Przeglad Geologiczny*, v. 58, n. 8/2, p. 833-837, 2004.

LICCARDO, A.; MANTESSO-NETO, V.; PIEKARZ, G. F. Geoturismo urbano: educação e Cultura. *Anuário do Instituto de Geociências* – UFRJ, v. 35, n. 1, p. 133-141, 2012.

LICCARDO, A.; PIEKARZ, G. F.; SALAMUNI, E. *Geoturismo em Curitiba*. 1. ed. Curitiba: Mineropar, 2008. 122 p.

LIMA, F. F. Proposta metodológica para a inventariação do patrimônio geológico brasileiro. 2008. 100 f. Dissertação (Mestrado) – Universidade do Minho, Braga, 2008.

MacFADYEN, C. Coreholes: a widespread problem. *Earth Heritage*, v. 28, p. 17, 2007.

MacFADYEN, C. Irresponsible coring: new guidelines and establishing a methodology for outcrop restoration. *Earth Heritage*, v. 36, p. 11-12, 2011.

MANOSSO, F. C.; NÓBREGA, M. T. Calculation of geodiversity from landscape units of the Cadeado Range Region in Paraná, Brazil. *Geoheritage*, v. 8, p. 189, 2015.

MANSUR, K. L. Projetos educacionais para a popularização das geociências e para a geoconservação. *Geol. USP, Publ. espec.*, São Paulo, v. 5, p. 63-74, out. 2009.

MANSUR, K. L. Ordenamento territorial e geoconservação: análise das normas legais aplicáveis no Brasil e um caso de estudo no estado do Rio de Janeiro. *Geociências*, v. 29, p. 237-249, 2010.

MANSUR, K. L.; PONCIANO, L. C. M. O.; CASTRO, A. R. S. F. Contributions to a Brazilian code of conduct for fieldwork in geology: an approach based on geoconservation and geoethics. *An. Acad. Bras. Ciênc.*, v. 89, n. 1, p. 431-444, May 2017. ISSN 0001-3765.

MANSUR, K. L.; RAMOS, R. R. C.; MELLO, C. S.; BORGES, B. S.; MOZER, A. G. S.; OURA, F. T. R. *Geoturismo urbano no Rio de Janeiro*. Actas Reunión sobre Patrimonio pétreo de la Ciudad de Buenos Aires. Buenos Aires: Dpto. de Ciencias Geológicas, Facultad de Ciencias Exactas y Naturales, Universidad Buenos Aires, 2016. p. 10-11.

MANSUR, K. L.; ROCHA, A. J. D.; PEDREIRA, A. J.; SCHOBBENHAUS, C.; SALAMUNI, E.; ERTHAL, F. L. C.; PIEKARZ, G. F.; WINGE, M.; NASCIMENTO, M. A. L.; RIBEIRO, R. R. Iniciativas institucionais de valorização do patrimônio geológico no Brasil. *Boletim Paranaense de Geociências*, v. 70, p. 2-27, 2013.

MARCONI, M. A.; PRESOTTO, Z. M. N. *Antropologia*: uma introdução. São Paulo: Atlas, 2006.

MEDEIROS, M. A. M.; POLCK, M. A. Geoturismo paleontológico no centro histórico do Rio de Janeiro. *Geociências*, Unesp – São Paulo, v. 36, n. 1, p. 118-137, 2017.

MOREIRA, J. C. *Geoturismo e interpretação ambiental*. Ponta Grossa: Editora da UEPG, 2011.

NASCIMENTO, M. A. L.; MANSUR, K. L.; MOREIRA, J. C. Bases conceituais para entender geodiversidade, patrimônio geológico, geoconservação e geoturismo. *Revista Equador*, v. 4, p. 48-68, 2015.

NASCIMENTO, M. A. L.; RUCHKYS, Ú. A.; MANTESSO NETO, V. *Geodiversidade, geoconservação e geoturismo:* trinômio importante para proteção do patrimônio geológico. São Paulo: Sociedade Brasileira de Geologia, 2008. 82 p.

NEWSOME, D.; DOWLING, R. The scope and nature of geotourism. In: DOWLING, R.; NEWSOME, D. (Ed.). *Geotourism*. Oxford: Elsevier; Butterworth; Heinemann, 2006. p. 3-25.

NIETO, L. M. Patrimonio geológico, cultura y turismo. *Boletín del Instituto de Estudios Ginnenses*, v. 182, p. 109-122, 2001.

OLIVEIRA, J. C. A. O patrimônio total: dos museus comunitários aos ecomuseus. *Revista Museu*, 2007. Disponível em: <http://revistamuseu.com/18demaio/artigos. asp?id=12673>. Acesso em: 26 jun. 2017.

ONU – ORGANIZAÇÃO DAS NAÇÕES UNIDAS. Department of Economic and Social Affairs. Population Division. *World Urbanization Prospects*: the 2014 revision. 2014. CD-ROM.

PANIZZA, M. Geomorphosites: concepts, methods and examples of geomorphological survey. *Chin Sci Bull*, v. 46, p. 4-6, 2001.

PANIZZA, M.; PIACENTE, S. Geomorphosites and geotourism. *Rev. Geogr. Acadêmica*, v. 2, n. 1, p. 5-9, 2008.

PELEGRINI, S. C. A. O patrimônio cultural no discurso e na lei: trajetórias do debate sobre a preservação no Brasil. *Patrimônio e Memória*, v. 2, n. 2, p. 1-24, 2006.

PELLITERO, R.; GONZÁLEZ-AMUCHASTEGUI, M. J.; RUIZ-FLAÑO, P.; SERRANO, E. Geodiversity and geomorphosite assessment applied to a natural protected area: the Ebro and Rudron Gorges Natural Park (Spain). *Geoheritage*, v. 3, p. 163-174, 2011.

PELLITERO, R.; MANOSSO, F. C.; SERRANO, E. Mid- and large-scale geodiversity calculation in Fuentes-Carrionas (NW Spain) and Serra do Cadeado (Paraná, Brazil): methodology and application for land management. *Geografiska Annaler: Series A, Physical Geography*, v. 97, n. 2, p. 19-235, 2014.

PENA DOS REIS, R. P.; HENRIQUES, M. H. Approaching an integrated qualification and evaluation system of the geological heritage. *Geoheritage*, v. 1, p. 1–10, 2009.

PEREIRA, D. I.; PEREIRA, P.; BRILHA, J. SANTOS, L. Geodiversity assessment of Parana State (Brazil): an innovative approach. *Environmental Management*, v. 28, p. 1-10, 2013.

PEREIRA, P. *Património geomorfológico*: conceptualização, avaliação e divulgação. Aplicação ao Parque Natural de Montesinho. 2006. Tese (Doutorado) - Universidade do Minho, Braga. Disponível em: <http://hdl.handle.net/1822/6736>. Acesso em: 10 abr. 2018.

PEREIRA, R. F.; BRILHA, J.; MARTINEZ, J. E. Proposta de enquadramento da geoconservação na legislação ambiental brasileira. *Memórias e Notícias*, v. 3, p. 491-494, 2008.

PONCIANO, L. C. M. O.; CASTRO, A. R. S. F.; MACHADO, D. M. C.; FONSECA, V. M. M.; KUNZLER, J. Patrimônio geológico-paleontológico *in situ* e *ex situ*: definições, vantagens, desvantagens e estratégias de conservação. In: CARVALHO, I. S. et al. (Ed.). *Paleontologia:* cenários de vida. Rio de Janeiro: Interciência, 2011. v. 4, p. 853-869.

REYNARD, E. Geomorphosites et paysages. *Géomorphologie: relief, processus, environnement*, v. 3, p. 181-188, 2005. Disponível em: <http://geomorphologie.revues.org/index338.html>. Acesso em: 26 jun. 2017.

RODRIGUES, M. L.; FONSECA, A. A valorização do geopatrimónio no desenvolvimento sustentável de áreas rurais. In: COLÓQUIO IBÉRICO DE ESTUDOS RURAIS, 7., Coimbra, 2008.

ROJAS LÓPEZ, J. Los desafíos del estudio de la geodiversidad. *Revista Geográfica Venezolana*, v. 46, n. 1, p. 143-152, 2005. Disponível em: <http://www.saber.ula.ve/bitstream/123456789/24639/2/nota2.pdf>. Acesso em: 26 jun. 2017.

ROMERO, J. M. El patrimonio paleontológico: bases para su definición, estado actual y perspectivas futuras. In: MINISTERIO DE OBRAS PÚBLICAS, TRANSPORTES Y MEDIO AMBIENTE; SOCIEDAD ESPAÑOLA DE GEOLOGIA AMBIENTAL Y ORDENACIÓN DEL TERRITORIO; COMISSIÓN DE PATRIMONIO

GEOLÓGICO DE LA SOCIEDAD GEOLÓGICA DE ESPAÑA (Ed.). *El patrimonio geológico:* bases para su valoración, protección, conservación y utilización. Madrid, 1996. p. 39-51. (Serie Monografias.)

RUBAN, D. A. Quantification of geodiversity and its loss. *Proceedings of the Geologists' Association*, v. 121, p. 326-333, 2010.

RUCHKYS, U. A.; MANSUR, K. L.; BENTO, L. C. M. A historical and statistical analysis of the Brazilian academic production, on Masters and PhD level, on the following subjects: geodiversity, geological heritage, geotourism, geoconservation and geoparks. *Anuário do Instituto de Geociências* – UFRJ, v. 40, p. 180-190, 2017.

SANTOS, D. S. *Avaliação da geodiversidade do Parque Estadual da Pedra Branca, Rio de Janeiro – RJ*. 2014. 70 f. Monografia de conclusão do curso (Especialização em Geologia do Quaternário) – Museu Nacional, Universidade Federal do Rio de Janeiro, Rio de Janeiro, 2014.

SANTOS, D. S. *Estudo da relação entre a geodiversidade e a biodiversidade no município de Armação dos Búzios, RJ*. 2016. 147 f. Dissertação (Mestrado) – Programa de Pós-Graduação em Geociências, Universidade Federal do Rio de Janeiro, Rio de Janeiro, 2016.

SANTOS, D. S.; MANSUR, K. L.; GONÇALVES, J.; ARRUDA JR, E. R.; MANOSSO, F. C. Quantitative assessment of geodiversity and urban growth impacts in Armação dos Búzios, Rio de Janeiro, Brazil. *Applied Geography*, v. 85, p. 184-195, 2017.

SERRANO, E. C.; RUIZ-FLAÑO, P. Geodiversity: a theoretical and applied concept. *Geographia Helvetica*, v. 62, n. 3, p. 140-147, 2007.

SILVA, M. L. N.; BEZERRA, G. B.; DANTAS, T. B.; LEITE, R. D. F.; NASCIMENTO, M. A. L. As rochas contam sua história: programa de divulgação da geodiversidade no centro histórico de Natal. In: SIMPÓSIO DE GEOLOGIA DO NORDESTE, 26., 2015. p. 441-441.

SILVA, R. P.; MANSUR, K. L. Proposta de roteiro para a prática de geoturismo urbano e para a geoeducação no centro da cidade do Rio de Janeiro. In: WORKSHOP ARTE E CIÊNCIA – UFRJ, 1., 2017. 14 p. No prelo.

SHARPLES, C. *A Methodology for the Identification of Significant Landforms and Geological Sites for Geoconservation Purposes.* Technical Report to Forestry Commission, Tasmania, 1993. Disponível em: <https://www.researchgate.net/profile/Chris_Sharples/publication/266617978_A_Methodology_for_the_Identification_of_Significant_Landforms_and_Geological_Sites_for_Geoconservation_Purposes/links/5435db450cf2dc341db2d2a3/A-Methodology-for-the-Identification-of-Significant-Landforms-and-Geological-Sites-for-Geoconservation-Purposes.pdf>. Acesso em: 10 abr. 2018.

SHARPLES, C. *Concepts and principles of geoconservation*: version 3. Tasmanian Parks & Wildlife Service, Sept. 2002. 81 p. Disponível em: <https://www.researchgate.net/publication/266021113_Concepts_and_principles_of_geoconservation>. Acesso em: 26 jun. 2017.

SILVA, M. L. N. *Geodiversidade da cidade do Natal*: valores, classificações e ameaças. 2016. 170 f. Monografia (Trabalho de Conclusão de Curso) – Departamento de Geologia, Universidade Federal do Rio Grande do Norte, Natal, 2016.

SILVA, M. L. N.; NASCIMENTO, M. A. L. Os valores da geodiversidade de acordo com os serviços ecossistêmicos *sensu* Murray Gray aplicados a estudos *in situ* na cidade de Natal (RN). *Caderno de Geografia*, v. 26, n. 2 (especial), 2016. ISSN 2318-2962.

SOARES, M. L. A. Da evolução da concepção de natureza e de homem na ambiência de uma educação ambiental crítica. In: REUNIÃO ANUAL DA ANPED, 31., Caxambu, 2008. 15 p. Disponível em: <http://31reuniao.anped.org.br/1trabalho/GT22-4153--Int.pdf>. Acesso em: 26 jun. 2017.

STANLEY, M. Geodiversity. *Earth Heritage*, Londres, v. 14, p. 15-18, 2000.

STUEVE, A. M.; COOKS, S. D; DREW, D. *The geotourism study*: phase I – executive summary. Washington: Travel Industry Association of America, 2002. 22 p.

TILDEN, F. *Interpreting our heritage*. 3. ed. North Carolina: University of North Carolina Press, 1977 [1957].

THOMAS, B. A.; WARREN, L. M. Geological conservation in the nineteenth and early twentieth centuries. In: BUREK, C. V.; PROSSER, C. D. (Ed.). *The history of geoconservation*. London: The Geological Society of London, June 2008. p. 17-30. (Special Publications, n. 300).

VEIGA, A. T. C. A geodiversidade e o uso dos recursos minerais da Amazônia. *Terra das Águas*, Brasília, NEAz/UnB, n. 1, p. 88-102, 1999.

VINCENT, P. What's in a name? *Earth Heritage*, v. 22, n. 7, 2004. Disponível em: <http://www.earthheritage.org.uk/ehpdf/eh22f.pdf>. Acesso em: 26 jun. 2017.

XAVIER DA SILVA, J.; CARVALHO FILHO, L. M. Índice de geodiversidade da restinga da Marambaia (RJ): um exemplo do geoprocessamento aplicado à geografia física. *Revista de Geografia*, Recife, DCG/UFPE, n. 1, p. 57-64, 2001.

WATERS, C. N.; ZALASIEWICZ, J. A.; WILLIAMS, M.; ELLIS, M. A.; SNELLING, A. M. (Ed.). *A stratigraphical basis for the anthropocene*. London: The Geological Society of London, 2014. p. 1-21. (Special Publications, n. 395).

WORTON, G. J. A historical perspective on local communities and geological conservation. In: BUREK, C. V.; PROSSER, C. D. (Ed.). *The history of geoconservation*. London: The Geological Society of London, June 2008. p. 137-146. (Special Publications, n. 300).

dois

O PAPEL DAS COMUNIDADES LOCAIS, SUA IMPORTÂNCIA E OS NOVOS DESAFIOS ACERCA DA SUSTENTABILIDADE AMBIENTAL

Maria do Carmo Oliveira Jorge

INÚMEROS TRABALHOS relacionados aos recursos naturais do planeta têm levado a uma reflexão sobre a necessidade de se manter o equilíbrio entre elementos naturais como meio de suporte à vida na Terra, e muito desse conhecimento é pautado nos estudos da biodiversidade e, mais recentemente, nos da geodiversidade. Esta, ao promover discussões acerca da sua conservação e de seu uso sustentável, fez emergir novos conceitos no campo das Geociências (Brilha, 2005; Nascimento; Ruchkys; Mantesso-Neto, 2008; Brilha et al., 2016; Pereira; Rios; Garcia, 2016; Jorge; Guerra, 2016; Jorge, 2017).

A década de 1990 marcou fatos e eventos importantes relacionados ao desenvolvimento sustentável; porém, uma grande inovação também reside no fato de novos olhares sobre o meio ambiente estarem até então muito focados na biodiversidade (Moreira, 2014). São exemplos dessa mudança:

- o I Simpósio Internacional para o Patrimônio Geológico, ocorrido em Digne, na França, em 1991;
- a criação da Associação Europeia para a Conservação do Patrimônio Geológico (ProGEO) em 1992, com o objetivo de incentivar a conservação do patrimônio geológico e proteger os sítios e paisagens de interesse geológico na Europa;
- a participação da União Internacional das Ciências Geológicas (IUGS) em 1996, responsável pelo

projeto Geosites, visando à elaboração de um inventário para promover a geoconservação.

A geodiversidade passa, dessa maneira, a se destacar nas questões relacionadas ao patrimônio natural e desenvolvimento sustentável. Novos conceitos relacionados à geoconservação e geodiversidade, como patrimônio geológico, geoturismo e geoparques, assumiram importância diante de uma nova abordagem ambiental que vem se consolidando quanto a seu uso e sua compreensão na atualidade.

No Brasil, o primeiro evento em torno dessas temáticas teve sua primeira edição em 2011, na cidade do Rio de Janeiro, com o I Simpósio Brasileiro de Patrimônio Geológico (SBPG). Desde então, o SBPG tornou-se um evento de referência com relação às temáticas *geodiversidade, geoconservação, geoturismo, geoparques* e *patrimônio geológico*. O IV Simpósio Brasileiro foi sediado na cidade de Ponta Grossa (PR), em outubro de 2017, com o II Encontro Luso-Brasileiro de Patrimônio Geomorfológico e Geoconservação, cuja primeira edição aconteceu em Coimbra, Portugal, em 2014.

Segundo Meira e Morais (2016), a relevância dessas temáticas pode ser interpretada como um meio que possibilita a popularização de conceitos voltados à compreensão da história evolutiva da Terra, além de criar uma série de medidas de proteção dos elementos naturais e fortalecer a consciência ambiental.

Desses novos conceitos emergentes, um fator que vem somar é a participação da comunidade local na conservação do patrimônio, pois trata-se de indivíduos que vivem, convivem e conhecem os mecanismos, as potencialidades e fragilidades do ambiente natural.

Essas comunidades possuem relação direta com a conservação do patrimônio histórico, ecológico e paisagístico no qual vivem, já que dependem dele e com ele se relacionam (Santos, s.d.).

Desse modo, essa relação benéfica passa a promover o encontro do homem com a natureza, e não seu distanciamento, pois nesse envolvimento os vínculos ecológicos, econômicos, sociais e culturais são fortalecidos, como enfatizado por Viana (1999).

Um exemplo dessa experiência pode ser visto em uma comunidade de caiçaras no sul de Ubatuba, que fazem parte da Associação de Moradores para a Recuperação e Preservação da Mata Atlântica (Promata). Essa associação, de base comunitária, visa à promoção de atividades sustentáveis para garantir a identidade cultural do povo caiçara, o desenvolvimento socioeconômico e a conservação do meio ambiente, com destaque para atividades de observação de aves.

O valioso conhecimento desses indivíduos com o local de convívio, aliado à vontade de mudança, os transformou em exímios guias (Figs. 2.1 e 2.2). Muitos deles, conhecidos por terem trocado "uma espingarda por uma máquina fotográfica", promoveram uma mudança comportamental com relação ao seu meio e mostraram que essa integração é possível.

Na atualidade, esses guias possuem a Credencial de Observação de Aves, obtida junto aos gestores do Parque Estadual da Serra do Mar (Núcleo Picinguaba) (Jorge, 2017).

O exemplo dos guias da Promata corrobora a importância das comunidades locais quanto ao conhecimento acerca de seu meio e ao que isso pode representar em termos de conservação deste. Para Escobar (2005), as comunidades locais usam os ambientes naturais de maneira muito particular e sábia, pois seu modo de tratar a natureza é muito diferente dos meios modernos dominantes.

FIG. 2.1 *Guia da Promata em trilha no sul de Ubatuba (foto tirada em 2013)*

Fonte: Maria do Carmo Oliveira Jorge.

FIG. 2.2 *Visita guiada com a Promata para alunos e professores da Escola Municipal Virgínia Lefèvre ao Sítio da Mata, bairro Sertão da Quina*
Fonte: Alunos... (2017).

Para Alves e Marques (2005), a valorização e o reconhecimento do saber das comunidades são um caminho estratégico na gestão dos recursos naturais e possibilitam a conservação dos remanescentes naturais e culturais de uma determinada área.

Segundo Almeida (2017), a crescente preocupação com o desenvolvimento sustentável e uso adequado dos recursos naturais tem despertado para a necessidade de pesquisas com enfoque participativo, aproximando pesquisadores e comunidades tradicionais.

Pesquisas sobre o conhecimento das populações tradicionais evidenciam como estas podem ser aliadas no processo de conservação e proteção dos recursos naturais. Etnobiologia, etnoecologia, etnobotânica, etnogeomorfologia e etnopedologia são alguns exemplos que a popularização da etnociência permitiu entre o conhecimento comum e o científico.

Essa troca de saberes entre comunidades e academia, etnoconhecimento e etnociência, ligados à luta pela conservação da biodiversidade, da geodiversidade e da manutenção da cultura formadora do país, trouxe à tona algumas verdades sobre o funcionamento do todo dentro da temática *meio ambiente* e direcionou tais comunidades a enxergar na ciência e no meio acadêmico a possibilidade real de compartilhar e continuar a difundir seus conhecimentos e suas práticas valiosas, utilizadas ao longo dos séculos (Santos, s.d.).

A respeito de técnicas adotadas por populações tradicionais, Neves, Adams e Murrieta (2012) chamam atenção para um tipo de agricultura itinerante, "o cultivo da coivara", e sua possível contribuição para a conservação das florestas tropicais por se tratar de uma estratégia de manejo de recursos que apresenta certa racionalidade ambiental e econômica, embora essa prática agrícola tenha sido acusada, na década de 1990, de contribuir para o desmatamento e aquecimento global. Em oposição, diversos trabalhos acadêmicos mostram que a grande diversidade biológica das florestas tropicais resulta desse processo milenar, que evoluiu em conjunto com essa atividade.

Pesquisas realizadas pela USP em Ecologia Humana em Florestas Neotropicais (GPEHFN), com base em uma revisão de 90 artigos científicos, em diferentes partes do mundo, sobre os impactos causados pelo sistema de coivara nos solos de florestas tropicais, mostram que esses impactos não variam consideravelmente em relação a locais, biomas e tipos de solos, e a maior parte desses artigos (90%) concluem que o sistema da coivara, ao ter seu tempo ideal de pousio, não tende a comprometer a qualidade do solo. Sobre esse tempo, as pesquisas apontam para a legislação, que deveria estabelecer o tempo de pousio com base no conhecimento tradicional validado por pesquisas científicas (Neves; Adams; Murrieta, 2012).

A respeito de atividades desenvolvidas por agricultores, Alves e Ribeiro (2014, p. 78) chamam atenção para a questão do "conhecimento geomorfológico do outro inter-relacionando com o acadêmico" e, assim, mostram que são possíveis a aproximação e um diálogo entre o saber das comunidades tradicionais e o mundo acadêmico. Para Ribeiro (2015), o entendimento do conhecimento tradicional sobre o meio ambiente tem sido um meio da compreensão das realidades locais, como demonstra o trabalho desenvolvido com produtores rurais do distrito de Palestina do Cariri, município de Mauriti (CE), cuja produção tem sido voltada para a subsistência, e somente os excedentes são levados ao mercado.

Com base em uma abordagem metodológica no âmbito da etnogeomorfologia, Ribeiro (2015) realizou entrevistas para a análise dessa compreensão etnogeomorfológica, e o resultado foi positivo para a hipótese levantada: o conhecimento etnogeomorfológico do produtor rural do semiárido nordestino vem sendo passado pelas gerações, desde o povoamento da região até aprender a identificar diferenças e classificar os tipos de solo, de acordo com seu potencial agrícola e/ou manejo, em *areia*, *baixio*, *massapê* e *narro*. Com relação aos tipos de relevo, dois tipos foram identificados: *serra* e área plana, ou *baixios*. O termo *baixio* é utilizado para designar tanto um tipo de solo quanto as áreas mais baixas da paisagem (Quadro 2.1).

Ainda sobre o uso dos solos, cujo processo emprega técnicas tradicionais e matérias-primas naturais, tem-se o exemplo do trabalho desenvolvido na fabricação artesanal de panelas de barro no bairro de Goiabeiras Velha, em

Vitória (ES), considerado pelo Iphan, em 2002, Patrimônio Imaterial no Livro de Registro dos Saberes (Iphan, 2017).

Esse ofício, tradicionalmente repassado pelas artesãs paneleiras, praticantes dessa arte há várias gerações, utiliza técnicas reconhecidas por estudos arqueológicos como legado cultural tupi-guarani e Una2, cujo saber

Quadro 2.1 Formas de relevo e tipos de solos segundo a visão de produtores rurais do semiárido nordestino

Formas de relevo	Serra	Denominação dada aos maciços residuais e cristalinos da borda da Bacia Sedimentar do Araripe. Locais com declividades elevadas e solos "poucos" (rasos), mas férteis.
	Área plana ou baixios	Designação local para todo pediplano com declividades muito baixas. Engloba vários tipos de solo: areia, baixios, massapê e barro.
Tipos de solo	Areia	Localizado nas áreas mais altas. Características: "macia" para plantar, "filtra" mais rápido a água (infiltra), sendo, então, mais seca, e é mais "fraca" para as plantas. São cultivados apenas produtos "de inverno", que não precisam de umidade constante ("não precisam aguar").
	Baixio	Localizado nas partes mais baixas dos terrenos. A umidade é mais presente, e o baixio é composto principalmente de uma mistura de areia e argila, e é mais escuro (maior presença de matéria orgânica). Considerado bom para trabalhar, pois é "macio" e "não atola" (a matéria orgânica adicionada ao solo arenoargiloso proporciona boa estrutura para o plantio), além de "nunca acabar a potência" (é fértil). Utilizado principalmente para o plantio de milho e de culturas que precisam de aporte constante de água (bananeiras). Em algumas propriedades mais próximas do leito do riacho Cipó, foram citados solos denominados "baixio engomado", os quais são mais amarelados e macios, parecendo "goma de tapioca" (vertissolos).
	Massapê e barro	São solos parecidos, vermelho-amarronzados, localizados nas colinas rebaixadas, que se distinguem entre si pelos teores de argila. O massapê é mais rico em argila e, assim, "atola" mais que o barro, que é mais duro. Ambos são utilizados predominantemente para pastagens. Foram identificados os "ariúscos", em algumas encostas, "massapês com pedras", ruins para capinar e também utilizados como pastagens.

Fonte: Ribeiro (2015).

foi adquirido dos índios por colonos e descendentes de escravos africanos que vieram ocupar a margem do manguezal, local onde se produziam panelas de barro (Iphan, 2017).

Dessas experiências adquiridas e da relação com a natureza, a vivência desses povos originais ou descendentes primou-se por dois pontos importantes: o primeiro, relacionado à conservação de si próprio – autopertencença, é a conservação de crenças e conhecimento do seu "eu junto à natureza" nesse processo social e político, que contribuiu com a conservação e manutenção da sua cultura até os dias atuais; e o segundo refere-se à preservação de um banco genético de espécies e conhecimentos intelectuais relacionado à cultura de utilização da natureza em cada território (Santos, s.d.).

Desse modo, este capítulo visa discutir o papel das comunidades locais e sua importância no contexto desses novos conceitos surgidos nas Geociências, como geodiversidade, geoconservação e geoturismo. Esse trinômio é importante por difundir uma nova visão sobre a conservação dos recursos naturais e também possui estreita relação com o desenvolvimento socioeconômico local.

2.1 Unidades de conservação (UCs) e geoparques

Um tema oportuno quando se discute sustentabilidade relaciona-se à dicotomia entre a relação das comunidades tradicionais e a criação das unidades de conservação (UCs), muitas vezes conflituosa, em virtude da categorização das UCs como impositoras de restrições legais de uso e ocupação.

De acordo com o Ministério do Meio Ambiente, as UCs:

> são espaços territoriais, incluindo seus recursos ambientais, com características naturais relevantes, que têm a função de assegurar a representatividade de amostras significativas e ecologicamente viáveis das diferentes populações, *habitat* e ecossistemas do território nacional e das águas jurisdicionais, preservando o patrimônio biológico existente.

Segundo Vallejo (2009), a criação das UCs constitui um dos principais meios de proteção da biodiversidade, garantido por leis governamentais. Porém, esse processo tem sido acompanhado por conflitos e impactos gerados pela perda de território de muitos agrupamentos sociais em várias partes do mundo.

Diferentemente das UCs, os geoparques correspondem a uma estratégia de desenvolvimento territorial que se apresenta como uma inovação à proposta de desenvolvimento e sustentabilidade pelo fato de possibilitar a preservação do patrimônio natural sem precisar remover as comunidades locais (Oliveira et al., 2014).

A primeira UC oficial data do final do século XIX, nos Estados Unidos: o Parque Nacional de Yellowstone. No Brasil, o Parque Nacional de Itatiaia, situado no Estado do Rio de Janeiro e criado em 1937, é considerado a primeira UC oficial (Moreira, 2014).

Atualmente, o Brasil possui centenas de UCs, as quais, de acordo com o Snuc (2000), art. 7°, e ICMBIO (2017), dividem-se em dois grupos com características específicas: unidades de proteção integral e unidades de uso sustentável, cada um recebendo classificação de acordo com suas características e objetivos.

Segundo o Cadastro Nacional de Unidade de Conservação (CNUC) de 11 de maio de 2017, já são mais de duas mil unidades. As unidades de proteção integral correspondem a estação ecológica (98), reserva biológica (62), parques (nacional [73], estadual [207], municipal [128]), monumento natural (46) e refúgio da vida silvestre (55). As unidades de uso sustentável correspondem a área de proteção ambiental (307), floresta nacional (67) e estadual (39), área de interesse ecológico relevante (48), reserva extrativista (90), reserva de desenvolvimento sustentável (39) e reserva particular do patrimônio natural (850).

Como instrumento de conservação da diversidade biológica e cultural, essas UCs também devem contribuir para a manutenção de sistemas e meios tradicionais de sobrevivência de populações humanas, em seu interior e/ou no entorno. Porém, esse sistema ainda é cheio de lacunas e conflitos.

Quanto aos conflitos entre povos e parques, Diegues e Arruda (2001) chamam atenção para o modelo de conservacionismo norte-americano, que se espalhou rapidamente pelo mundo e recriou essa dicotomia, cujo efeito foi devastador sobre as populações tradicionais, extrativistas, de pescadores e índios, pelo fato de sua relação com a natureza ser diferente da analisada pelos primeiros "ideólogos" dos parques nacionais norte-americanos.

Para Diegues (2001) e Diegues e Arruda (2001), o conhecimento popular das comunidades tradicionais abrange diversas práticas de uso da natureza, desenvolvidas para garantir sua sobrevivência e manter suas tradições. Esse conhecimento, hoje, também se encontra ameaçado sob vários aspectos.

Para Raimundo e Simões (2016), a criação de UCs no Estado de São Paulo, por exemplo, foi realizada de maneira arbitrária e antidemocrática para as comunidades tradicionais, pois estas foram tolhidas da prática de seus sistemas tradicionais de manejo. Assim, os atritos se intensificaram com os moradores caiçaras, cujo modo de vida foi cerceado, o que levou a conflitos ambientais e sociais.

O processo de criação da UC Parque Estadual da Serra do Mar já se iniciou de maneira conflituosa, já que o parque teve seu limite demarcado em apenas dois dias, com o material cartográfico disponível à época, como as cartas topográficas do IBGE (a maioria datada de 1973) e fotografias aéreas de 1962 e 1973. Os procedimentos do limite, de Ubatuba até Pedro de Toledo, no vale do Ribeira, utilizaram cotas a partir de 100 m ou de 200 m, de acordo com o tamanho do centro urbano próximo à escarpa da Serra do Mar. O Regulamento de Parques Paulistas, instrumento legal seguido pelos agentes ambientais, com base em uma visão dicotômica de natureza e sociedade, apresentava uma série de proibições, passíveis de multas e apreensão (Raimundo; Simões, 2016).

Esse exemplo citado é apenas uma amostra ínfima dos inúmeros conflitos existentes entre comunidades locais, os quais acarretaram muitas perdas de identidade no decorrer de nossa história. Para Amorim (2014), os caiçaras e outros povos representantes dessa cultura tradicional foram privados de terras de seu espaço geográfico, e, assim, deixaram de propagar as práticas ancestrais de uso do solo, especialmente as relacionadas a técnicas utilizadas na produção de alimentos, como a queimada e o pousio.

A respeito desse conhecimento, passado de geração a geração, Amorim (2014) destaca, por exemplo, a importância dos ciclos da natureza, que sempre exerceram influência em todo o modo de vida desse povo, como as estações do ano, as fases da lua, o movimento das marés etc. Dessa maneira, o homem tradicional tem o conhecimento para aguardar o tempo certo para realizar suas trocas com o meio natural, como a estação chuvosa para o plantio e a estiagem para a colheita, as fases da lua para o corte da madeira, o movimento das marés para a pesca, a prática da queimada para o plantio, o pousio e o descanso da terra, diferentemente do tempo do homem pós-moderno, que já não considera esses ciclos naturais, e o meio natural passa a ser mercadoria.

Quanto às comunidades tradicionais e aos conflitos que levaram, muitas vezes, à marginalização dos caiçaras na sociedade, novas propostas fundamentadas no campo das Geociências surgem como um novo modelo que busca o desenvolvimento sustentável pautado na geoconservação dos recursos naturais, na educação como meio de promover o estudo das Geociências (em uma linguagem que possa atender às escolas, bem como ao público em geral) e no geoturismo, por estimular a criação de atividades econômicas com base na geodiversidade de uma determinada área e envolvendo a comunidade local, como o artesanato, as atividades culturais, a observação de aves, entre outras.

Nessa perspectiva, surge o conceito de geoparque e estratégia territorial, com limites definidos, que busca estimular a conservação, o desenvolvimento sustentável e o envolvimento da população local.

Com relação aos geoparques, no Brasil, embora haja lista aguardando reconhecimento, somente o geoparque Araripe, criado em 2006, faz parte da Rede Global de Geoparques até o momento. O papel da CPRM tem sido fundamental no levantamento e na divulgação de áreas com potencial para a criação de geoparques, e essa companhia concluiu e divulgou 38 propostas, entre as quais três geoparques em avançado estágio de implementação: Quadrilátero Ferrífero (situado em Minas Gerais), Bodoquena Pantanal (em Mato Grosso do Sul) e Costões e Lagunas do Rio de Janeiro (Pereira; Rios; Garcia, 2016).

Alves et al. (2015) afirmam que uma das barreiras encontradas para o reconhecimento relaciona-se à falta de divulgação sobre o conceito e a funcionalidade de um geoparque para a comunidade, como temáticas sobre desenvolvimento sustentável, geoconservação e até mesmo pesquisas científicas. Assim, fica explícita para a localidade a falta de intercâmbio entre o conhecimento científico e o público leigo, que é importante para esse processo.

Os mesmos autores exemplificam o caso do geoparque estadual Bodoquena-Pantanal, que apresentou à Unesco um dossiê completo para a integração do território, mas o auspício foi negado pela organização. Para eles, ainda faltam informações sobre o conceito e a proposta de um geoparque à comunidade, pois muitas pessoas observam o trabalho de pesquisadores, mas ainda faltam esclarecimento e integração sobre o assunto.

No que se refere ao geoparque Araripe, mesmo já consolidado, ainda existem lacunas quanto à participação da comunidade entre os resultados esperados e os efetivamente alcançados, principalmente com relação ao crescimento econômico. A educação ambiental, importante por estimular o aprendizado das pessoas, promover a capacitação, formar profissionais e gerar renda, é indispensável para o sucesso de um projeto cuja principal proposta é o desenvolvimento. Porém, observa-se que essa capacitação ainda não é satisfatória; para reverter esse quadro, propõe-se a participação da população em todas as etapas do processo de planejamento e gestão da atividade (Macedo; Pinheiro, 2014).

Boggiani (2010), sobre a relação entre geoparques e UCs, destaca que a palavra *parque*, ligada a essa denominação, suscita discussões sobre as relações com o Snuc. Os geoparques, assim como as reservas da biosfera, não possuem uma categoria específica nem legislação, pois não há previsão dessa categoria no Snuc. Para esse autor, "caso houvesse o enquadramento do conceito de geoparque em uma lei, iria engessar o processo e tirar o caráter inovador e dinâmico que ele apresenta, o que o torna diferente de outras modalidades de conservação". Assim, os geoparques passam a ser uma proposta ambientalista diferenciada, uma vez que visa à proteção do patrimônio geológico e ao envolvimento das comunidades que vivem no local quanto aos visitantes.

Embora as UCs e os geoparques tenham concepções distintas, ambas têm como denominador comum a proteção do patrimônio natural e a educação ambiental, ainda que as ações direcionadas à educação ambiental nas UCs seja pouco efetivada.

Oliveira et al. (2014), analisando a produção científica e das propostas das UCs no Brasil, verificaram que a educação ambiental direciona-se geralmente aos visitantes; à comunidade local não é dado o direito da compreensão dos processos que envolvam o ambiente onde vive. Para Oliveira et al. (2014), as escolas próximas ou inseridas nas UCs possuem papel importante a desempenhar junto à comunidade.

Imbernon et al. (2015), ao realizarem uma análise comparativa entre a Estação Ecológica Jureia-Itatins (UC), definida pela Unesco como patrimônio natural da humanidade, e os geoparques Arouca e Naturtejo, em Portugal, integrados à Rede Global de Geoparques reconhecida pela Unesco, buscaram demonstrar que se podem estabelecer novos modelos para a proteção do patrimônio natural, de modo a envolver a população local e promover o desenvolvimento econômico regional. Os autores também procuraram mostrar que os problemas precisam ser equacionados para se alcançar a sustentabilidade nas UCs (Quadro 2.2).

Para Imbernon et al. (2015), uma diferença perceptível entre os geoparques e as UCs relaciona-se ao envolvimento das comunidades. Enquanto no primeiro é possível conciliar a conservação do patrimônio natural sem remover as comunidades locais, o segundo possui restrições de uso e ocupação.

Contrários aos preceitos das UCs, os geoparques têm como premissa a inserção da comunidade local no desenvolvimento de suas atividades,

Quadro 2.2 Comparativo da gestão e atividades educativas

	Estação Ecológica Jureia-Itatins (Brasil)	Geoparques Arouca e Naturtejo (Portugal)
Usos e ocupação	Espaço territorial protegido por lei visando à preservação ambiental.	Estratégia territorial não somente para a preservação do ambiente natural local, mas também do histórico e cultural, e o desenvolvimento sustentável regional.
Administração	Gestão pública.	Gestão mista privada e pública; possuem unidade de gestão para tomada de decisões (gestores) e unidade formada por um corpo técnico para operacionalizar as ações cotidianas.
Aspecto legal	Proteção legal de áreas naturais; a iniciativa vem do Estado e segue rigorosamente legislação própria.	A organização e o estabelecimento dos geoparques podem apresentar diferentes formas, as quais se adaptam às legislações locais.
Programas educacionais com visitação	Previsto na legislação para promover programas de educação ambiental, mas, na prática, não existe.	Desenvolver programas educacionais é um dos objetivos gerais; na prática, há um programa de visitação estruturado com o programa curricular do ensino formal; os guias são professores com mestrado em Geociências.
Ensino de Geociências e educação ambiental	Não existe.	Há programas educativos que estão associados ao programa curricular do ensino formal português.
Temas dos programas educacionais	Biodiversidade, sustentabilidade.	Integra patrimônio-geológico, biodiversidade, sustentabilidade, arqueologia e outros elementos culturais.
Comunidades tradicionais	Preservação do patrimônio natural com remoção da população não tradicional; relação de conflito; as comunidades locais são excluídas do processo e diálogo.	Preservação do patrimônio natural sem remoção das comunidades locais; boa relação entre atores; o geoparque auxilia, também, no desenvolvimento dessas comunidades.

Fonte: Imbernon et al. (2014).

possuem um impacto social no contexto da comunidade local e modificam a realidade socioeconômica de seus habitantes (Brilha, 2009).

Para Medeiros, Gomes e Nascimento (2015) e Imbernon et al. (2015), os geoparques, portanto, representam parte de um conceito holístico de proteção, educação e desenvolvimento sustentável, possibilitando a inserção da comunidade local.

2.2 Inserção de programas educativos

Imbernon et al. (2015) questionam o alcance da educação ambiental quando se excluem a escola e, concomitantemente, a comunidade local dos programas das UCs. Os autores sugerem que essa lacuna pode ser preenchida ao se estabelecer programas educativos, como os utilizados nos geoparques portugueses, uma vez que apresentam um novo olhar na divulgação das Geociências por integrar temas de cunho geológico, biológico, elementos culturais, regionais e sustentáveis.

Para Carneiro, Toledo e Almeida (2004) e Pereira, Rios e Garcia (2016), a parceria das escolas, nos ensinos fundamental e médio, tornou-se uma ferramenta muito eficaz na valorização do patrimônio geológico. Aulas práticas explorando a geodiversidade da área tornam esses conteúdos mais interessantes, além de promover a cidadania e o interesse dos alunos quanto aos aspectos naturais e culturais da região em que vivem.

A criação de programas de valorização do patrimônio geológico/geomorfológico seria um meio de difundir conhecimentos ligados às ciências da terra e contribuir para a inserção desses temas nas escolas, nos ensinos fundamental e médio (Pereira; Rios; Garcia, 2016).

Moreira e Pinto (2013) destacam a importância do Projeto Estudo do Meio, destinado aos professores do ensino público fundamental e do ensino infantil, em Ponta Grossa (PR), como ferramenta de grande auxílio para a interpretação do patrimônio natural.

Cursos voltados à capacitação de professores dos ensinos fundamental e médio, visando difundir conhecimentos ligados às ciências da terra, têm incluído no conteúdo programático das escolas públicas na Bahia conceitos de geodiversidade, patrimônio geológico e geoconservação. Isso tem sido útil na divulgação e no ensino das Geociências (Pereira; Rios; Garcia, 2016).

Percebe-se, dessa maneira, que, aos poucos, barreiras vão sendo rompidas quanto à divulgação das Geociências, em uma linguagem mais acessível, conforme preconizado por Mansur (2009), que destaca a importância da linguagem e o envolvimento das comunidades locais como bases para o sucesso de projetos de divulgação e gestão do patrimônio.

Jorge (2017), em sua tese de doutorado, destaca a importância da valorização do patrimônio e usa como exemplo a parceria com escolas. Esse trabalho de valorização foi realizado com alunos e professores do Ensino Fundamental (5° ano) em março de 2017 e teve como objetivo o tema "A importância dos solos em que você pisa". O trabalho foi realizado em dois módulos: o primeiro teve uma explanação teórica e abordagem pautada em conceitos gerais até chegar à experiência dos alunos no Sítio Recanto da Paz, localizado na bacia hidrográfica do rio Maranduba. Logo em seguida, realizou-se a segunda etapa: uma aula prática em campo, com o objetivo de mostrar o solo enquanto elemento da geodiversidade, com funções complexas e imprescindíveis para a manutenção da vida na Terra.

Esse trabalho baseou-se nas experiências de um projeto inglês, intitulado Projeto Hanover, desenvolvido pelo professor Michael Fullen (Universidade de Wolverhampton, Inglaterra) e pela pesquisadora Keptreene Finch (Hibiscus Housing Association) com alunos da escola pública Woden School, na cidade de Wolverhampton (Fig. 2.3). As informações desse projeto foram adaptadas para a realidade brasileira, e a Escola Municipal Sebastiana Luiza de Oliveira Prado, no bairro Araribá, foi o projeto-piloto do trabalho.

O trabalho desenvolvido no Sítio Recanto da Paz também contou com a participação dos doutorandos Aline Muniz Rodrigues e Leonardo dos Santos Pereira, do Programa de Pós-Graduação em Geografia da Universidade Federal do Rio de Janeiro (UFRJ) e do Laboratório de Geomorfologia Ambiental e Degradação dos Solos (Lagesolos). Também houve a participação da proprietária do sítio, sra. Annie, de funcionários e pessoas ligadas à prefeitura de Ubatuba. Foram realizados quatro testes: (1) textura dos solos existentes na área: argilosos, franco e arenosos; (2) teste da percolação (infiltração); (3) teste das minhocas (para estimar o teor de matéria orgânica); e (4) teste de pH (nível de acidez). Os alunos utilizaram planilhas, manusearam medidores de pH e verificaram as particularidades de um solo saudável e outro degradado, além de apresentarem relatórios sobre os dados observados em campo (Fig. 2.3). Essa experiência foi um projeto-piloto que abriu vertentes para outros trabalhos de campo, que serão realizados em parceria com a Escola Municipal Sebastiana Luiza de Oliveira Prado e o Sítio Recanto da Paz.

Ainda no sul de Ubatuba, ao longo dos últimos anos, ações focadas na valorização e conservação dos recursos naturais, históricos e culturais têm sido realizadas nas escolas. O Sítio Recanto da Paz, o Sítio Lama Mole

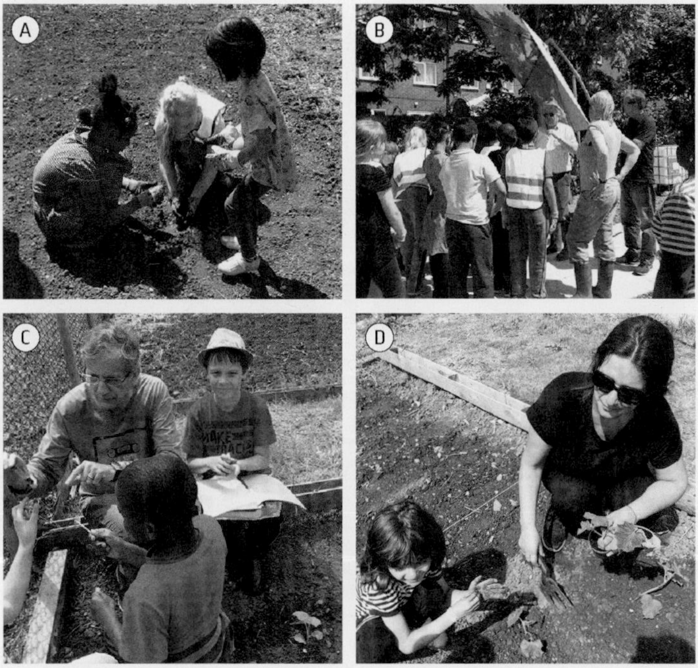

FIG. 2.3 *Projeto para conhecer o solo: teoria e prática no* allotment *(denominação dada a uma pequena área rural dentro de um sítio urbano) situado em Wolverhampton, Inglaterra*
Fonte: Maria do Carmo Oliveira Jorge (fotos tiradas em 2015).

(no bairro Araribá) e o Sítio da Mata (bairro Sertão da Quina) são exemplos de parceria em projetos de educação ambiental e conexão entre escolas, comunidades e a Promata (Fig. 2.4).

O Sítio Lama Mole e o Sítio da Mata fizeram parte da experiência do Projeto Trilha da Leitura, implantada pela Escola Nativa Fernandes. Com a experiência dos guias da Promata, os alunos aprenderam sobre temas interdisciplinares, como solos, erosão, fauna e flora. Além disso, observaram os costumes antigos dos caiçaras, como a moradia e a roça (Fig. 2.5). Esse aprendizado serviu também para um resgate das raízes de alguns alunos que nasceram no local, mas já não vivenciam os costumes antigos (Trilha..., 2016).

Desataca-se que o Sítio Recanto da Paz e o Sítio Lama Mole foram inventariados por Jorge (2017), pelo fato de ambos possuírem características geomorfológicas e potencial turístico rural, especialmente pelo viés ligado ao

FIG. 2.4 *(A, B) Explanação do conteúdo para um público diversificado no Sítio Recanto da Paz e (C, D) experiência em campo*
Fonte: Ezequiel Santos (fotos tiradas em 2017).

modo e aos costumes dos caiçaras (um resgate à tradição), como no Sítio Lama Mole, e pelo fato de já serem utilizados em projetos de educação ambiental.

Oliveira et al. (2014) destacam que órgãos gestores estaduais ou municipais deveriam realizar trabalhos de educação ambiental com a população local, que vive em áreas de entorno de UCs (zona de amortecimento) e, em especial, das escolas. Para esses autores, o que se observa na prática nas UCs são ações focadas na valorização e conservação da biodiversidade, e um distanciamento da população do entorno, ou seja, um movimento contra a educação ambiental, na medida em que, nesse processo, ocorre a exclusão das pessoas, ao passo que o recomendado seria a inclusão da comunidade tradicional e das escolas em ações que não se pautassem apenas na biodiversidade, mas também na geodiversidade e em suas relações culturais, sociais e econômicas. Os trabalhos de educação ambiental com a população local, como os realizados nos sítios Lama Mole, Recanto da Paz e da Mata, contam com a participação dos proprietários, moradores e escolas.

FIG. 2.5 *(A, B) Blocos rochosos e matacões distribuídos ao longo da encosta com plantação típica de roça caiçara; (C) culinária local caiçara preparada em fogão de pedra, recurso muito usado por caiçaras antigos; (D) entrada da casa-sede, com um matacão bem próximo à esquerda*
Fonte: (A, B e D) Maria do Carmo Oliveira Jorge e (C) Roberto Oliveira.

Brilha (2009) exemplifica que ações de educação e divulgação em geoparques podem favorecer inúmeras possibilidades de promover o ensino, assim como a divulgação das Geociências. Um geoparque pode influenciar na área da educação na medida em que se registra maior influência local e regional para sua criação, pois muitas atividades escolares passam a ter como referência o geoparque da sua região. No contexto da comunidade local, a percepção do geoparque alcança sua plenitude quando as comunidades locais começam a perceber a valorização de seu patrimônio (Fig. 2.6).

Embora o município de Ubatuba não esteja inserido em um geoparque, o trabalho de Jorge (2017) a respeito da valorização, divulgação e conservação do patrimônio geológico do sul de Ubatuba mostra que é possível o diálogo entre academia e comunidade. Conceitos relativos a geodiversidade, geoconservação, patrimônio geológico, geossítios e geoturismo foram apresentados e divulgados à população como novas possibilidades e caminhos diante das questões ambientais.

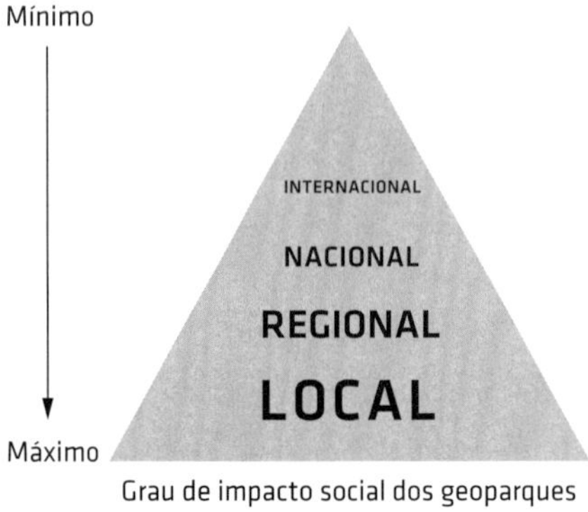

Fig. 2.6 *Grau de impacto dos geoparques no contexto social*
Fonte: Brilha (2009).

Para Jorge (2017), com relação à divulgação, podem-se utilizar muitos meios interpretativos. Outra questão relacionada às condições de segurança do local onde serão implantados são, por exemplo, os painéis informativos: estarão eles protegidos de ações de vandalismo ou mesmo das intempéries naturais? A linguagem também é outra característica importante a ser estudada antes da elaboração de qualquer material de divulgação, pois deve possuir caráter científico e, ao mesmo tempo, ser acessível e atender a diferentes públicos.

Moreira (2014) classificou os meios de divulgação em personalizados, como aqueles que utilizam apenas objetos ou aparatos, e os não personalizados, que englobam a interação do público com uma pessoa que seria "intérprete". O primeiro envolve sinalização e placas indicativas; painéis interpretativos; publicações como livros e folhetos; trilhas autoguiadas; audiovisuais; exposições etc. Já o segundo envolve trilhas guiadas; passeios em veículos não motorizados; audiovisuais com atendimento pessoal; palestras; atividades como teatro, jogos e simulações.

Para o sul de Ubatuba, os meios de divulgação utilizados foram: publicação no jornal local, roteiro geoturístico, painel informativo e palestras (Jorge, 2017).

2.2.1 Jornal local

Embora não seja comum que a divulgação esteja vinculada à imprensa, o jornal *Maranduba News*, na área desse estudo, tem sido um veículo importante na transmissão de informações da academia à população.

De abrangência local, esse jornal, em formato impresso (Fig. 2.7) e *on-line*, foi o primeiro meio utilizado no sul de Ubatuba para divulgar suas potencialidades sob uma perspectiva geoturística e em uma linguagem acessível à população, sem perder a essência científica. Com base na matéria divulgada em maio de 2014, surgiram novas perspectivas relacionadas às potencialidades da região sul de Ubatuba frente ao geoturismo; o Sítio Recanto da Paz e a Promata foram grandes parceiros na divulgação.

JORNAL MARANDUBA NEWS

A importância sobre o potencial geoturístico das paisagens da região

Sítio Recanto da Paz é palco de importante projeto sobre as Ciências da Terra da Universidade Federal do Rio de Janeiro

Estudo de pesquisadores brasileiros sobre a região sul é publicado em formato digital de renomada revista inglesa

Geotourism and foot path erosion

PROMATA recebe livros autografados para biblioteca Doraci

Fig. 2.7 *Matérias de divulgação sobre geodiversidade, geoconservação e geoturismo em 2014, 2016 e 2017 no jornal* Maranduba News

2.2.2 Palestras

As palestras também são consideradas um meio de divulgação e uma estratégia de geoeducação que pode auxiliar na interpretação do ambiente (Moreira, 2014). No sul de Ubatuba, foram realizadas algumas palestras. Com exceção daquela realizada no X Festival de Aves de Ubatuba, em 2014, no Ubatuba Palace Hotel, as demais foram realizadas no Sítio Recanto da Paz, cujo público-alvo eram adeptos ao turismo rural. Nessas palestras, a abordagem principal relacionou-se à dinâmica dos solos e à alteração na paisagem, que prejudicam o ambiente e o turismo na região.

Destaca-se a palestra realizada no X Festival de Aves de Ubatuba, em 2014, com um público bem eclético. Esse evento despertou a atenção por tratar de temas não muito comuns à realidade local, como potencialidades geoturísticas, geodiversidade e geoconservação (Fig. 2.8).

2.2.3 Roteiros geoturísticos

A elaboração de roteiros geoturísticos tornou-se uma ferramenta muito eficaz na divulgação do patrimônio geológico de uma determinada área por favorecer novas possibilidades para o desenvolvimento local, ao suprir uma nova demanda turística (Jorge, 2017).

Festival das Aves de Ubatuba

X FESTIVAL DAS AVES DE UBATUBA

05 DE SETEMBRO A 04 DE OUTUBRO 2014

Durante os dias 5 de setembro a 4 de outubro acontecem as atividades que compõem o 10º Festival das Aves de Ubatuba que desta vez conseguiu muita atenção dos amantes da natureza, da cultura e da história local. Promovido pelo Ubatubabirds em parceria com a PROMATA esta edição não contou com a participação oficial de órgãos públicos no município, mas mesmo assim fez a sua parte e continua oferecendo oportunidades. Algumas atividades são experimentos, mas alcançaram pleno sucesso em seu objetivo. O evento contou com saídas de campo, parcerias com escolas, cursos, palestras, expedições de observação e pesquisa, tudo relacionado a Observação de Aves, Ecoturismo, Geoturismo Turismo de Base Comunitária, pesquisas, educação ambiental e fomento a valorização do etnoconhecimento e da etnoproteção. A abertura aconteceu no Ubatuba Palace Hotel onde foi servido um coquetel, palestra sobre o Geoturismo, mostra fotográfica, artesanato e arte, o encerramento do evento acontecerá no bairro do Sertão da Quina, dia 4 de outubro às 16 horas, na sede da PROMATA, com uma roda de conversa caiçara.

Geoturismo em Ubatuba

Geodiversidade, Geoconservação e Geoturismo na região sul do município de Ubatuba-SP

Prof. Dr. Antonio Jose Teixeira Guerra

Doutoranda Maria do Carmo Oliveira Jorge

Na noite de abertura do Festival das Aves de Ubatuba no último dia 5, o público pode aprender um pouco mais sobre uma nova tendência mundial de turismo – o Geoturismo. Intitulado de "Geodiversidade, Geoconservação e Geoturismo na região sul do município de Ubatuba-SP", o trabalho preparado pelo Prof. Dr.Antonio José Teixeira Guerra e a Doutoranda Maria do Carmo Oliveira Jorge, ambos da Universidade Federal do Rio de Janeiro – UFRJ chamaram a atenção dos presentes. Os especialistas que vieram do Rio de Janeiro exclusivamente para abrilhantar o festival utilizaram uma abordagem simples, didática e rica em detalhes. A palestra abordou inicialmente um panorama geral da atividade mundo afora, em seguida mostrou as possibilidades que podem ser utilizadas dentro do município através dos levantamentos realizados, em parceria com a PROMATA, na região sul de Ubatuba. Em suas explicações o professor diz que Ubatuba possui um grande potencial para esta atividade. Melhor ainda para os presentes foi saber que obrigatoriamente não há necessidade de criar uma Unidade de Conservação para que exista um geosítio, que pode ser urbano ou rural, reitera sua fala o especialista. Por ser uma novidade no país, a atividade é promissora e apresenta grande potencial, principalmente em conjunto com o Turismo de Base Comunitária e de Esporte de Aventura, o que agregará maior valor e reconhecimento às comunidades ao entorno dos geosítios, pois os moradores deste entorno possuem grande conhecimento das trilhas, do tempo, do solo , das belezas e possibilidades que as rochas poderão proporcionar.

Fig. 2.8 *Matéria de divulgação da palestra de abertura do X Festival de Aves de Ubatuba, em 2014, no jornal* Maranduba News

Os roteiros são geralmente recomendados para áreas que possuem infraestrutura e potencial turístico (Moreira, 2014). Para o sul de Ubatuba, o roteiro baseou-se nas trilhas da região, já utilizadas por diferentes tipos de usuários (Fig. 2.9). Apesar de ocupar uma área pouco extensa, englobou roteiros diferenciados, como os de turismo rural, cultural, histórico-cultural, de praias e cachoeiras. O mapa das potencialidades geoturísticas é o ponto de partida para uma nova vertente turística na região sul de Ubatuba como uma alternativa ao turismo já estabelecido. O roteiro envolve os sítios Recanto da Paz, Lama Mole, Costões Rochosos, Ruínas da Lagoa e Cachoeira Água Branca, este último inserido em uma UC.

2.3 Geoturismo e desenvolvimento local

O geoturismo faz parte da perspectiva desses novos conceitos nas Geociências associados à valorização das comunidades locais e ao desenvolvimento

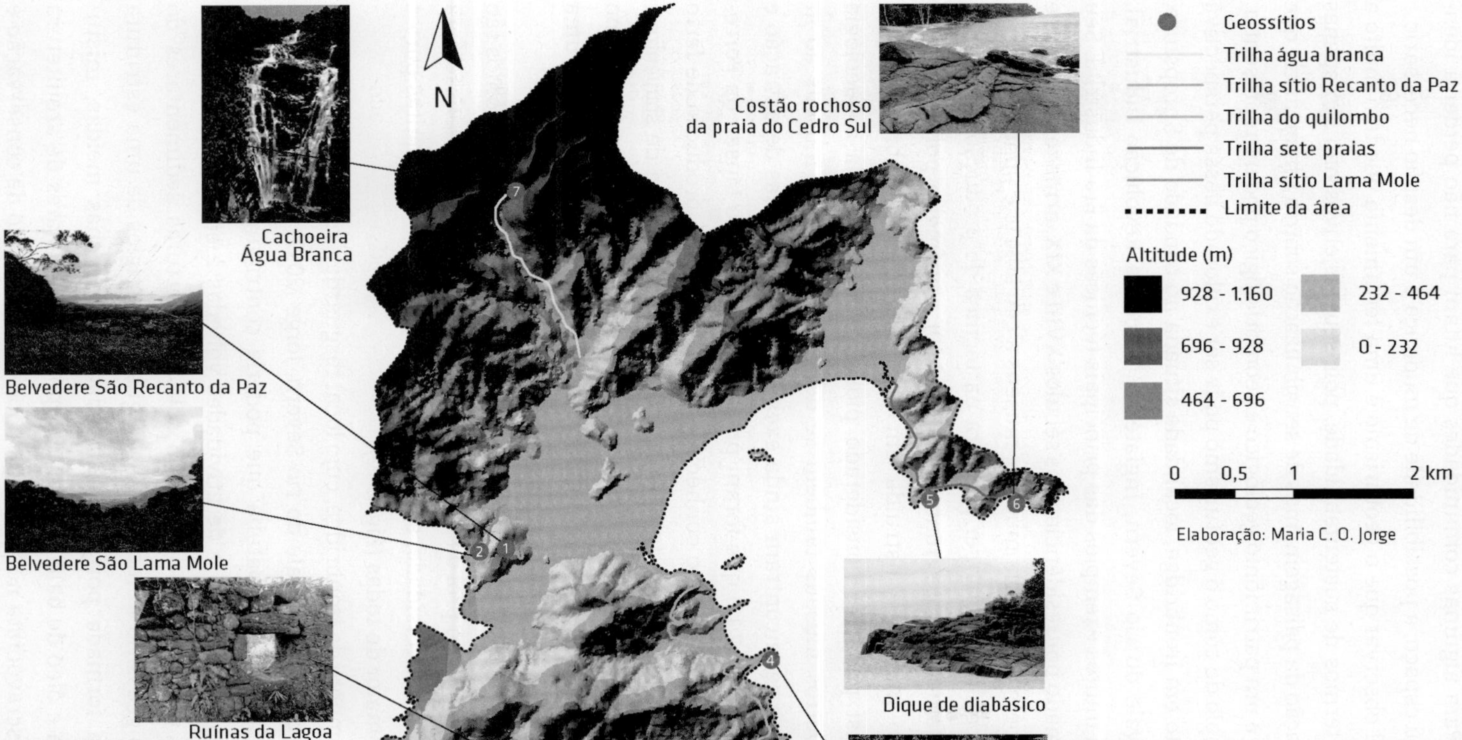

Fig. 2.9 *Mapa do potencial geoturístico do setor sul de Ubatuba (SP)*
Fonte: Jorge (2017).

econômico. Para algumas comunidades que lutam para não perder a identidade e o seu espaço, a possibilidade de mudança é um desafio necessário.

É possível observar que o geoturismo é uma ferramenta que tem muito a oferecer em termos de sustentabilidade, pois seus objetivos não são apenas de contemplação da paisagem, mas de sensibilização sobre a importância que um geossítio e um patrimônio geológico e geomorfológico podem representar.

Um exemplo de como o geoturismo pode ser explorado nessa perspectiva pode ser visto em Ironbridge, localidade situada no condado de Shropshire, no estreito vale do rio Severn, Inglaterra. Berço da Revolução Industrial, ainda possui muitos exemplos das principais técnicas da Era Industrial. Seu entorno, formado por residências dos séculos XVIII e XIX, armazéns, igrejas e capelas, também contempla museus, museus a céu aberto e pontes de ferro.

A área é conhecida por ser pioneira na técnica de produção de ferro, a exemplo da famosa ponte Ironbridge (Fig. 2.10), a primeira ponte de ferro conhecida no mundo, construída em 1779. O próprio Ironbridge Gorge Museum Trust pode ser considerado pioneiro no campo da arqueologia industrial. Outros museus também se destacam, como os museus ao ar livre, nos quais se encontram ainda exemplares das galerias de extração e os altos-fornos (Fig. 2.11) que foram preservados, além do Museu da Porcelana. Observa-se que todo o conhecimento a respeito da produção de ferro foi preservado, e o turismo tem se beneficiado com a venda de *souvenirs* e a história contada nos museus, que mostram a importância da área como sendo o mais avançado centro metalúrgico da Europa, responsável por uma série de inovações decisivas para o avanço da indústria.

Ao contrário da Ironbridge, muitas memórias, histórias e patrimônios são perdidos no tempo em prol da modernidade; Gray (2013) chama atenção para as ameaças à geodiversidade, sendo a própria ignorância, em muitas partes do mundo, a maior de todas (Fig. 2.12).

Diferentemente da Ironbridge, cujo local resguarda a memória da história da produção de ferro no vale do rio Severn, Jorge (2017) destaca o exemplo de uma localidade em Ubatuba que poderia contribuir para a economia local por meio do turismo e de atividades voltadas à educação ambiental. Considerado um geossítio assentado sob as coberturas sedimentares do Cenozoico, o geossítio Ruínas da Lagoa guarda vestígios de uma estrutura arquitetônica formada por pedras coladas com conchas moídas, misturadas à areia e óleo de baleia. É um dos poucos exemplares de arquitetura do período escravocrata no município; porém, seu estado de conservação é

FIG. 2.10 *Ponte de Ironbridge, também ponte de Coalbrookdale, construída com o ferro da fundição de Abraham Darcy sobre o rio Severn e considerada patrimônio da humanidade pela Unesco (foto tirada em 2016)*
Fonte: Maria do Carmo Oliveira Jorge.

FIG. 2.11 *Construído na década de 1750, o Bedlam Furnaces estava entre os primeiros projetos especificamente criados para permitir que o ferro fosse fundido, abrindo caminho para o ferro produzido em massa (fotos tiradas em 2016)*
Fonte: Maria do Carmo Oliveira Jorge.

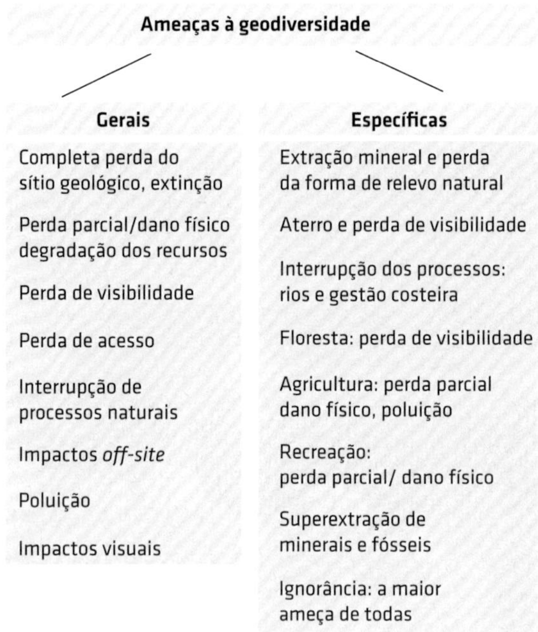

FIG. 2.12 *Ameaças à geodiversidade*
Fonte: Gray (2017).

nulo. Não existem até o momento trabalhos que visem à sua manutenção e recuperação. O próprio local está coberto de vegetação e raízes, que dificultam sua observação.

Além da sua raridade, outro ponto importante a destacar é o local onde está inserido, um dos poucos da região de Ubatuba que possuem uma planície de restinga não ocupada, já que esses terrenos são muito visados para ocupação. Segundo Souza e Luna (2008), a formação da Floresta Baixa de Restinga praticamente desapareceu do litoral norte de São Paulo, e Ubatuba ainda possui pequenos fragmentos preservados, especialmente sobre os depósitos de cordões arenosos próximos à praia (Fig. 2.13).

Exemplos como os apresentados anteriormente mostram que o debate sobre geoturismo e desenvolvimento local é uma necessidade e um caminho para o desenvolvimento da economia regional e também para a conservação do patrimônio. A obra *Geoturismo e desenvolvimento local* (Carvalho; Rodrigues; Jacinto, 2009) elucida bem essa questão e abre precedentes para novos debates.

Destaca-se, entre tantos outros meios de manifestação relacionados ao desenvolvimento local e geoturismo, o papel do Movimento Internacional para uma Nova Museologia (Minom), cujo objetivo é defender uma museologia aberta a todas as perspectivas que possam contribuir para fazer do museu um instrumento de desenvolvimento das comunidades. É uma maneira

FIG. 2.13 *(A) Local onde se encontram as ruínas na Praia da Lagoa (foto tirada em 2010); (B) colunas das ruínas cobertas por raízes e vegetação; (C) ponto de entrada para as demais ruínas; (D) exemplo de um trecho da ruína preservada, com pedras irregulares, argamassadas e aglutinadas com areia e conchas moídas (foto tirada em 2014)*
Fonte: (A) Ezequiel Santos e (D) Maria do Carmo Oliveira Jorge.

diferenciada de refletir sobre o papel do geoturismo e as realidades locais. Fundado em 1985, em Lisboa, seus eventos já passaram por diversos países e, recentemente, pelo Brasil, na XVII Conferência Internacional do Minom – Comunidade de Nazaré (Carvalho; Rodrigues; Jacinto, 2009; Pereira, 2016).

A Comunidade de Nazaré foi escolhida para sediar o primeiro museu ribeirinho de Rondônia, cuja base são os pressupostos da museologia social. A comunidade encontra-se na margem esquerda do rio Madeira de Porto Velho (RO), dista 200 km de Porto Velho e é formada por descendentes de seringueiros nordestinos e índios. É conhecida por promover a Festa Folclórica de Nazaré e apresentações culturais, como a dança do Boi Curumim, Quadrilha e o Seringandô, além de apresentações de músicas regionais (Pereira, 2016).

Trata-se de comunidades ameaçadas, nas quais, por um lado, o respeito e a sabedoria acumulada servem para a manutenção da vida e da dignidade da floresta, e, por outro, os povos da Amazônia são alvos principais das ações desmedidas do progresso. A conferência, assim, possibilitou que seus membros exercitassem a prática da museologia social em Nazaré e construíssem, com seus moradores, conhecimentos que propiciassem o enfrentamento das questões sociais locais (Pereira, 2016).

O geoturismo, para as comunidades tradicionais, mostra-se uma troca positiva com relação ao resgate da essência do ser comunitário, com valorização e reconhecimento da geobiodiversidade local. Para as comunidades, o geoturismo surge como um modo de inseri-las novamente no mapa social e cultural; independentemente da divisão política, o território será marcado pelo uso e manejo dos recursos naturais em seu grau de necessidade física, espiritual e cultural, ultrapassando fronteiras oficiais. Quando a comunidade se sentir parte desse patrimônio, e não dissociada dele, o desenvolvimento e a proteção serão espontâneos; posteriormente, serão transformados em serviços ecossistêmicos e em economia solidária. Desse modo, o valor comunitário estará às voltas novamente com sua origem. O papel da ciência, com base nesses novos conceitos, passa a ser para as comunidades, assim, um resgate da sua autoestima e do sentimento de sua autopertencença (Santos, s.d.).

2.4 Conclusões

Ao discutir sobre a temática da sustentabilidade ambiental no contexto das Geociências, nós nos deparamos com uma nova visão sobre o patrimônio natural, traduzido pela riqueza de geodiversidade, diferentes tamanhos, formas, escalas e níveis de fragilidades. A sustentabilidade ambiental, assim como a biodiversidade, necessita de mecanismos de proteção.

Criadas com esse propósito, as UCs, legalmente instituídas pelo poder público, possuem muitas leis de proteção ao patrimônio natural, as quais, na prática, não são exercidas e necessitam de adaptações. Criados mais recentemente, os geoparques, visando à conservação do patrimônio natural e ao desenvolvimento sustentável estratégico, diferentemente das UCs, não são uma nova categoria de área protegida. Porém, entre essas duas categorias – UCs e geoparques – destaca-se o papel da educação ambiental, que possui diferenças significativas de aplicação, quando comparadas.

No Brasil, apesar da existência de inúmeras UCs pautadas em documentos orientadores sobre a educação ambiental, constata-se a presença ínfima de programas visando a suas ações nas escolas. A questão da exclusão das comunidades que vivem inseridas ou no entorno dessas UCs em atividades que poderiam ter ganho mútuo é um dos principais problemas e desafios dessas UCs, que seguem um papel inverso ao proposto pela educação ambiental.

Outro fator a destacar é que as UCs também direcionam ações para a conservação da biodiversidade e não oferecem atividades e planos voltados para o uso dos recursos naturais, os quais poderiam favorecer economicamente à população do entorno. Essas ações acabam por criar barreiras e dificuldades para uma linguagem relacionada à sustentabilidade com a comunidade.

Entretanto, quanto à sustentabilidade ambiental, podemos observar que novas estratégias de geoconservação têm sido usadas, mostrando que barreiras podem ser vencidas, que uma linguagem entre a academia e o conhecimento popular é possível e que essa relação pode ser benéfica. Esses novos conceitos trazidos no campo das Geociências, científica e educacional, mostram novos paradigmas diante da questão ambiental.

Inseridas em todo esse contexto, as comunidades locais ganham importância e passam a ser integradas novamente em um local de onde nunca deveriam ter saído. A conservação do patrimônio natural, da biodiversidade e da geodiversidade depende de ações que somam, e não excluem. A criação de geoparques e a inserção de atividades geoturísticas têm mostrado quão importante é o papel das comunidades locais nas estratégias de geoconservação, o que demonstra, com relação ao planeta Terra, que, para se chegar ao desenvolvimento sustentável, as ações devem ser pensadas e concretizadas considerando-se as experiências locais.

2.4.1 Agradecimentos

Agradecemos a Ezequiel Santos, jornalista, caiçara, ativista em defesa da Mata Atlântica e um dos fundadores da Promata.

Referências bibliográficas

ALMEIDA, N. J. R. Etnoconhecimento em Unidade de Conservação na Amazônia brasileira. *Revista Confronteiras*, v. 1, n. 1, p. 244-259, 2017.

ALUNOS do Virgínia Lefèvre visitam roça caiçara com a Promata. *Jornal Maranduba News*, 2017. Disponível em: <https://issuu.com/maranduba/docs/jornalmarandubanews98web>. Acesso em: 30 nov. 2017.

ALVES, J. T. O.; RIBEIRO, S. C. Etnogeomorfologia: classificação das formas de relevo segundo a percepção dos agricultores do sítio cidade no município de Caririaçu-CE. *Revista Geonorte*, edição especial 4, v. 10, n. 1, p. 77-80, 2014. Disponível em: <http://www.periodicos.ufam.edu.br/revista-geonorte/article/viewFile/1496/1380>. Acesso em: 25 maio 2017.

ALVES, A. G. C.; MARQUES, J. G. W. Etnopedologia: uma nova disciplina? In: VIDAL-TORRADO, P. et al. *Tópicos em ciência do solo*. Viçosa: Sociedade Brasileira de Ciência do Solo, 2005. p. 321-34. Disponível em: <http://https://pt.scribd.com/doc/27143019/Etnopedologia-Topicos-Em-Ciencia-Do-Solo--v4-p321-344-2005>. Acesso em: 10 maio 2017.

ALVES, S. Y. O.; BECKER, K. B.; VALENTIN, P. R.; PACHECO, M. L. A. F. O conceito de geoparque no Brasil: reflexões, perspectivas e propostas de divulgação. *Terræ Didatica*, v. 11, n. 2, p. 94-107, 2015. Disponível em: <http://www.ige.unicamp.br/ terraedidatica/>. Acesso em: 30 abr. 2017.

AMORIM, E. G. *Ubatuba era caiçara*: a des(re)territorialização do espaço frente às políticas públicas. 2014. 128 f. Dissertação (Mestrado) – Programa de Pós-Graduação em Planejamento Urbano e Regional, Univap, São José dos Campos, 2014.

BOGGIANI, P. *Aplicação do conceito de geoparques no Brasil e sua relação com o SNUC*. 2010. Disponível em: <http://www.geoconservacao.com.br/2010/06/aplicacao--do-conceito-de-geoparques-no.html>. Acesso em: 1° maio 2017.

BRILHA, J. et al. Inventory and quantitative assessment of geosites and geodiversity sites: a review. *Geoheritage*, v. 8, n. 2, p. 119-134, 2016.

BRILHA, J. A importância dos geoparques no ensino e divulgação das geociências. *Revista do Instituto de Geociências*, Geol. USP, publ. espec., São Paulo, v. 5, p. 27-33, 2009.

BRILHA, J. *Património geológico e geoconservação*: a conservação da natureza na sua vertente geológica. Viseu: Palimage Editores, 2005. 190 p.

CARNEIRO, C. D. R.; TOLEDO, M. C. M.; ALMEIDA, F. F. M. Dez motivos para a inclusão de temas de geologia na educação básica. *Revista Brasileira de Geociências*, v. 34, n. 4, p. 553-560, 2004.

CARVALHO, C. N.; RODRIGUES, J.; JACINTO, A. *Geoturismo & Desenvolvimento Local*. 2009. 309 p. Disponível em: <http://www.naturtejo.com/ficheiros/conteudos/files/livro%203(1).pdf>. Acesso em: 15 maio 2017.

CNUC – CADASTRO NACIONAL DE UNIDADES DE CONSERVAÇÃO. 2017. Disponível em: <http://www.mma.gov.br/areas-protegidas/cadastro-nacional-de--ucs>. Acesso em: 17 maio 2017.

DIEGUES, A. C. *O mito moderno da natureza intocada*. 3. ed. São Paulo: Hucitec, 2001.

DIEGUES, A. C.; ARRUDA, R. *Saberes tradicionais e biodiversidade no Brasil*. Brasília: Ministério do Meio Ambiente; São Paulo: NUPAUB-USP, 2001.

ESCOBAR, A. O lugar da natureza e a natureza do lugar: globalização ou pós-desenvolvimento? In: LANDER, E. (Org.). *A colonialidade do saber*: eurocentrismo e ciências sociais – perspectivas latino-americanas. Buenos Aires: CLACSO, 2005. p. 133-168.

GRAY, M. *Geodiversity*: valuing and conserving abiotic nature. 2 ed. Chichester: John Wiley & Sons, 2013.

GRAY, M. *Geodiversity*: valuing and conserving abiotic nature. Palestra proferida em 18 de outubro de 2017 no Instituto de Geociências da Universidade Federal do Rio de Janeiro.

IPHAN – INSTITUTO DO PATRIMÔNIO HISTÓRICO E ARTÍSTICO NACIONAL. *Ofício das paneleiras de Goiabeiras*. 2017. Disponível em: <http://portal.iphan.gov.br/pagina/detalhes/51>. Acesso em: 27 set. 2017.

IMBERNON, R. A. L.; OLIVEIRA, C. N.; BRILHA, J.; GONÇALVES, P. W. Estudo comparativo da educação ambiental desenvolvida numa unidade de conservação no Brasil e em geoparques em Portugal. In: BACCI, D. L. C. (Org.). *Geociências e educação ambiental*. Curitiba: Ponto Vital, 2015. Disponível em: <https://repositorium.sdum.uminho.pt/bitstream/1822/46192/1/272.pdf>. Acesso em: 27 jun. 2017.

IMBERNON, R. A. L.; OLIVEIRA, C. N.; BRILHA , J. B. B.; GONÇALVES, P. W. Proteção e conservação praticadas em Unidades de Conservação (Brasil) e Geoparques (Portugal): comparativo da gestão e atividades educativas. In: CONGRESSO BRASILEIRO DE GEOLOGIA, 47., 2014, Salvador. *Anais*... 2014. p. 1125.

JORGE, M. C. O. *Potencial geoturístico e estratégias de geoconservação em trilhas situadas na região sul do município de Ubatuba-SP*. 2017. 229 f. Tese (Doutorado) – Programa de Pós-Graduação em Geografia, Universidade Federal do Rio de Janeiro, Rio de Janeiro, 2017.

JORGE, M. C. O.; GUERRA, A. J. T. Geodiversidade, geoturismo e geoconservação: conceitos, teorias e métodos. *Revista Espaço Aberto*, Rio de Janeiro, v. 6, n. 1, p. 151-174, 2016.

NASCIMENTO, M. A. L.; RUCHKYS, U. A.; MANTESSO-NETO, V. *Geodiversidade, geoconservação e geoturismo*: trinômio importante para a proteção do patrimônio geológico. São Paulo: Sociedade Brasileira de Geologia, 2008. 82 p.

MACEDO, J. A.; PINHEIRO, D. R. C. O. Geoparque Araripe e o seu impacto no desenvolvimento local da comunidade Riacho Meio: Barbalha, Ceará, Brasil. *Geografia Ensino & Pesquisa*, v. 18, n. 2, p. 145-162, 2014.

MANSUR, K. L. Projetos educacionais para a popularização das Geociências e para a geoconservação. *Geologia USP*, publicação especial, v. 5, p. 63-74, 2009.

MEDEIROS, C. A. F.; GOMES, C. S. C. D.; NASCIMENTO, M. A. L. Gestão em Geoparques: desafios e realidades. *Revista Brasileira de Pesquisa em Turismo*, São Paulo, v. 9, p. 342-59, 2015.

MEIRA, S. A.; MORAIS, J. O. Os conceitos de geodiversidade, patrimônio geológico e geoconservação: abordagens sobre o papel da geografia no estudo da temática. *Bol. Geogr.*, Maringá, v. 34, n. 3, p. 129-147, 2016.

MOREIRA, J. C. *Geoturismo e interpretação ambiental*. 2. ed. Ponta Grossa: Editora UEPG, 2014.

MOREIRA, J. C.; PINTO, M. C. T. O Projeto Estudo do Meio em Ponta Grossa (Paraná, Brasil) e a realização de roteiros turístico-pedagógicos voltados para os aspectos da geodiversidade. *Ciênc. educ.*, Bauru, v. 19, n. 4, p. 897-909, 2013.

NEVES, W. A.; ADAMS, C.; MURRIETA, R. S. S. Coivara: cultivo itinerante na floresta tropical. *Revista Ciência Hoje*, v. 50, p. 38-42, 2012.

OLIVEIRA, C. N.; IMBERNON, R. A. L.; GONÇALVES, P. W.; BRILHA, J. B. R. Contribuições para o desenvolvimento da Educação Ambiental em Unidades de Conservação no Brasil a partir de programas educativos do Geoparque Naturtejo (Portugal). *Terræ*, v. 11, p. 3-14, 2014.

PEREIRA, M. 17th International Conference Minom-Icom Nazaré, Rondônia, Brasil. *Minom-Icom*, 2016. Disponível em: <http://www.minom-icom.net/2016-17th-international-conference-minom-icom-nazare-rondonia-brasil>. Acesso em: 22 jun. 2017.

PEREIRA, R. G. F. A.; RIOS, D. C.; GARCIA, P. M. P. Geodiversidade e patrimônio geológico: ferramentas para a divulgação e ensino das Geociências. *Terræ Didatica*, v. 12, p. 196-208, 2016.

SANTOS, E. *Comunicação verbal*. [s.d.].

SOUZA, C.R. de G.; LUNA, G. da C. Unidades quaternárias e vegetação nativa de planície costeira e baixa encosta da serra do mar no litoral norte de São Paulo. *Revista do Instituto Geológico*, n. 29, p.1-18, 2008.

RAIMUNDO, S.; SIMÕES, E. Dilemas e desafios para instalação de sistemas agroflorestais no interior e entorno do Parque Estadual da Serra do Mar - Nucleo Picinguaba - SP. *Revista de Geografia Agrária*, v. 11, n. 22, p. 464-490, 2016.

RIBEIRO, S. C. *Etnogeomorfologia sertaneja*: estudo dos conhecimentos dos produtores rurais do sítio Canabravinha, distrito de Palestina do Cariri- Mauriti/ CE acerca dos processos morfodinâmicos. Geosaberes, v. 6, n. especial (2), p. 103–112, 2015.

TRILHA da leitura no sítio Lama Mole e da Mata. *Jornal Maranduba News*, 2016. Disponível em: <https://issuu.com/maranduba/docs/jornalmarandubanews86web>. Acesso em: 27 maio 2017.

VALLEJO, L. R. Os parques e reservas como instrumentos do ordenamento territorial. In: ALMEIDA, F. G.; SOARES, L. A. A. (Org.). *Ordenamento territorial*: coletânea de textos com diferentes abordagens no contexto brasileiro. Rio de Janeiro: Bertrand Brasil, 2009.

VIANA, V. M. Envolvimento sustentável e conservação das florestas brasileiras. *Ambiente & Sociedade*, v. 5, 1999.

três

Geoparks: educação, conservação e sustentabilidade

Jasmine Cardozo Moreira | Tatiane Ferrari do Vale

Os geoparks são locais de beleza singular e que possuem importância científica, educativa e turística. São representativos de uma região e da sua história geológica. Trata-se de territórios com limites bem definidos, que combinam a proteção do patrimônio geológico ao desenvolvimento socioeconômico local. Esses territórios não se relacionam apenas à geologia, mas envolvem também aspectos ligados à biodiversidade, arqueologia, ecologia, cultura, entre outros (Unesco, 2016a).

O *geopark* é uma espécie de selo de qualidade concedido pela Unesco aos territórios cuja premissa é o desenvolvimento territorial por meio da geoconservação. Para que uma área que pleiteia esse título integre a Rede Global de *Geoparks* (Global Geoparks Network – GGN), ela deve ter como ponto de partida uma geologia diferenciada, que possua relevância internacional, bem como uma estratégia de gestão articulada envolvendo a comunidade. Quando um *geopark* aspirante recebe esse selo de qualidade, significa que o território obteve um reconhecimento máximo pelas ações que vem realizando em prol da geoconservação e do desenvolvimento socioeconômico local.

Os *geoparks* devem promover o ensino e a divulgação das Geociências e, por meio de programas educativos e parcerias com escolas e universidades, evidenciar a importância de proteger o patrimônio geológico e a memória de nosso planeta. Além disso, devem possuir uma estrutura de gestão articulada que inclua as comunidades locais desde o processo de planejamento até seu efetivo funcionamento. É imprescindível a participação desses atores, pois não há *geopark* sem comunidade, e essa não é uma iniciativa imposta de cima para baixo. Para uma gestão mais eficaz, os *geoparks* são organizados em redes, como no caso da Rede Europeia de *Geoparks* (European Geoparks Network – EGN), criada em 2000, e a GGN, criada em 2004.

O desenvolvimento de atividades ligadas ao turismo sustentável, a produção de novos produtos com enfoque na geodiversidade, bem como a promoção de eventos relacionados às características locais geram empregos e renda para as comunidades, além de visar à criação de uma consciência ambientalista quanto à importância da natureza.

Dessa maneira, este capítulo apresenta os conceitos e definições dos *geoparks*, seus aspectos históricos, a importância da atuação em rede, seus benefícios, o envolvimento comunitário, o turismo e o processo de gestão. Por fim, são apresentados exemplos de *geoparks* que comercializam geoprodutos e *geofood*, produtos que visam à valorização da gastronomia local, com enfoque nos elementos do patrimônio geológico e da biodiversidade.

3.1 Os *geoparks* e seus aspectos conceituais e históricos

O *geopark* é um território com limites claramente definidos e uma área suficientemente grande para propiciar o desenvolvimento econômico e cultural local (especialmente por meio do turismo). É também uma área geográfica onde os sítios de patrimônio geológico fazem parte de um conceito holístico de proteção, educação e desenvolvimento sustentável. O *geopark* deve levar em conta toda a configuração geográfica da região e não deve incluir apenas locais de importância geológica (Unesco, 2010, p. 3),

> A sinergia entre a geodiversidade, a biodiversidade e a cultura, além do patrimônio tangível e não tangível, são tais que os temas não geológicos devem ser destacados como parte integrante de cada geopark, especialmente quando sua importância em relação à paisagem e à geologia pode ser demonstrada para os visitantes.

Além dos aspectos geológicos, um *geopark* também deve ter outros significados, que podem estar ligados a ecologia, arqueologia, história, cultura, entre outros. Seu conceito baseia-se no fornecimento de informação, educação, turismo sustentável e pesquisa em Geociências.

Esse programa difere de outros programas da Unesco, como os do Patrimônio Mundial e do Homem e da Biosfera, pois acrescenta uma nova dimensão à Convenção do Patrimônio Mundial de 1972 ao destacar o potencial de interação entre o desenvolvimento socioeconômico e cultural e a conservação do meio ambiente (Zouros, 2010).

Bailey e Hill (2010, p. 52) também afirmam que

> a maioria dos sítios do Patrimônio Mundial são localidades designadas pelo seu valor histórico ou cultural. Os *geoparks* normalmente incluem regiões maiores e podem até incluir um sítio do Patrimônio Mundial dentro dos seus limites. O motivo para o desenvolvimento de uma iniciativa separada é que muitos sítios do Patrimônio Geológico de valor excepcional não atendem aos critérios de seleção da Lista do Patrimônio Mundial.

Cabe ressaltar que a Unesco não tem jurisdição de gestão sobre *geoparks*, mas serve estritamente no papel de fornecer uma espécie de controle de qualidade com relação às diretrizes internacionais e aos seus critérios de designação (Bailey; Hill, 2010).

Para Khoshraftar (2010), *geopark* é um novo conceito que envolve as áreas de educação, conservação, lazer e turismo, e esses são os melhores laboratórios naturais para a educação e a disseminação do conhecimento geocientífico. Paralelamente a esses objetivos, os geólogos podem mostrar ao público o valor e o significado da importância da realização de pesquisas, utilizando, para esse fim, os resultados dos estudos realizados (Frey et al., 2006). Martin (2010) afirma que *geoparks* podem oferecer oportunidades para que os jovens comecem a se envolver em questões relacionadas ao patrimônio natural. Desse modo, para McKeever (2010), os *geoparks* são lugares especiais que não só preservam o patrimônio geológico, mas também o utilizam para o desenvolvimento sustentável das comunidades locais.

Assim, os *geoparks* são áreas onde se procura incentivar a criação de atividades econômicas com base na geodiversidade da região, com o envolvimento comprometido das comunidades locais. Desse modo, sua criação pode ser uma ferramenta importante para alcançar o desenvolvimento sustentável (Brilha, 2005). Para o seu reconhecimento, há princípios específicos relacionados a seu tamanho, composição, objetivos socioeconômicos, metas de conservação, educação, pesquisa e seus aspectos legais (Dingwall; Weighell; Badman, 2005). Além disso, a proteção e o desenvolvimento sustentável da iniciativa, ligada ao patrimônio geológico por meio dos *geoparks*, contribuem para os objetivos da Agenda 21 (Unesco, 2010).

3.1.1 Aspectos históricos e a rede mundial

Em 1991, em Digne, na França, realizou-se, sob os auspícios da Unesco, o 1° Simpósio Internacional de Conservação do Patrimônio Geológico. Nesse evento, instituiu-se a Declaração Internacional dos Direitos da Memória da Terra (ver Anexo 1). Após esse evento, entre 1991 e 1997, ocorreu a elaboração e aprimoramento desse conceito de integração entre o patrimônio geológico e sua conservação, valorização e o desenvolvimento sustentável, em uma visão global de conexão entre esse patrimônio. Em 1997, o programa europeu de financiamento Leader+ apoiou a iniciativa de quatro países: a Reserva Natural da Geologia Haute-Provence (França), a Floresta Petrificada de Lesvos (Grécia), o *geopark* Gerolstein/Vulkanaifel (Alemanha) e o Parque Cultural Maestrazgo (Espanha). Assim, esses territórios começaram a aperfeiçoar e "experimentar" o conceito de *geopark* em cooperação com a Unesco (Martini, 2010). Essas quatro regiões eram áreas rurais, detentoras de patrimônio geológico relevante, possuidoras de beleza natural e riqueza cultural, mas com desenvolvimento econômico limitado e altas taxas de desemprego e migração (Ramos; Fernandes, 2010).

Alguns anos depois, em 2000, essas quatro áreas fundaram, sob os auspícios da Unesco, a EGN. O principal objetivo da criação dessa rede foi promover o desenvolvimento territorial sustentável, com base no patrimônio geológico, a fim de construir um quadro europeu forte, capaz de auxiliar os membros em suas atividades, incentivar a criação de novos *geoparks* e desenvolver o conceito de geoturismo na Europa. A EGN é responsável pela avaliação da operação e dos serviços de seus membros, a fim de promover o rótulo *European Geoparks* como uma marca de alta qualidade em geoturismo. É necessário um plano de gestão e ação, que deve se referir a questões como a identificação e a proteção de geossítios, estratégias de geoconservação, interpretação do patrimônio e educação ambiental, promoção, monitoramento, atividades de geoturismo, entre outras (EGN, 2013).

Em 2001, a Unesco lançou a iniciativa dos *geoparks*, mas foi somente em 2004, durante a 1ª Conferência Internacional da GGN, em Pequim, na China, que uma rede global foi oficialmente criada (Martini, 2010). Nessa ocasião, foi assinada uma convenção, e todos os *geoparks* que integravam a EGN passaram a integrar automaticamente a GGN.

3.2 ATUAÇÃO EM REDE: NOVAS PERSPECTIVAS PARA A CONSERVAÇÃO DA NATUREZA

A atuação em rede, inerente às práticas humanas no território, tem se mostrado importante quando se trata da conservação da natureza, pois o compartilhamento de informações e a preocupação com um patrimônio comum passaram a ocorrer de maneira ordenada a partir da segunda metade do século XX, com a Conferência de Estocolmo (1972).

As redes atuam como um instrumento de poder (Claval, 1989 apud Dias, 2000) e têm a capacidade de transformar territórios (Dias, 2000), pois a própria concepção de atuação em conjunto altera o modo como a gestão ocorrerá, mudando o processo da tomada de decisões. Com relação à conservação da natureza, há diferentes tipos e finalidades de redes, como os programas da Unesco: Patrimônios da Humanidade, Reservas da Biosfera e a GGN.

Para Olsen (2016), pertencer à Lista do Patrimônio Mundial confere prestígio, honra e atenção, e possibilita também que os gestores recebam assistência para gestão, medidas e mecanismos de monitoramento e conhecimento, aumentando a consciência pública e a atividade turística. São 1.052 propriedades inscritas na lista, das quais 203 são patrimônios naturais.

A Reserva da Biosfera é outra designação que confere benefícios a seus membros. De acordo com a Unesco (2017), "as Reservas da Biosfera são áreas que compreendem ecossistemas terrestres, marinhos e costeiros. Cada reserva promove soluções reconciliando a conservação da biodiversidade com o seu uso sustentável". O Snuc (Lei nº 9.985, de 18 de julho de 2000) reconhece a Reserva da Biosfera como "um modelo, adotado internacionalmente, de gestão integrada, participativa e sustentável". Há 669 reservas da biosfera distribuídas em 120 países (Unesco, s.d.-a).

Os *geoparks* diferem desses outros modelos de conservação da natureza, considerando-se que valorizam especialmente as áreas de interesse geológico de relevância internacional. Observa-se que seu próprio conceito está relacionado ao de território (rede), pois a Unesco o classifica como "um território com limites bem definidos", que deve possibilitar o desenvolvimento socioeconômico local.

Além da GGN, há outras redes em escalas continentais e nacionais, como as redes europeia, asiática e africana de *geoparks* e as redes canadense, portuguesa, chinesa e japonesa. Há ainda uma escala que contempla redes regionais, como a rede ibérica de *geoparks* (Farsani; Coelho; Costa, 2014). Tal modelo organizacional pressupõe a troca de informações, a parceria em projetos e, frequentemente, a participação em conferências e encontros que reúnem os membros da rede. A parceria para divulgação e organização de atividades também é uma característica dos *geoparks*.

Apesar de a relação de poder na criação e controle de um *geopark* não estar clara, ela existe em diferentes escalas e ocorre de modo bilateral (por meio da comunidade, da qual emanam micropoderes, e da Unesco). A organização estabelece critérios e diretrizes para os territórios que desejam se unir à GGN; no entanto, o uso e o controle da área ocorrem por meio da comunidade, pois não há *geopark* sem o envolvimento da comunidade local.

Atualmente, a GGN possui 127 membros distribuídos em 35 países (Quadro 3.1). A China é o país que mais possui *geoparks* na rede mundial (35), seguida da Espanha (11), da Itália (10) e do Japão (8).

QUADRO 3.1 MEMBROS DA GGN EM 2017

	Nome do *geopark*	País
1	Vulkaneifel	Alemanha
2	TERRA.vita	Alemanha
3	Bergstrasse-Odenwald	Alemanha
4	Swabian Albs	Alemanha
5	Harz Braunschweiger Land Ostfalen	Alemanha
6	Muskau/Arch	Alemanha e Polônia
7	Parque Natural Eisenwurzen	Áustria
8	Carnic Alps	Áustria
9	Ore of the Alps	Áustria
10	Karawanken/Karavanke	Áustria e Eslovênia
11	Araripe	Brasil
12	Stonehammer	Canadá
13	Tumbler Ridge	Canadá
14	Danxiashan	China
15	Huangshan	China
16	Lushan	China
17	Shilin	China
18	Songshan	China
19	Wudalianchi	China

QUADRO 3.1 (continuação)

	Nome do *geopark*	País
20	Yuntaishan	China
21	Zhangjiajie	China
22	Hexigten	China
23	Taining	China
24	Xingwen	China
25	Yandangshan	China
26	Fangshan	China
27	Funiushan	China
28	Jingpohu	China
29	Leiqiong	China
30	Taishan	China
31	Wangwushan-Daimeishan	China
32	Longhushan	China
33	Zigong	China
34	Deserto de Alxa	China
35	Qinling-Zhongnashan	China
36	Ningde	China
37	Leye Fengshan	China
38	Hong Kong	China
39	Tianzhushan	China
40	Sanqingshan	China
41	Shennongjia	China
42	Yanqing	China
43	Monte Kunlun	China
44	Dali-Cangshan	China
45	Dunhuang	China
46	Caverna Zhijindong	China
47	Arxan	China
48	Keketuohai	China
49	Papuk	Croácia
50	Troodos	Chipre
51	Odsherred	Dinamarca
52	Idrija	Eslovênia
53	Cabo de Gata-Níjar	Espanha
54	Serras Subbéticas	Espanha
55	Sobrarbe	Espanha

Quadro 3.1 (continuação)

	Nome do *geopark*	País
56	Costa Basque	Espanha
57	Serra Norte de Sevilla	Espanha
58	Villuercas Ibores Jara	Espanha
59	Central Catalonia	Espanha
60	Molina e Alto Tajo	Espanha
61	El Hierro	Espanha
62	Lanzarote e Ilhas Chinijo	Espanha
63	Las Loras	Espanha
64	Rokua	Finlândia
65	Reserva Geológica de Haute-Provence	França
66	Parque Natural Regional du Lubéron	França
67	Massif des Bauges	França
68	Chablais	França
69	Montes d'Ardèche	França
70	Causses du Quercy	França
71	Floresta Petrificada de Lesvos	Grécia
72	Parque Natural Psiloritis Natural	Grécia
73	Chelmos Vouraikos	Grécia
74	Vikos Aoos	Grécia
75	Sitia	Grécia
76	Hondsrug	Holanda
77	Bakony-Balaton	Hungria
78	Nógrád/Novohrad	Hungria e Eslováquia
79	Batur	Indonésia
80	Gunung Sewu	Indonésia
81	Costa Cooper	Irlanda
82	Burren e Falésias de Moher	Irlanda
83	Cavernas Marble Arch	Irlanda e Reino Unido
84	Katla	Islândia
85	Reykjanes	Islândia
86	Madonie	Itália
87	Parque del Beigua	Itália
88	Parque Geológico e Mineralógico da Sardinia	Itália
89	Rocca di Cerere	Itália
90	Adamello Brenta	Itália
91	Parque Nacional de Cilento e Vallo di Diano	Itália
92	Parque Tuscan	Itália

QUADRO 3.1 (continuação)

	Nome do *geopark*	País
93	Alpes Apuan	Itália
94	Sesia – Val Grande	Itália
95	Pollino	Itália
96	Itoigawa	Japão
97	Área Vulcânica de Unzen	Japão
98	Toya Caldera e Vulcão Usu	Japão
99	San'in Kaigan	Japão
100	Muroto	Japão
101	Ilhas Oki	Japão
102	Aso	Japão
103	Monte Apoi	Japão
104	Langkawi	Malásia
105	Comarca Mineira	México
106	Mixteca Alta	México
107	M'Goun	Marrocos
108	Gea Norvegica	Noruega
109	Magma	Noruega
110	Naturtejo	Portugal
111	Arouca	Portugal
112	Açores	Portugal
113	Terra de Cavaleiros	Portugal
114	North Pennines A.O.N.B.	Reino Unido
115	North-West Highlands	Reino Unido
116	Fforest Fawr	Reino Unido
117	Riviera Inglesa	Reino Unido
118	Geo Môn	Reino Unido
119	Shetland	Reino Unido
120	Jeju	Coreia do Sul
121	Cheongsong	Coreia do Sul
122	Ilha Qeshm	Irã
123	Bohemian Paradise	República Tcheca
124	Hateg	Romênia
125	Vulcânico Kula	Turquia
126	Grutas del Palacio	Uruguai
127	Platô da Caverna de Dong Van	Vietnã

Fonte: Unesco (2017).

A criação da GGN foi uma das principais ações já realizadas em prol da geoconservação em nível mundial. A iniciativa tornou-se um programa em 2015, após os 195 Estados-membros da Unesco ratificarem a criação da rede durante a 38ª Conferência Geral da Organização. Isso expressa o reconhecimento governamental da importância de gerenciar locais geológicos e paisagens excepcionais de maneira holística (Unesco, s.d.-b).

Desde 2006, há somente um *geopark* no Brasil, o Araripe, localizado no sul de Ceará. Esse foi também o primeiro *geopark* do hemisfério sul e das Américas. Esse *geopark* conta com nove geossítios, distribuídos em seis municípios da região do Cariri: Batateiras (Crato), Pedra Cariri e Ponte de Pedra (Nova Olinda), Parque dos Pterossauros e Pontal de Santa Cruz (Santana do Cariri), Cachoeira de Missão Velha (Fig. 3.1) e Floresta Petrificada (Missão Velha), Riacho do Meio (Barbalha) e Colina do Horto (Juazeiro do Norte).

FIG. 3.1 *Geossítio Cachoeira de Missão Velha, no* geopark *Araripe, no Ceará*
Fonte: Jasmine Cardozo Moreira.

3.2.1 COMO INTEGRAR A REDE

Para as áreas já preparadas e trabalhando como um *geopark*, é preciso enviar ao Comitê Nacional da Unesco um dossiê de no máximo 50 páginas contendo os tópicos listados no Quadro 3.2 (Unesco, 2016b).

Quadro 3.2 Itens que o dossiê de candidatura deve conter

A) Identificação da área
1. Nome do *geopark* proposto. 2. Localização do *geopark* proposto. 3. Características da área de superfície, geografia física e humana do *geopark* proposto. 4. Organização responsável e estrutura de gestão (descrição, função e organograma) do *geopark* proposto. 5. Informações do contato (nome, posição, telefone/fax, *e-mail*).
B) Patrimônio geológico
1. Descrição geológica geral do *geopark* proposto. 2. Lista e descrição de sítios geológicos do *geopark* proposto. 3. Detalhes sobre o interesse desses sítios em termos de valor internacional, nacional, regional ou local (por exemplo, científico, educacional, estético). 4. Listagem e descrição de outros sítios de interesse do patrimônio natural, cultural e intangível, e como eles estão relacionados aos sítios geológicos e integrados no *geopark* proposto.
C) Geoconservação
1. Pressão atual ou potencial no *geopark* proposto. 2. Estado atual em termos de proteção de sítios geológicos dentro do *geopark* proposto. 3. Dados sobre a gestão e manutenção de todos os sítios (geológicos e não geológicos).
D) Atividade econômica e plano de negócios (incluindo informações financeiras detalhadas)
1. Atividade econômica no *geopark* proposto. 2. Instalações existentes e planejadas para o *geopark* proposto (por exemplo, geoeducação, geoturismo, infraestrutura turística etc.). 3. Análise do potencial de geoturismo no *geopark* proposto. 4. Visão geral para o desenvolvimento sustentável de: ✱ geoturismo e economia; ✱ geoeducação; ✱ patrimônio geológico. 5. Políticas e exemplos de fortalecimento da comunidade (envolvimento e consulta) no *geopark* proposto.

Fonte: Unesco (2016a).

O dossiê também deve incluir como anexos um documento de autoavaliação, uma cópia adicional somente da seção B ("Patrimônio Geológico") e uma carta de apoio das autoridades governamentais relevantes ligadas à Unesco no país de origem do projeto. Todos os modelos e demais informações sobre esse material estão disponíveis no site do programa. A Fig. 3.2 exibe o selo concedido pela Unesco aos membros da GGN.

Fig. 3.2 *Selo atribuído pela Unesco, que somente os membros da GGN podem usar*
Fonte: Unesco.

De quatro em quatro anos, uma reavaliação é feita para verificar as condições da área e se ela pode continuar como um membro ativo na rede. Nessa reavaliação, o *geopark* pode obter um "cartão verde" se cumprir os objetivos propostos e um "cartão amarelo" se não estiver conseguindo alcançar tais objetivos. Em outra reavaliação, o *geopark* que ganhou o "cartão amarelo" e não conseguiu cumprir com suas ações para continuar como um membro ativo pode ganhar um "cartão vermelho" e estar fora da GGN. Muitos *geoparks* estão aproveitando a avaliação periódica para tentar melhorar seus pontos fracos, como resultado do processo de revisão (Zouros; Valiakos, 2010).

Os *geoparks* que fazem parte da GGN (Unesco, 2010, p. 6) devem:

- preservar o patrimônio geológico para as gerações presentes e futuras;
- educar o público em geral sobre questões relativas às ciências geológicas e questões ambientais;
- assegurar o desenvolvimento socioeconômico, cultural e sustentável;
- incentivar ações relativas à conservação e manutenção da diversidade geológica e cultural, por meio de esquemas participativos e parcerias;
- estimular a pesquisa;
- contribuir ativamente para a rede, por meio de iniciativas colaborativas conjuntas (por exemplo, comunicação, publicações, intercâmbio de informações, participação em reuniões etc.);
- contribuir com artigos para publicações da GGN, como *newsletters*, livros e outras publicações.

3.2.2 Como manejar? A gestão do território em geoparks

Em termos gerais, a gestão pode ser entendida como o processo organizacional utilizado para alcançar determinados objetivos. Segundo Kwasnicka (1990, p. 18), "o mais importante e mais consistente uso do termo administração é aquele em que ele é visto como um processo integrativo fundamental, buscando a obtenção de resultados específicos". Para o autor, "administrar é um processo pelo qual o administrador cria, dirige, mantém, opera e controla uma organização".

De acordo com Hampton (1983, p. 7), os elementos que compõem a administração são pessoas, recursos, bens e serviços. Segundo o autor, "o trabalho envolvendo a combinação e a direção da utilização dos recursos necessários para atingir objetivos específicos chama-se *Administração*" e possui quatro funções: planejamento, organização, liderança e controle. Tais funções, quando devidamente utilizadas, permitem que as organizações sejam eficientes e eficazes, especialmente com relação ao processo de tomada de decisões e execução das metas.

Existem vários modelos de gestão, elaborados por diferentes autores e que buscam melhorar o desempenho das organizações. Essas práticas gerenciais dependem do tipo de organização, e algumas funcionam melhor do que outras (Hampton, 1983). Um modelo frequentemente utilizado na gestão de áreas protegidas é a análise SWOT (*strengths, weaknesses, opportunities, threats*), que estabelece as forças e fraquezas (ambiente externo), e oportunidades e ameaças (ambiente externo) de uma organização (Hunger; Wheelen, 1998). A análise SWOT, apesar de aparentar ser de fácil aplicação, é um modelo estratégico que deve se configurar em um processo participativo da gestão do território.

Em termos gerais, a gestão do território é a administração dos recursos do espaço geográfico, e seu objetivo é o ordenamento territorial mediante decisões estratégicas. De acordo com Corrêa (1992, p. 35), a gestão do território pode ser conceituada como "a dimensão espacial do processo de gestão geral". É o conjunto de práticas que visam, no plano imediato, à criação e ao controle da organização do espaço. Para o autor, trata-se da criação e do controle de formas espaciais, suas funções e distribuição da área, assim como de determinados processos, como a concentração e dispersão espacial, que conformam a organização do espaço em sua origem e dinâmica. Em última instância, a gestão do território constitui um poderoso meio, que visa, por meio da organização do local, viabilizar a existência e reprodução da sociedade. Becker (2000, p. 296) a conceitua da seguinte maneira:

> A gestão do território é a prática estratégica, científico-tecnológica do poder que dirige, no espaço e no tempo, a coerência de múltiplas decisões e ações para atingir uma finalidade e que expressa igualmente a nova racionalidade e a tentativa de controlar a desordem.

Segundo Davidovich (1991), a gestão do território pode ocorrer de diferentes maneiras e estar associada a diferentes modelos políticos e econômicos, apoiados em determinadas bases tecnológicas. Ela pressupõe um grau de autonomia e o não espontaneismo, ou seja, a existência de uma política territorial, ainda que nem sempre explícita, a qual direciona a tomada de decisão.

Tal política territorial deve estar pautada em estratégias de gestão que obtenham benefícios ao meio ambiente, de modo que possibilite o desenvolvimento sustentável nos âmbitos social, cultural, econômico e ambiental.

Nos *geoparks*, podem existir diferentes modelos de gestão adaptados às suas especificidades. De acordo com Cardoso (2013), cada *geopark* possui um modelo de gestão territorial diferenciado, com uma capacidade de agregação e articulação institucional, pois não estão vinculados a uma legislação específica. A autora analisa alguns modelos de gestão de *geoparks* visando propor uma estrutura de gestão para o Projeto *Geopark* Seridó, no Rio Grande do Norte.

Como um dos principais elementos considerados no processo de avaliação e posterior permanência na GGN é a estrutura de gestão adotada, esta deve ser estrategicamente planejada, de modo a envolver todos os atores nesse processo, e precisa refletir os objetivos e a missão do *geopark*. A concepção de atuação em rede altera o modo como sua gestão ocorrerá, pois o trabalho em parceria muda o processo da tomada de decisões, o que, por si só, já confere um diferencial aos *geoparks*.

De acordo com Zouros e Valiakos (2010, p. 974),

> o gerenciamento de *geopark* requer uma estrutura de gerenciamento sólida, eficiente, flexível e autônoma, que seja capaz de decidir sobre proteção, promoção, desenvolvimento econômico e progresso do *geopark*. Um planejamento cuidadoso a longo prazo, monitoramento contínuo e avaliação regular são fatores essenciais para resultados bem-sucedidos. Entre os membros da Rede Europeia de Geoparques, podem ser notados vários modelos diferentes de gestão, dependendo do país, da área, da organização responsável etc.

Além do espaço físico característico de alguns tipos de territórios e suas diferentes dimensões, outros aspectos podem ser levados em consideração quando se analisa a gestão territorial dos *geoparks*. Tais aspectos incluem as relações de poder estabelecidas, a identidade e o simbolismo (atributos inerentes a esses locais), e os mecanismos que dão subsídio ao desenvolvimento socioeconômico local, como o turismo.

Com relação às propostas de *geoparks* no Brasil, Novaes e Pena (2016) destacam que elas foram elaboradas com base na paisagem, sendo concebidas como elementos suficientes para a implantação dos *geoparks*. Para os autores, é necessário que os projetos sejam elaborados com base em uma abordagem mais ampla do território, incluindo o turismo.

Patzak (2011) orienta como os projetos de *geoparks* devem manejar seus territórios, exemplificando o que manejar, quem manejar e como manejar (Quadro 3.3). Assim, as ações devem ser realizadas visando alcançar os objetivos de um *geopark* (educação, conservação, turismo e pesquisa), os quais devem se relacionar a programas educativos, centros de visitantes, material informativo, museus, atividades, produtos locais e artesanato. Quando esses aspectos são conciliados, as comunidades alcançam benefícios econômicos e ambientais com o apoio e a participação das autoridades locais e as múltiplas parcerias.

Patzak (2011) faz outras considerações a respeito do processo de planejamento dos *geoparks*, que podem auxiliar em sua implantação:

- O processo de planejamento leva tempo e demanda participação governamental;
- Deve-se contatar a secretaria da GGN, além de contatar e conhecer outros *geoparks* existentes;
- É preciso existir um projeto aspirante que comprove a existência do *geopark*;
- Deve-se conseguir suporte financeiro para começar o *geopark* e realizar suas atividades financeiras.

Quadro 3.3 Orientações para o manejo em geoparks

O que manejar?	Quem manejar?	Como manejar?
* Atividades em geral. * Atividades turísticas. * Treinamento de guias. * Professores. * Atividades de pesquisa e interpretação. * Centros de informação. * Material informativo. * Museus. * Atividades sobre geotemas. * Produtos locais. * Artesanato. * Conexão com a cultura e tradições.	* O potencial das pessoas, começando de baixo para cima por meio da identidade local e conectando pessoas. * Múltiplas parcerias locais. * Parceiros diferentes que aderem a um projeto em comum. * Acordos. * Proprietários de terra, gestores, negócios, interesses do turismo e organizações locais.	* Delimitar o tamanho do território. * Identificar todos os elementos que compõem o *geopark*. * Por meio do esforço da equipe responsável, parcerias e legislação. * Promover o patrimônio geológico.

Fonte: adaptado de Patzak (2011).

Outro importante elemento da gestão é o documento de autoavaliação (*self-evaluation*), que pontua aspectos como estrutura de manejo, geoturismo e economia regional sustentável. Para alcançar a pontuação mínima, o local que pleiteia o título de *geopark* deve já atuar como um, e isso demanda esforços de gestores, parceiros e demais envolvidos para que se mantenha o nível de qualidade desejado.

A gestão de *geoparks* é sinônimo de gestão para o desenvolvimento sustentável. Os *geoparks*, portanto, precisam de um conjunto de ferramentas de governança que possam gerenciar de maneira sustentável seus recursos e características, ao mesmo tempo que asseguram o aprimoramento econômico e sociocultural no desenvolvimento sustentável (Hashim, 2010). A gestão eficiente do *geopark* aumentará sua popularidade com os visitantes e dentro da comunidade local para que todos possam apreciar (Ghani, 2010).

3.3 Benefícios de um geopark

A ideia de promover o desenvolvimento socioeconômico de um território por meio da conservação do patrimônio geológico faz com que surjam cada vez mais iniciativas de novos *geoparks*. O sucesso dos *geoparks* deve-se ao fato de estes serem um novo meio de se entender a natureza, que tem na comunidade local os principais atores nesse processo. Desse modo, um *geopark* é, antes de tudo, feito para as pessoas, e os benefícios advindos da sua criação é o que o torna viável. Esses benefícios estão relacionados aos aspectos sociais, econômicos, culturais e naturais. Desse modo, os aspectos tratados a seguir podem ser considerados benefícios.

3.3.1 Educação/ensino

O ensino é um dos três pilares de um *geopark* e deve ser trabalhado em diferentes níveis, como escolas, universidades e nas comunidades. Brilha (2009) destaca algumas ações vinculadas com a educação, como a adoção de um geossítio, as ações e os materiais para alunos e professores, a criação de mascote do *geopark*, e a cooperação com escolas e universidades. Em *geoparks*, há saídas de campo com estudantes a geossítios, o que os aproxima do entendimento da importância do patrimônio geológico e da geoconservação.

No *geopark* Açores, por exemplo, a participação no Programa Ciência Viva e Dia Mundial da Criança (Fig. 3.3) é um meio de educação não formal, em que, por meio de atividades lúdicas, são transmitidos conhecimentos sobre a geologia do arquipélago.

Fig. 3.3 *Atividades de educação ambiental no estande do* geopark *Açores no Dia Mundial da Criança, em 2016*
Fonte: Tatiane Ferrari do Vale.

Outro exemplo é o *geopark* Araripe, onde se desenvolvem oficinas pedagógicas que visam despertar, nos professores e na comunidade, a importância do *geopark* e gerar mudança de hábitos (*Geopark* Araripe, 2016).

3.3.2 Geoconservação e divulgação das Geociências

A geoconservação também é um dos pilares de um *geopark* e está diretamente relacionada à educação, geoturismo, conservação da natureza, ciência e ordenamento do território (Brilha, 2009). Os desafios da geoconservação englobam o envolvimento da comunidade, o esclarecimento da relação geoconservação/exploração de recursos geológicos, a definição de uma estratégia nacional de geoconservação integrando as vertentes científicas e o geoturismo, a integração nas políticas nacionais de conservação da natureza, o ordenamento do território e a educação, e o envolvimento de empresas, políticos locais, associações de defesa do ambiente, de educação ambiental e ecoturismo (Brilha, 2006).

Já a divulgação das geociências em um *geopark* é o resultado da efetivação dos seus três pilares, ou seja, por meio da educação, da geoconservação e do geoturismo pode-se ter acesso a informações geocientíficas.

3.3.3 Desenvolvimento socioeconômico local

Assim como a educação e a geoconservação, o desenvolvimento socioeconômico é uma premissa básica para o estabelecimento de um *geopark*. Esse desenvolvimento acontece especialmente pelo geoturismo tanto no âmbito universitário, nos estudos sobre o potencial e a viabilidade da atividade, quanto no âmbito turístico. Nessa perspectiva, o geoturismo possibilita a educação e a interpretação ambiental para o turista e gera recursos para a comunidade por meio da utilização de serviços turísticos. Além do geoturismo, outros segmentos também são beneficiados, como o ecoturismo, o turismo de aventura, o turismo rural e o turismo de negócios e eventos, sempre buscando a sustentabilidade da atividade. No *geopark* Açores, há roteiros temáticos sobre geologia com visitas a geossítios, o que possibilita que empresas comercializem esses serviços e gerem renda e novos postos de trabalho.

Outro aspecto referente a essa questão são os novos investimentos oriundos da criação do *geopark*, como a criação de produtos inspirados especialmente na geologia da região (geoprodutos e o *geofood*) que beneficiam a comunidade local.

3.3.4 Interpretação do patrimônio geológico

A interpretação do patrimônio geológico permite ao visitante compreender a paisagem que está sendo observada, o que também pode ser um modo de educação ambiental. De acordo com Morales (1992), existem dois tipos de meios interpretativos: os personalizados (trilhas guiadas, palestras, jogos) e os não personalizados (painéis interpretativos, publicações, trilhas autoguiadas).

No *geopark* Magma, na Noruega, por exemplo, há painéis interpretativos (Fig. 3.4) em vários geossítios e mirantes, o que facilita a interpretação ambiental.

Um *geopark* deve promover o conhecimento geocientífico de modo acessível. Para que isso ocorra, é necessário que haja ferramentas que possibilitem

Fig. 3.4 *Painéis interpretativos no* geopark *Magma, na Noruega*
Fonte: Jasmine Cardozo Moreira.

uma interpretação das rochas e da paisagem de maneira adequada e satisfatória. De acordo com Newsome e Dowling (2006), qualquer paisagem, afloramento rochoso ou forma de superfície pode, com a interpretação adequada, ser tão impressionante quanto flores ou animais selvagens. Interpretar essa parte da natureza "não viva" é um desafio que, com os meios adequados, alcança objetivos satisfatórios no processo de educação ambiental.

FIG. 3.5 *Folhetos com informações das trilhas no geopark Harz Braunschweiger Land Ostfalen, na Alemanha*
Fonte: Jasmine Cardozo Moreira.

No *geopark* Harz Braunschweiger Land Ostfalen, na Alemanha, há diversos folhetos disponíveis com informações sobre as trilhas que podem ser feitas nessa área (Fig. 3.5).

A existência de programas e meios interpretativos em *geoparks* é um elemento importante com relação ao próprio ensino e divulgação das Geociências, pois deve haver programas que organizem projetos e mecanismos para facilitar a interpretação do ambiente, de modo que os objetivos da educação ambiental sejam alcançados.

3.3.5 RECONHECIMENTO INTERNACIONAL E ATUAÇÃO EM REDE

O selo de um *geopark* global confere a um território reconhecimento máximo das ações, atividades e programas desenvolvidos. Por isso, é importante que, ao submeter o dossiê, todo esse processo já esteja sendo desenvolvido. Para Bailey e Hill (2010), o prestígio internacional vem com o *status* de *geopark* da Unesco.

Como destacado por Moreira (2011), ao integrarem a GGN, os *geoparks* deixam de ser uma inciativa isolada e passam a trocar experiências com outros *geoparks*. Essa troca ocorre especialmente nos eventos, como a Conferência Europeia de *Geoparks* e a Conferência Internacional da Unesco de *Geoparks* Globais. Além disso, os *geoparks* têm a oportunidade de participar de projetos em parceria com membros da rede de outros países.

3.3.6 Gestão holística do meio ambiente

Estratégias devem envolver não apenas os aspectos geológicos e geomorfológicos desses territórios, já que estes não tratam apenas de geologia; devem, sim, englobar uma estratégia holística de gestão que integre o patrimônio cultural, ecológico e paleontológico de um local. Assim, evidencia-se que a identidade e o simbolismo estão intimamente ligados com a construção de um *geopark*, pois a valorização do patrimônio geológico ocorre em consonância com as manifestações culturais e históricas do local.

3.3.7 Fortalecimento do vínculo identitário

O fortalecimento do vínculo identitário ocorre pela valorização da geodiversidade e da biodiversidade, bem como da cultura e da história de um território, fortalecendo a identidade que a população tem com esse território material e imaterial. Um exemplo é o *geopark* Roca di Cerere, na Itália, que conta com uma exibição permanente relativa aos aspectos históricos da mineração. Para auxiliar na interpretação, pessoas da comunidade local que trabalharam nessas minas durante décadas contam sua história (Fig. 3.6).

Fig. 3.6 *Exibição permanente sobre a história da mineração no* geopark *Roca di Cerere, na Itália*

Fonte: Jasmine Cardozo Moreira.

A criação de novos produtos e a utilização do patrimônio geológico inovam e agregam valor à oferta turística já existente. No *geopark* Arouca, em Portugal, por exemplo, foram criadas geopadarias (Farsani; Coelho; Costa, 2011a), que comercializam produtos com base em suas características geológicas. Outro exemplo nesse *geopark* é o doce das "pedras parideiras", que parece com pequenos nódulos negros que podem ser encontrados no geossítio de mesmo nome. A Fig. 3.7 mostra esse e outros doces da região, que recebem um selo de certificação do *geopark* Arouca.

Fig. 3.7 *Doces do* geopark *Arouca – no centro, o doce das "pedras parideiras"*
Fonte: Jasmine Cardozo Moreira.

3.3.8 Consciência ambiental

Todas as ações realizadas em um *geopark* têm como objetivo a sensibilização do público quanto à importância da conservação do meio ambiente, por meio da mudança de hábitos em prol de um planeta mais sustentável, o que se efetiva na criação de uma consciência ambiental e práticas sustentáveis.

No entanto, apesar dos evidentes benefícios do título de *geopark*, pode haver problemas se não houver envolvimento das comunidades e uma gestão estruturada, como a falta de apoio local, o desconhecimento do significado desse título, bem como falta de incentivos financeiros e patrocinadores.

3.4 Geoparks e o envolvimento da comunidade: sustentabilidade e oportunidade

De acordo como o Relatório de Brundtland (1987, p. 16), o desenvolvimento sustentável pode ser definido como "o desenvolvimento que satisfaz as necessidades das gerações atuais, sem comprometer a capacidade das gerações futuras de satisfazerem suas próprias necessidades". Essa definição está apoiada em dimensões ambientais, sociais e econômicas e, segundo Theis (2012), devem agir de modo integrado. Sua intersecção faz com que as ações realizadas em prol do meio ambiente baseiem-se em equidade social, viabilidade e suportabilidade.

Com relação aos *geoparks*, a sustentabilidade é um preceito fundamental, especialmente com relação ao patrimônio geológico e à comunidade. Um *geopark* não é uma iniciativa imposta de cima para baixo, diferentemente de outros modelos de conservação da natureza, que são excludentes. A Unesco (2016b) salienta que esse processo envolve todas as partes interessadas, bem como autoridades locais e regionais competentes na área, de modo que haja comprometimento das comunidades locais, uma forte parceria local com o público e o desenvolvimento de uma estratégia global, que satisfará todas as metas da comunidade, evidenciando e protegendo o patrimônio geológico do lugar.

O mais importante, em sua concepção, é esse novo modo de entender a natureza, que inclui as comunidades tradicionais, pois não há *geopark* sem pessoas. Os *geoparks* surgem, então, para fortalecer a ligação que já existe com esses locais, valorizando suas características únicas e ajudando a completar a lacuna que há no ensino das Geociências.

Uma das premissas de um *geopark* é a geração de empregos e renda para as comunidades locais, por meio de alternativas socioeconômicas e sustentáveis que podem basear-se em elementos tanto históricos e culturais como da geodiversidade e da biodiversidade da região. Segundo Brilha (2005), essas atividades econômicas podem ser de diversos tipos, como alojamento, alimentação, animação cultural etc. Também é importante nesses territórios a criação de novos produtos baseados nas características locais, promovendo, assim, a geoconservação e a igualdade social.

Pode-se verificar um exemplo no *geopark* Araripe, que conta com um hotel que fornece serviços de receptivo turístico. O carro possui uma réplica de um pterossauro no teto e foi apelidado de "Doblossauro" (Fig. 3.8).

FIG. 3.8 *"Doblossauro", o carro da agência do Iu-á Hotel, em Juazeiro do Norte, no geopark Araripe*
Fonte: Hotel Iu-á (http://www.iuahotel.com.br/geopark-araripe.htm).

Um dos principais objetivos dos *geoparks* é a melhoria da qualidade de vida das populações, visando valorizar o patrimônio existente e gerar divisas às populações, de modo que estas sejam o principal agente de mudança local. O desenvolvimento socioeconômico ocorre especialmente pelo geoturismo; contudo, outras atividades podem ser integradas. Para tanto, é importante a união dos setores econômicos com as políticas ambientais, pois, segundo Madruga (2010), pode-se gerar desenvolvimento regional, atendendo aos objetivos dos *geoparks*.

3.4.1 OPORTUNIDADES POR MEIO DO TURISMO

Em 2011, sob os auspícios da Unesco, aconteceu no *geopark* Arouca, em Portugal, o Congresso Internacional de Geoturismo, no qual se apresentou a Declaração de Arouca, elaborada de acordo com os princípios estabelecidos pelo Center for Sustainable Destinations – National Geographic Society. Nessa declaração, entende-se o geoturismo como o turismo que sustenta e incrementa a identidade de um território, considerando sua geologia, ambiente, cultura, valores estéticos, patrimônio e o bem-estar dos seus residentes (Arouca, 2011).

Dowling e Newsome (2010) preveem que haverá turistas que viajarão pelo mundo para realizar turismo de *geopark*, tal como os turistas que viajam para conhecer o Patrimônio Mundial da Unesco. Em relação ao geoturismo, Farsani, Coelho e Costa (2014) explicam que esse é um nicho turístico emergente que está em fase inicial de desenvolvimento comercial, mas, no futuro, os *geoparks* serão conhecidos como os principais destinos de geoturismo internacional para aqueles que desejam conhecer diversos pontos do planeta.

Assim, como os *geoparks* são uma atração diferente para os visitantes porque têm como foco a relação entre as pessoas, a cultura local e a paisagem, nos próximos anos, muito provavelmente, haverá uma segmentação turística específica, realizada por pessoas que entendem que essas áreas são especiais em termos de proteção, educação, envolvimento da comunidade e gestão do território.

A promoção de um *geopark* pode exigir diferentes abordagens em relação a outros produtos turísticos comuns. Alguns dos produtos que podem ser oferecidos são atividades de recreação ao ar livre, que permitem participação ativa, envolvendo aventuras orientadas para a geologia. Os *geoparks* adicionam um elemento temático diferente a atividades recreativas comuns, como caminhadas, *mountain bike*, caiaque, *rafting*, escalada, passeios a cavalo e até *paragliding* (Bailey; Hill, 2010).

Geralmente, o turismo é a principal atividade econômica dos *geoparks* e compreende diversos segmentos, como geoturismo, ecoturismo, turismo de aventura, turismo cultural, turismo técnico científico etc. Apesar de a segmentação estar presente no planejamento do turismo, na prática, os nichos de mercado se relacionam, pois, embora haja uma motivação principal, o turista consome outros atrativos e serviços durante a viagem.

3.4.2 Oportunidades por meio da promoção da gastronomia local e dos geofoods

Produzir alimentos, bebidas e outros produtos são ações que promovem a valorização dos aspectos da biodiversidade e geodiversidade dos *geoparks*. A criação de pratos diferenciados possibilita a associação dos elementos observados nos geossítios e, quando apresenta informações de modo adequado, é uma ferramenta que auxilia na conscientização ambiental.

Nessa perspectiva de desenvolvimento sustentável e geoconservação, o *geopark* Magma desenvolveu a ideia de valorizar a gastronomia local, com enfoque nos elementos do patrimônio geológico e da biodiversidade, por meio do Projeto *Geofood*. A ideia do *geofood* envolve alguns aspectos:

> A ideia de *geofood* vem da conexão com o patrimônio geológico. Os processos geológicos definem a composição do solo. *Geoparks* são territórios com excepcional patrimônio geológico. Desenvolver a conexão entre alimentos e o patrimônio geológico é a ideia principal. Os critérios do *geofood* definem esta conexão (Geofood, 2017).

Os parceiros desse projeto foram os *geoparks* Rokua (Finlândia), Odsherred (Dinamarca), Rejkyanes (Islândia), Styrian Eisenwurzen (Áustria), Sierras Subbéticas (Espanha), Naturtejo (Portugal) e Terra de Cavaleiros (Portugal) (Geofood, 2017). Na América do Sul, o único parceiro dessa iniciativa foi o grupo de trabalho que está realizando a proposta do *geopark* Fernando de Noronha.

Além dessas iniciativas, existem casos já consolidados de *geoparks* que desenvolvem o *geofood* como ferramenta de valorização e promoção da geologia, cultura e patrimônio natural. No *geopark* Unzen, no Japão, as bolachas possuem desenhos que remetem à flora local e também ao vulcão da região (Fig. 3.9). A embalagem apresenta a história das últimas erupções. Na Alemanha, no *geopark* Vulkaneifel, as bombas vulcânicas integram a geodiversidade local, divulgando esse aspecto do patrimônio, e confeitarias da região oferecem a "torta da bomba vulcânica", em que a bomba é retratada como um confeito na torta.

Há também o *geomenu*, que é oferecido em restaurantes do *geopark* Hong Kong (China). Foram criados pratos cuja apresentação remete aos elementos do patrimônio geológico local. O cardápio é composto do nome e da descrição dos pratos oferecidos, bem como por uma foto do geossítio e do prato, acompanhado de sua descrição geológica.

O Naturtejo é um exemplo de *geopark* que confecciona geoprodutos. O estabelecimento de um georrestaurante e uma geopadaria foi a estratégia para a criação de geoprodutos inspirados na paisagem e que revivem o passado das civilizações e tradições ancestrais. A geopadaria é administrada por um casal de geólogos, que confeccionam bolachas com formato

Fig. 3.9 *Bolachas que retratam o vulcão local, no geopark Unzen, no Japão*
Fonte: Jasmine Cardozo Moreira.

de trilobitas (Farsani; Coelho; Costa, 2011a). No *geopark* Arouca, os fósseis de trilobitas são elementos expressivos de visitação turística; portanto, as padarias locais também oferecem biscoitos com o formato de trilobitas.

No *geopark* Açores, são produzidos licores artesanalmente, os quais possuem rótulos que destacam elementos da geodiversidade, como o Vulcão da Ilha do Pico; são confeccionados também biscoitos em forma de bombas vulcânicas e queijos que possuem o rótulo do *geopark*. Há também o cozido das Furnas, ou "geocozido", um prato típico dos Açores, em que a panela é enterrada e a carne e outros ingredientes são cozidos com o calor do vulcão durante seis horas.

3.5 Conclusões

Para a criação de um *geopark*, é preciso ser feito um planejamento prévio que deve incluir as medidas a serem tomadas a curto, médio e longo prazo, a fim de cumprir os requisitos que precisam constar no dossiê a ser enviado à Unesco.

Os *geoparks* envolvem elementos de gestão territorial, desenvolvimento social e econômico, e é inegável seu papel na pesquisa científica e na educação. Para sua gestão, são imprescindíveis pessoas, bens, serviços e recursos financeiros que permitam o funcionamento adequado e ideal. O conceito de gestão deve atuar integrado com as quatro frentes dos *geoparks* (pesquisa, educação, turismo e conservação), promovendo o território de acordo com as especificidades locais.

Os benefícios da criação de um *geopark* são educação, ensino, geoconservação, desenvolvimento socioeconômico local, divulgação das Geociências, proteção do patrimônio geológico, reconhecimento internacional, atuação em rede, gestão holística do meio ambiente, fortalecimento da identidade local e consciência ambiental. Mas, apesar desses benefícios na criação de um *geopark*, alguns problemas, como falta de recursos para a manutenção de sua estrutura e atividades, ausência da comunidade no processo decisório e dificuldade de comunicação com os demais setores econômicos e empresas, podem dificultar a gestão territorial. Caso isso aconteça, o planejamento deve ser revisto, visando identificar e sanar os problemas existentes.

Em relação ao turismo, apesar de as pessoas viajarem por diferentes motivos, no futuro teremos, muito provavelmente, uma segmentação turística específica voltada à visita em *geoparks*, pois essas áreas são especiais em termos de proteção, educação, envolvimento da comunidade e gestão do território.

Referências bibliográficas

BAILEY, H.; HILL, W. The future of North American geoparks. *The George Wright Forum*, v. 27, n. 1, p. 52-59, 2010.

BECKER, B. K. Geopolítica na virada do milênio: logística e desenvolvimento sustentável. In: CASTRO, I. E.; GOMES, P. C. G.; CORREA, R. L. (Org.). *Geografia:* conceitos e temas. 2. ed. Rio de Janeiro: Bertrand Brasil, 2000. p. 271-307.

BRILHA, J. *Património geológico e geoconservação*: a conservação da natureza na sua vertente geológica. Braga: Palimage, 2005.

BRILHA, J. *Bases para uma estratégia de geoconservação*. Palestra proferida em 2006 no XLIII Congresso Brasileiro de Geologia, 18, Aracaju. Disponível em <http://repositorium.sdum.uminho.pt/handle/1822/5683>. Acesso em: 10 ago. 2006.

BRILHA, J. A importância dos geoparques no ensino e divulgação das geociências. *Geologia USP*, publicação especial, São Paulo, v. 5, p. 27-33, out. 2009.

BRUNDTLAND, G. et al. *Our common future* ["O relatório de Brundtland"]. Oxford: Oxford University Press, 1987.

CARDOSO, C. S. *Geoparque Seridó*: valores turísticos e gestão. 2013. 143 f. Dissertação (Mestrado em Turismo) – Programa de Pós-Graduação em Turismo, Universidade Federal do Rio Grande do Norte, Natal, 2013.

CORRÊA, R. Corporação, práticas espaciais e gestão do território. *Anuário do Instituto de Geociências*, Rio de Janeiro, v. 15, p. 35-41, 1992. Disponível em: <http://igc.usp.br/igcJournal/index.php/anigeo/article/view/1507/1396>. Acesso em: 1º jun. 2015.

DAVIDOVICH, F. Gestão do território: um tema em questão. *Revista Brasileira de Geografia*, Rio de Janeiro, v. 53, n. 3, p. 7-31, jul./set. 1991.

DIAS, L. D. Redes: emergência e organização. In: CASTRO, I. E.; GOMES, P. C. C. G.; CORRÊA, R. L. (Org.). *Geografia:* conceitos e temas. 2. ed. Rio de Janeiro: Bertrand Brasil, 2000. p. 141-162.

DOWLING, R.; NEWSOME, D. K. Geotourism: a global activity. In: DOWLING, R.; NEWSOME, D. (Ed.). *Global geotourism perspectives*. Oxford: Goodfellow Publishers, 2010. p. 1-18.

DINGWALL, P.; WEIGHELL, T.; BADMAN, T. *Geological world heritage*: a global framework. IUCN: Protected Area Programme, 2005.

DECLARAÇÃO DE AROUCA. *International congress of geotourism – Arouca*. Associação Geoparque Arouca. Disponível em: <http://www.geoparquearouca.com/geotourism2011/index.php?p=congress&l=en>. Acesso em: 05 mai. 2017.

EGN. *Meet our geoparks*. Disponível em: <http://www.europeangeoparks.org/>. Acesso em: 20 mai. 2013.

FARSANI, N. T.; COELHO, C. O. A.; COSTA, C. M. M. Analysis of network activities in geopark as geotourism destinations. *International Journal of Tourism Research*, v. 16, n. 1, p. 1-10, 2014.

FARSANI, N. T.; COELHO, C. O. A.; COSTA, C. M. M. *Geoparks and geotourism:* new approaches to sustainability for the 21st century. Boca Raton: Brown Walker Press, 2011a.

FARSANI, N. T.; COELHO, C. O. A.; COSTA, C. M. M. Geotourism and geoparks as novel strategies for socio-economic development in rural areas. *International Journal of Tourism Research*, v. 13, n. 1, p. 68-81, 2011b.

FREY, M. L.; SCHAFER, K.; BUCHEL, G.; PATZAK, M. Geoparks: a regional European and global policy. In: DOWLING, R.; NEWSOME, D. (Ed.). *Geotourism*. Oxford: Elsevier Butterworth Heinemann, 2006. p. 95-118.

GEOFOOD. *Geofood*: local food in UNESCO global geoparks. Disponível em: <https://www.geofood.no/>.

GHANI, K. M. A. Strategic development of Langkawi Geopark. In: UNESCO INTERNATIONAL CONFERENCE ON GEOPARKS, 4., 2010, Langkawi. *Resumos*... Langkawi: Unesco, 2010. p. 59.

HAMPTON, D. R. *Administração contemporânea*. 2. ed. São Paulo: McGraw-Hill do Brasil, 1983.

HASHIM, H. S. Land use planning and management as a governance tool for geoparks and sustainable development. In: UNESCO INTERNATIONAL CONFERENCE ON GEOPARKS, 4., 2010, Langkawi. *Resumos*... Langkawi: Unesco, 2010. p. 68.

HUNGER, J. D; WHEELEN, T. L. *Strategic management and business policy*. Massachusetts: Addison-Wesley, 1998.

KHOSHRAFTAR, R. Geopark as a geoscience laboratory. In: UNESCO INTERNATIONAL CONFERENCE ON GEOPARKS, 4., 2010, Langkawi. *Resumos*... Langkawi: UNESCO, 2010. p. 27.

KWASNICKA, E. L. *Introdução à administração*. 4. ed. rev. e ampl. São Paulo: Atlas, 1990.

MADRUGA, K. Negócios e sustentabilidade: adequação ou transformação? In: MADRUGA, K. et al. (Org.). *Sustentabilidade comparada Brasil e Alemanha*: abordagens, situação atual e perspectivas. Blumenau: Edifurb, 2010. parte 4. p. 189-200.

MARTIN, S. The Grand Canyon, USA: the experience of managing a world-class geotourism destination. In: DOWLING, R.; NEWSOME, D. (Ed.). *Global geotourism perspectives*. Oxford: Goodfellow Publishers, 2010. p. 167-178.

MARTINI, G. Desenvolvimento regional: o papel dos geoparks. In: BRAZILIAN TOURISM CONFERENCE, 5., jun. 2010, São Paulo. Disponível em: <http://www.salao.turismo.gov.br/salao/nucleo_conhecimento/Apresentacoes_2010/>. Acesso em: 29 jun. 2010.

McKEEVER, P. Communicating geoheritage: an essential tool to build a strong geopark brand. In: UNESCO INTERNATIONAL CONFERENCE ON GEOPARKS, 4., 2010, Langkawi. *Resumos*... Langkawi: Unesco, 2010. p. 10.

MORALES, J. *Manual para la interpretación ambiental em areas silvestres protegidas*: baseado em los resultados del taller sobre interpretación ambiental em areas silvestres protegidas, Parque Nacional Puyehue, Osorno, Chile. Santiago: Oficina Regional de la FAO para América Latina y el Caribe, 1992.

MOREIRA, J. C. *Geoturismo e interpretação ambiental*. Ponta Grossa: Editora UEPG, 2011.

NEWSOME, D.; DOWLING, R. The scope and nature of geotourism. In: DOWLING, R; NEWSOME, D. (Ed.). *Geotourism*. Oxford: Elsevier Butterworth Heinemann, 2006. chap. 1, p. 3-25.

NOVAES, V. W.; PENA, L. C. S. Reflexões sobre a elaboração de projetos de geoparque a partir da perspectiva do território e do turismo. *Revista Cenário*, Distrito Federal, v. 4, n. 6, p. 139-155, set. 2016.

OLSEN, P. *Opportunities, dilemmas and challenges at a Unesco world heritage site*. 2016. 72 f. Dissertação (Mestrado) – Departamento de Ecologia e Manejo de Recursos Naturais, Universidade norueguesa de Ciências da Vida, Ås, 2016.

PATZAK, M. *Unesco geopark action*: how to manage geoparks. 2011. Disponível em: <http://www.unesco.org.uy/ci/fileadmin/ciencias%20naturales/ciencias_de_la_tierra/Geoparques_2011/Patzak.pdf>. Acesso em: 20 nov. 2016.

RAMOS, G. M. A.; FERNANDES, J. L. Geoparques enquanto rede e a criação de instituições multiactores. In: SEMINÁRIO LATINO-AMERICANO DE GEOGRAFIA FÍSICA, 5., 2010, Coimbra. *Anais*... Coimbra: Universidade de Coimbra, 2010. p. 1-10.

THEIS, T. An introduction to sustainability: humanity and the environment. In: THEIS, T.; TOMKIN, J. (Org.). *Sustainability*: a comprehensive foundation. Houston: Connexions, 2012. p. 5-14.

UNESCO. *Biosphere reserves*: learning sites for sustainable development. [s.d.-a]. Disponível em: <http://www.unesco.org/new/en/natural-sciences/environment/ecological-sciences/biosphere-reserves/>. Acesso em: 1º jun. 2017.

UNESCO. *Unesco global geoparks*. [s.d.-b]. Disponível em: <http://www.unesco.org/new/en/natural-sciences/environment/earth-sciences/unesco-global-geoparks/>. Acesso em: 29 jun. 2017.

UNESCO. *Guidelines and criteria for national geoparks seeking Unesco's assistance to join the global geoparks network*. 2010. Disponível em: <http://www.unesco.org/new/fileadmin/MULTIMEDIA/HQ/SC/pdf/sc_geoparcs_2010guidelines.pdf>. Acesso em: 30 set. 2010.

UNESCO. *Application dossier for Unesco global geoparks*. 2016a. Disponível em: <http://www.unesco.org/fileadmin/MULTIMEDIA/HQ/SC/pdf/Application_dossier_UGG_11okt2016.pdf>. Acesso em: 20 abr. 2016.

UNESCO. *Unesco global geopark*. France, 2016b. Disponível em: <http://unesdoc.unesco.org/images/0024/002436/243650e.pdf>. Acesso em: 31 maio 2016.

ZOUROS, N. Lesvos petrified forest geopark, Greece: geoconservation, geotourism and local development. *The George Wright Forum*, v. 27, n. 1, p. 19-29, 2010.

ZOUROS, N.; VALIAKOS, I. Geoparks management and assessment the Lesvos petrified geopark as a case study. In: UNESCO INTERNATIONAL CONFERENCE ON GEOPARKS, 4., 2010, Langkawi. *Resumos*... Langkawi: Unesco, 2010. p. 66-67.

Anexo 1 – Declaração Internacional dos Direitos à Memória da Terra

Texto elaborado em 13 de junho de 1991 em Digne-Les-Bains, França, com tradução de Carlos Fernando de Moura Delphim, 2009

1. Assim como cada vida humana é considerada única, não é chegado o tempo de reconhecer também a condição única da Terra?
2. A Terra, nossa Mãe, é base e suporte de nossas vidas. Somos todos ligados à Terra. A Terra é o elo entre todos nós.
3. A Terra, com quatro bilhões de anos e meio de idade, é o berço da vida, da renovação e das metamorfoses de todos os seres vivos. Seu longo processo de evolução, seu lento amadurecimento, deu forma ao ambiente no qual vivemos.

4. Nossa história e a história da Terra estão intimamente entrelaçadas. As origens de uma são as origens de outra. A história da Terra é nossa história, o futuro da Terra será nosso futuro.
5. A face da Terra, a sua feição, são o ambiente do homem. O ambiente de hoje é diferente do ambiente de ontem e será diferente também no futuro. O homem não é senão um dos momentos da Terra. Não é uma finalidade, é uma condição efêmera e transitória.
6. Da mesma forma como uma velha árvore registra em seu tronco a memória de seu crescimento e de sua vida, assim também a Terra guarda a memória do seu passado... Uma memória gravada em níveis profundos ou superficiais. Nas rochas, nos fósseis e nas paisagens, a Terra preserva uma memória passível de ser lida e decifrada.
7. Atualmente, o homem sabe proteger sua memória: seu patrimônio cultural. O ser humano sempre se preocupou com a preservação da memória, do patrimônio cultural. Apenas agora começou a proteger seu patrimônio natural, o ambiente imediato. É chegado o tempo de aprender a proteger o passado da Terra e, por meio dessa proteção, aprender a conhecê-lo. Essa memória antecede a memória humana. É um novo patrimônio: o patrimônio geológico, um livro escrito muito antes de nosso aparecimento sobre o planeta.
8. O homem e a Terra compartilham uma mesma herança, um patrimônio comum. Cada ser humano e cada governo não são senão meros usufrutuários e depositários desse patrimônio. Todos os seres humanos devem compreender que a menor depredação do patrimônio geológico é uma mutilação que conduz à sua destruição, a uma perda irremediável. Todas as formas do desenvolvimento devem respeitar e levar em conta o valor e a singularidade desse patrimônio.
9. Os participantes do 1º Simpósio Internacional sobre a Proteção do Patrimônio Geológico, composto de mais de uma centena de especialistas de 30 diferentes nações, solicitam com urgência, a todas as autoridades nacionais e internacionais, que considerem e protejam o patrimônio geológico, por meio de todas as necessárias medidas legais, financeiras e organizacionais.

quatro

O papel dos solos sob a ótica do geoturismo, da geodiversidade e da geoconservação

Antonio José Teixeira Guerra

Os solos têm um papel primordial para a existência dos seres vivos na superfície terrestre e, consequentemente, para o geoturismo, a geodiversidade e a geoconservação, focos deste capítulo. Segundo Lepsch (2011), os solos possuem grande importância, em vários aspectos, até mesmo do ponto de vista econômico e social. Leonardo da Vinci, segundo Lepsch (2011, p. 23), já se questionava o porquê de o ser humano conhecer mais "dos distantes objetos celestiais do que do chão abaixo dos nossos pés". Com essa simples frase, é possível ter uma ideia de como é importante conhecer bem os solos, não só do ponto de vista pedológico, mas também do geomorfológico, geotécnico e ecológico. Esse conhecimento pode levar à sustentabilidade dos ecossistemas e à riqueza dos ambientes naturais e transformados pelo homem. Sua importância é tão grande que a ONU decretou 2015 como o Ano Internacional dos Solos (Fig. 4.1).

Fig. 4.1 *Logotipo usado pela Organização das Nações Unidas para Alimentação e Agricultura (FAO) para celebrar o Ano Internacional dos Solos*

No entanto, os solos continuam sendo degradados em todo o mundo, em especial nos países de clima tropical, onde o manejo inadequado em diversas áreas tem causado sua degradação (Goudie; Boardman, 2010), como é o caso do Brasil (Guerra et al., 2014; Guerra et al., 2017). A FAO criou o seguinte *slogan* de campanha como "carro-chefe": *Healthy soils for a healthy life* (solos saudáveis para uma vida saudável) (Guerra, 2016, p. 68). Ainda como parte da campanha, veja-se este trecho emblemático: "Temos atualmente conhecimento considerável sobre a importância da saúde dos solos e, dessa maneira, temos como proteger os solos. Com desenvolvimento sustentável, vamos usar todo esse conhecimento para manter sua conservação". Outra frase importante usada na campanha internacional da FAO é: "Precisamos de solos saudáveis para conseguir nossa segurança alimentar e bons níveis nutricionais, para lutar contra as mudanças climáticas e para assegurar o desenvolvimento sustentável". Ainda como parte da campanha, pode-se destacar que

> os solos são os hospedeiros de pelo menos um quarto da biodiversidade mundial, e aqui incluímos também o seu papel sobre a geodiversidade, que, infelizmente, não é abordada pela FAO nessa campanha de 2015. Cabe também destacar que os solos têm papel importante no manejo das águas e na resiliência às enchentes e secas.

Apesar de se tratar, muitas vezes, de frases de efeito usadas em campanhas internacionais, todas têm um valor técnico e científico de alta relevância e devem ser levadas em consideração por aqueles que compreendem e defendem a conservação dos solos (Guerra, 2016).

Desse modo, este capítulo trata de assuntos relacionados aos primeiros estudos sobre geodiversidade, com maior peso à geologia, mostrando, portanto, sua importância na formação dos solos. Além disso, será dada ênfase na importância dos solos e na formação do relevo e das diferentes paisagens. Qual o papel dos solos na sustentabilidade dos ecossistemas? Quase sempre se enfatizam os recursos hídricos, mas, muitas vezes, sem levar em conta o papel dos solos e como estes estão intimamente associados à riqueza dos recursos hídricos, ou seja, o chamado binômio solo/água. Os solos também têm um importante legado pedológico, apesar de se dar maior destaque a rochas, minerais, fósseis etc. em muitos estudos relacionados ao geoturismo (Figs. 4.2 e 4.3).

Em projetos de geoturismo, os solos podem ser utilizados como instrumento pedagógico, por meio da chamada geoeducação, não só nas

FIG. 4.2 *Afloramento rochoso com vista para a Praia da Lagoa (Ubatuba, SP), um dos últimos remanescentes de restinga em região de rica geodiversidade*

Fonte: Maria do Carmo Oliveira Jorge.

FIG. 4.3 *Dique de diabásio em costão rochoso, situado próximo à praia da Raposa, região no Quilombo da Caçandoca, Ubatuba (SP)*

Fonte: Maria do Carmo Oliveira Jorge.

universidades, mas também em escolas de ensinos fundamental e médio, como atestam dois bons exemplos: um na Universidade de Wolverhampton (Inglaterra), desenvolvido com alunos de uma escola pública, em 2015 (Fig. 4.4), e outro na bacia do rio Maranduba (Ubatuba, SP), com alunos de uma escola pública entre 11 e 12 anos de idade, em 2017 (Fig. 4.5).

Há que se chamar atenção também para a importância dos solos existentes nas trilhas, que dão acesso aos geossítios. Sua conservação é fundamental para que haja um bom aproveitamento para o geoturismo; caso contrário, essas trilhas estão sujeitas a processos de erosão e movimentos de massa, dificultando ou até mesmo impedindo o acesso aos geossítios (Fig. 4.6). Finalmente, há que se destacar que os solos em si também podem se constituir verdadeiros geossítios, como é o caso do que vem ocorrendo em algumas regiões da China, onde existe o Loess, aproveitado não só em projetos relacionados ao geoturismo, mas também à geoeducação, com alunos de universidades, escolas de ensinos fundamental e médio, e aos turistas, que, de modo geral, visitam formas erosivas, especialmente voçorocas. Existe até mesmo um museu que atrai milhares de visitantes por ano. No Brasil, não se pode esquecer das areias coloridas que ocorrem em alguns solos do litoral nordestino e são aproveitados para diversos tipos de artesanato, em especial no Ceará.

Fig. 4.4 *Orientação a alunos da escola primária Woden School, de Wolverhampton, em projeto de extensão desenvolvido em conjunto com a Universidade de Wolverhampton, coordenado pelo Prof. Michael Augustine Fullen*
Fonte: Maria do Carmo Oliveira Jorge.

Fig. 4.5 *Determinação de pH com alunos da Escola Municipal Sebastiana Luiza Oliveira Prado (Ubatuba, SP) como parte de um projeto de extensão coordenado pelo Laboratório de Geomorfologia Ambiental e Degradação dos Solos (Lagesolos – UFRJ)*
Fonte: Ezequiel Santos.

FIG. 4.6 *Ravina no leito da trilha até a Praia do Sono, na Reserva Ecológica da Juatinga, município de Paraty (RJ). Pode-se notar a bifurcação na cabeceira da ravina Fonte: Luana de Almeida Rangel.*

4.1 A IMPORTÂNCIA DAS ROCHAS NA FORMAÇÃO DOS SOLOS

Estudos sobre a geodiversidade e o geoturismo desenvolvidos por diversos autores têm dado peso maior à geologia e à geomorfologia em detrimento da pedologia (Hose, 1995, 2000; Brilha, 2005, 2016; Moreira; Bigarella, 2008; Mansur, 2009; Dowling, 2010; Godinho et al., 2011; Ibáñez; Feoli, 2013; Moreira, 2014; Farsani; Coelho; Costa, 2012, 2014; Kubaliková, 2013; Kubaliková; Kirchner, 2015; Jorge, 2017; Oliveira, 2017). A visitação a lugares com apelo geológico e geomorfológico vem sendo feita há bastante tempo (Dowling, 2013), e, como destacam Kubaliková e Kirchner (2015), o número de pessoas que têm procurado um entendimento mais profundo do local visitado é cada vez maior. Essas pessoas querem conhecer mais sobre os locais turísticos, bem como temas relacionados, no caso dos geossítios e geomorfossítios. Essas informações deveriam cobrir não apenas as ciências da terra, mas também as ciências históricas, arqueológicas, ecológicas e aspectos artísticos e culturais. Dessa maneira, Kubaliková e Kirchner (2015) destacam que na República Checa existem muitas áreas com dados sobre sítios geológicos, em uma rede de geoparques, com a divulgação de geossítios e geomorfossítios. No entanto, os referidos autores afirmam que, fora dessas áreas consolidadas, o desenvolvimento de sítios com finalidades geoturísticas é muito pequeno, embora esses locais possam representar uma fonte de atividades ligadas ao geoturismo para desenvolver a economia local.

As rochas possuem um papel fundamental na formação dos solos, os quais se formam a partir do intemperismo físico e/ou químico das rochas (Fig. 4.7). O intemperismo físico refere-se à desintegração física ou mecâ-

FIG. 4.7 *Afloramento rochoso, no município de Petrópolis (RJ), mostrando intemperismo químico e físico Fonte: Antonio José Teixeira Guerra.*

nica dos minerais, fazendo com que estes passem a ter tamanhos menores, enquanto o químico refere-se à sua decomposição, ou seja, ocorre modificação química desses minerais. As rochas, depois de alteradas, recebem o nome de regolito ou manto de intemperismo. Segundo Lepsch (2002, p. 13),

> o intemperismo químico é provocado pincipalmente pela água, com o gás carbônico nela dissolvido. Sua intensidade de ação é diretamente proporcional ao aumento de temperatura. Assim, quanto mais úmido e quente for o clima, mais intensa será a decomposição dos minerais que compõem as rochas.

Dependendo da composição mineralógica das rochas que deram origem aos solos, bem como dos agentes formadores, os solos possuirão diferentes cores ao longo dos seus horizontes. Essas cores são determinadas pela comparação com tabelas especiais, como o sistema Munsell (*Munsell Soil Colour Chart*), traduzido em português para Carta de Munsell (Fig. 4.8) (Munsell, 1994). Segundo Soares da Silva (2015, p. 104),

> A cor pode evidenciar a presença de certos constituintes que conferem diversas tonalidades aos horizontes do solo: a matéria orgânica (escuro), ferro (avermelhado), calcário e sais (branco) etc. Pode também evidenciar o estado de certos constituintes: ferro ferroso (condições de excesso de água – acinzentado ou azulado), goetita (amarelado), hematita (avermelhado).

Nesse sentido, Fonseca (2015) também aborda muito bem esse tema, destacando a importância do intemperismo químico das rochas na formação dos solos, sem diminuir o papel do intemperismo físico, que auxilia em sua desintegração mecânica. Esse autor afirma ainda que

FIG. 4.8 *Foto da Carta de Munsell (1994) evidenciando diferentes cores, que podem denotar a presença de determinados minerais no solo*

> o intemperismo químico envolve processos complexos que alteram as estruturas internas dos minerais, pela remoção e/ou adição de elementos. Durante essa transformação, a rocha original se decompõe em substâncias que são estáveis no ambiente de superfície. Consequentemente, os produtos do intemperismo químico se manterão essencialmente inalterados, enquanto o ambiente permanecer similar àquele onde foram formados. (Fonseca, 2015, p. 166).

Da mesma maneira, Selby (1985) destaca que a alteração das rochas por intemperismo ocorre *in situ* e não envolve diretamente a remoção de materiais, podendo ser caracterizado pela ruptura física dos materiais rochosos em fragmentos menores, sem mudança da natureza dessas rochas e de seus minerais constituintes. Esse processo de desintegração leva à formação de material residual, que compreende minerais e fragmentos de rocha, sem mudanças em relação à rocha original. Em compensação, a alteração química pode levar a uma alteração completa dos minerais originais da rocha, resultando na formação de um material composto de novos minerais, particularmente argilas. É importante destacar que os processos químicos, físicos e biológicos atuam em conjunto e que a erosão ocorre em superfície e subsuperfície. Embora se trate do intemperismo como processo de decomposição *in situ*, o transporte do material resultante pode ser quase simultâneo ao intemperismo, contribuindo para sua continuação, que dependerá do tipo de rocha e do clima atuante sobre ela.

Os livros que abordam aspectos relacionados aos solos e à geomorfologia tratam do intemperismo que ocorre nas rochas. No entanto, como atestam Goudie e Viles (2010), o intemperismo pode ocorrer também em prédios e monumentos históricos. Afinal de contas, essas estruturas são feitas em rochas, que podem ser mais facilmente atacadas, constituindo um perigo ambiental em razão da poluição atmosférica. Nessas circunstâncias, o intemperismo químico é acelerado pela ação humana, quando se colocam materiais vulneráveis em ambientes poluídos. O intemperismo de construções e monumentos pode causar grandes prejuízos a essas estruturas e colocar em risco pessoas que circulam por essas áreas. Pode haver desmoronamento de paredes, além, é claro, da dificuldade de aproveitamento geoturístico dessas rochas em áreas urbanas.

Vários são os trabalhos abordados neste e em outros capítulos deste livro que relacionam rochas e solos, uma vez que ambos são importantes no aproveitamento geoturístico, levando-se em conta sua geodiversidade, visando à promoção da geoconservação dos locais onde o turismo se desenvolve nessas bases. Por exemplo, Pfalzgraff e Peixoto (2010, p. 37), no excelente livro intitulado *Geodiversidade do Estado de São Paulo*, publicado pela CPRM, destacam que o aproveitamento econômico tradicional seria por meio da exploração de suas rochas para a construção civil em áreas formadas por rochas ígneas e metamórficas no Estado de São Paulo, com relevo montanhoso, solos pouco espessos e situados próximos a grandes cidades, como São Paulo. No entanto, esses autores afirmam, por meio do conhecimento da geodiversidade, que

> o relevo montanhoso e a fina espessura do solo seriam outros fatores para auxiliar no desenvolvimento dessa atividade, levando-se em conta que esses tipos de solo e relevo mostram que a área seria pouco propícia, ou com restrições, à instalação de atividades agrícolas.

Consequentemente, o aproveitamento por meio do geoturismo, além de proteger o meio físico contra processos erosivos e de degradação, de modo geral, pode gerar renda e empregos para um grande contingente populacional.

A propósito disso, Peloggia et al. (2014, p. 29) produziram um trabalho bem interessante no qual propõem uma classificação geológica de terrenos artificiais denominada geotecnogênica, "ou seja, novos terrenos formados como resultado direto ou indireto da ação do ser humano, seja esta relacionada a processos erosivos, ou deposicionais, ou ainda a transformações ocorridas *in situ*, dos terrenos naturais". Os referidos autores propõem uma classificação que envolve terrenos de agradação, terrenos de degradação, terrenos modificados e terrenos mistos.

Com base em trabalhos nacionais e internacionais bastante conhecidos por aqueles que lidam com os conceitos de geodiversidade, Peloggia et al. (2014)

criaram a expressão *geodiversidade tecnogênica*, que inclui alguns conceitos básicos relacionados à *superfície tecnogênica* (que representa todas as superfícies criadas direta ou indiretamente pela ação humana), *camadas tecnogênicas* (termo geral usado para indicar qualquer categoria de depósito tecnogênico quando existe superposição de materiais tecnogênicos), *depósitos tecnogênicos* (categoria de formação superficial criada por processos de deposição direta ou induzida) e *horizontes do solo tecnogênico* (camada de solo *in situ* modificada pela ação humana).

4.2 A IMPORTÂNCIA DOS SOLOS NA FORMAÇÃO DO RELEVO E DAS DIFERENTES PAISAGENS

Assim como as rochas, os solos têm papel primordial na formação de diferentes tipos de relevo e, consequentemente, dão origem a diferentes paisagens. Selby (1985) afirma que a compreensão do relevo e das paisagens é feita pela combinação de diferentes ciências, como Geofísica, Geoquímica, Geologia, Climatologia, Hidrologia, Biologia, Pedologia, Glaciologia, Geomorfologia e outras. Nenhuma dessas ciências existe independentemente das outras, e todos os cientistas da Terra devem ter um conhecimento amplo de estruturas, materiais, processos e formas de relevo que compõem a superfície terrestre, que está em constante mudança. Essas modificações variam de acordo com as taxas de mudanças no tempo e no espaço. Existe, portanto, um aspecto histórico no estudo da superfície terrestre, assim como um elemento dinâmico, relacionado ao entendimento da ação dos processos de mudança sobre as rochas e os solos. As estruturas, os materiais, os processos e a história das modificações das formas de relevo são os quatro elementos essenciais do estudo da natureza da origem da superfície terrestre (Selby, 1985).

A geodinâmica interna da Terra, por meio do tectonismo e do vulcanismo, governa a formação de relevo heterogêneo e o substrato rochoso, no qual se formam as geoformas e solos. Controles adicionais podem incluir processos hidrológicos, erosivos, deposicionais e pedológicos (Farshad, 2006). Os solos e a geomorfologia constituem uma avaliação das relações genéticas com as formas de relevo (Gerrard, 1992), em que os solos são altamente relacionados às formas nas quais foram desenvolvidos. Desse modo, os solos e a geomorfologia lidam com a relações solo-paisagem. Tanto os solos como as formas de relevo dividem os mesmos fatores de formação, originados considerando-se fatores internos e externos (Toomanian, 2013).

As formas de relevo não são criadas instantaneamente; as menores podem ser criadas em poucos minutos, mas as maiores, de dimensões continentais, como cadeias montanhosas ou grandes planícies, podem levar milhares ou milhões de anos para serem formadas. Quase sempre, quanto mais complexa é uma forma de relevo, mais longa é a sua história e, consequentemente, mais variadas e complexas são as rochas e os solos que compõem essas paisagens. A incidência de riscos ambientais pode aumentar pelas atividades humanas, em particular pelas mudanças no uso da terra e na cobertura vegetal dos solos. O aquecimento global também pode ser um outro fator a ser considerado com relação ao aumento dos riscos ambientais, já que, além de causarem danos ao meio ambiente e aos seres humanos, também provocam mudanças drásticas nas formas de relevo, nos solos e nas paisagens como um todo (Goudie, 2010). Planícies de inundação e encostas íngremes, com solos profundos, são áreas que podem ser consideradas potencialmente em risco, uma vez que, ao serem ocupadas sem os devidos cuidados, podem colocar em risco as pessoas que as ocupam (Goudie, 2010). Áreas com população urbana numerosa também podem estar em risco em virtude das grandes transformações feitas no meio físico pela ocupação desordenada, o que causa transformações nos solos, no relevo e nas paisagens já existentes.

A riqueza de solos, formas de relevo e diferentes paisagens tem grande importância nas atividades relacionadas ao geoturismo. A propósito disso, Jorge e Guerra (2016, p. 152) afirmam que

> a geodiversidade sempre teve um papel fundamental nas atividades dos seres vivos. As complexas relações entre geologia, processos naturais, formas de relevo, solos e clima sempre foram condição *sine qua non* para a distribuição dos *habitat* e das espécies. Os recursos naturais também sempre foram essenciais para a sociedade e o crescimento econômico.

Em decorrência disso, os locais com aproveitamento geoturístico, se por um lado, podem atrair turistas interessados nessa riqueza ambiental em termos de geodiversidade e biodiversidade, por outro, podem ter aumentados os riscos de degradação em virtude da pressão exercida sobre esses locais. A propósito disso, Jorge, Guerra e Fullen (2016) destacam, em um estudo para o município de Ubatuba (SP), que a grande concentração de turistas no período do verão faz com que as trilhas que dão acesso às praias e cachoeiras, as quais, muitas vezes, são as únicas formas de acesso para os habitantes, sofram problemas de degradação, dificultando o acesso não só para os turistas, mas para a população que reside nessas áreas. A degradação das trilhas pode causar impacto na atividade turística e na economia local, em razão da dificuldade de locomoção em áreas montanhosas. Conforme afirmado anteriormente, muitas vezes, essas trilhas são o único meio de os residentes se deslocarem, em virtude da ausência de ruas e estradas (Fig. 4.9).

Fig. 4.9 *Solo compactado na trilha das Sete Praias causando erosão Fonte: Maria do Carmo Oliveira Jorge.*

A degradação não só das trilhas mas também das encostas, de modo geral, pode comprometer a segurança daqueles que vivem ou percorrem esse tipo de relevo em busca de atrações turísticas. Muito esforço tem sido feito no monitoramento das taxas de movimentos de massa que ocorrem na Terra (Goudie, 1995). A esse respeito, Petley (1984) descreve os principais objetivos no levantamento dos movimentos de massa:

* compreender o desenvolvimento das encostas naturais e os processos que têm contribuído na formação de novas feições;
* tornar possível a estabilidade das encostas, sob diferentes condições;
* determinar o risco da ocorrência de deslizamentos ou outros modos de movimentos de massa, incluindo encostas naturais e artificiais;

* facilitar a recuperação das encostas, as quais têm sofrido com movimentos de massa, assim como planejar o uso com medidas preventivas, de maneira que não ocorram processos geomorfológicos;
* analisar os vários tipos de movimentos de massa que ocorrem em uma encosta e, ao mesmo tempo, avaliar as causas e consequências desse processo;
* saber como lidar com os fatores externos na estabilidade das encostas, como terremotos, os quais também têm um papel importante em detonar os movimentos de massa.

A ocorrência dos movimentos de massa, além de alterar a paisagem no local onde o processo geomorfológico se estabele, cria efeitos *off-site* nos locais onde os materiais transportados acabam se depositando (Fig. 4.10).

Isso deve ser levado em consideração por quem se preocupa com o geoturismo, já que tais processos causam impactos no meio físico, muitas vezes de caráter irreversível. Além disso, deixam marcas na paisagem, como as cicatrizes resultantes dos movimentos de massa (Fig. 4.11), o que compromete a geodiversidade e a geoconservação de uma determinada área. Isso, sem dúvida, causa prejuízos ao meio ambiente e degrada áreas com beleza cênica, de grande importância, do ponto de vista da sua geodiversidade, afetando sua geoconservação. Conforme será visto neste livro, existem diferentes tipos de movimento de massa. Desse modo, são fundamentais, nesse tipo de processo geomorfológico, as diferentes definições usadas e os princípios físicos subjacentes aos movimentos, bem como os parâmetros usados para diagnosticá-los e o reconhecimento dos diferentes tipos de movimentos de

FIG. 4.10 *Marca nas paredes de casa atingida pelas enchentes, no vale do Cuiabá (Itaipava, Petrópolis) em 12 de janeiro de 2011. Pode-se notar que a casa está cheia de detritos*
Fonte: Antonio José Teixeira Guerra.

Fig. 4.11 *Cicatriz de deslizamento, com casa condenada, no bairro do Quitandinha, Petrópolis em virtude de fortes chuvas ocorridas em abril de 2013*
Fonte: Antonio José Teixeira Guerra.

massa no campo. As causas desses movimentos também são importantes, e, entre elas, pode-se mencionar o desmatamento, as condições hidrológicas adversas e os cortes feitos nas encostas para qualquer tipo de construção (Guerra, 2016). Existem vários tipos de movimentos de massa, mas os mais importantes são quedas, deslizamentos e corridas ou fluxos (Brunsden, 1988; Selby, 1993; Clague; Robert, 2012; Guerra, 2016; Guerra et al., 2017).

O tipo de movimento de massa mais comum e catastrófico é o deslizamento (*landslide*). De acordo com Clague e Robert (2012), os deslizamentos são responsáveis pelo prejuízo de centenas de milhões de dólares a cada ano e podem causar a morte de milhares de pessoas. Embora sejam mais comuns em áreas montanhosas, os deslizamentos podem ocorrer em qualquer área, desde que haja declividade suficiente para gerar estresses gravitacionais, capazes de provocar o deslizamento e/ou a queda de blocos rochosos (Fig. 4.12). Entre os vários tipos de riscos naturais, os deslizamentos podem ser considerados os mais catastróficos e os que causam mais mortes no mundo. Segundo os dados do Centro de Pesquisa de Epidemiologia dos Desastres (Cred), localizado em Leuven, na Bélgica, os deslizamentos foram responsáveis por mais de 10 mil mortes e deixaram mais de 2,5 milhões de pessoas sem moradia entre 2001 e 2010 no mundo (Cred, 2011). Korup (2012) propôs uma outra definição bem apropriada para os deslizamentos. O autor afirma que trata-se de movimentos de materiais, encosta abaixo, sob a influência da gravidade e, na maioria dos casos, com a participação da água. Consequentemente, além de impactar os solos e o meio ambiente como um todo, causam danos ao geoturismo e à geoconservação.

FIG. 4.12
Deslizamentos translacionais na bacia do rio Cuiabá, em Petrópolis (RJ), causados por 200 mm de chuva em 24 horas, em janeiro de 2011
Fonte: Antonio José Teixeira Guerra.

4.3 O PAPEL DOS SOLOS NA SUSTENTABILIDADE DOS ECOSSISTEMAS

Os solos possuem papel fundamental na sustentabilidade dos ecossistemas. Durante um longo período de tempo, por milhares de anos, o homem viveu em diferentes paisagens, transformando as paisagens de solos (*soilscapes*) e a cobertura vegetal em tipos de paisagens culturais, importantes para sua economia e para a produção de seus alimentos (Hjelle et al., 2012). A produção sustentável de bens e serviços depende de como manejar os solos sem causar danos às paisagens . Para se alcançar o desenvolvimento sustentável, a ciência precisa compreender como o uso da terra afeta o meio ambiente e como isso influencia a vulnerabilidade deste. As interações de decisões políticas, estruturas governamentais, produção e consumo, tecnologia, serviços ecossistêmicos e mudanças ambientais globais influenciam as atividades humanas em escala local e regional, e são influenciadas globalmente, causando, desse modo, interações de ações humanas e meio ambiente (Papa; Dazzi, 2013).

A enorme pressão que o homem coloca sobre as *soilscapes* tem transformado os ecossistemas agrícolas, com grandes mudanças no uso e na cobertura dos solos (Fig. 4.13) em todo o mundo. Isso pode ser visto em áreas urbanas, áreas com mineração, áreas com produção de ferro e aço, áreas agrícolas, áreas reflorestadas e em áreas usadas para fins de recreação (Papa; Dazzi, 2013).

As mudanças no uso e manejo da terra geralmente ocorrem em conjunto, resultando em alterações na qualidade dos solos, incluindo suas características físicas, biológicas e nos teores de nutrientes, o que afeta a sustentabilidade dos ecossistemas. A modificação das *soilscapes* pode também levar a um aumento na ruptura dos agregados, na perda de teores de matéria orgânica e, consequentemente, no aumento das taxas de erosão (Papa; Dazzi, 2013;

Guerra et al., 2017), causando também diminuição da pedodiversidade, em virtude da perturbação dos solos pelo homem.

A propósito disso, Nandy et al. (2011) demonstraram que a degradação das florestas pelas atividades humanas, por meio da criação de gado e do desmatamento para exploração da madeira, relaciona-se a mudanças nos padrões espaciais. Os autores revelaram também como o desmatamento associado à expansão da agricultura e ao reflorestamento de áreas anteriormente desmatadas está intimamente relacionado às mudanças nos padrões espaciais das paisagens. Tudo isso afeta a pedodiversidade e a sustentabilidade dos ecossistemas.

FIG. 4.13 *Perfil de solo situado acima das parcelas de erosão na estação experimental (bacia do rio Maranduba, Ubatuba, SP). O perfil vai desde a floresta até 2 m de profundidade, com aproximadamente 20 cm de espessura do horizonte A. Trata-se de um latossolo vermelho-amarelo*
Fonte: Leonardo dos Santos Pereira.

Almeida et al. (2011) demonstraram que, no Brasil, a conversão de pastos naturais em pastos plantados pode levar à perda da diversidade das espécies de besouros, que se alimentam de esterco animal, causando mudanças na composição de insetos. Isso demonstra a importância dos pastos naturais no Cerrado. Todavia, Ogutu et al. (2012) destacaram como mudanças no uso da terra e o crescimento populacional humano afetaram a dinâmica da população animal no Parque Nacional do Lago Nakuru, no Quênia, entre 1970 e 2011. Do mesmo modo, perturbações causadas pelo homem em uma paisagem de floresta tropical, na região do Canal do Panamá, proporcionaram o aumento da doença de Chagas (Gottdenker et al., 2011). Nos últimos anos, no contexto das mudanças ambientais globais, vem sendo dada atenção à relação entre os padrões espaciais das paisagens (arranjo espacial e composição dos elementos das *soilscapes* e seus elementos) e os processos humanos (agricultura em larga escala, fragmentação florestal e desmatamento, em razão das mudanças de uso da terra e da cobertura vegetal). Todos esses exemplos causam perturbações na pedodiversidade e, consequentemente, na sustentabilidade dos ecossistemas.

4.4 Os solos como instrumento pedagógico por meio da geoeducação

Apesar de os solos possuírem importância como instrumento pedagógico, o que se tem visto, na maior parte das vezes, são projetos relacionados à geologia e à geomorfologia de determinados locais, como o projeto Caminhos Geológicos do Estado do Rio de Janeiro (Mansur; Soares da Silva, 2011).

No entanto, Conway (2010) mostra como é possível destacar os solos em projetos relacionados à geoeducação, como em Anglesey, no País de Gales, onde se abordam as trilhas utilizadas pelos turistas para que o público compreenda melhor, de modo geral, os tipos de solos existentes e os materiais dominantes. Com painéis interpretativos e *folders*, explica-se ao público sobre os locais por onde estão passando.

A geodiversidade tem papel fundamental tanto em atividades ambientais como humanas. As complexas relações entre geologia, processos naturais, formas de relevo, solos e clima são fundamentais para a distribuição dos *habitat* e das espécies. Também proporcionam muitos recursos naturais essenciais dos quais a sociedade e o crescimento econômico dependem, incluindo solos, agregados, metais e combustível (Gray, 2004). A influência cultural e econômica da geodiversidade nas pessoas também é bem forte; a localização de muitas cidades foi influenciada pela distribuição de minerais ou recursos ligados aos solos. A localização de sistemas de fortificação também foi afetada pela presença apropriada de formas de relevo (Kubaliková, 2013). Portanto, os solos estão sempre presentes na vida das pessoas, bem como na riqueza da biodiversidade e na geodiversidade de uma determinada região. Apesar da sua importância, os solos são ainda pouco valorizados em projetos de geoeducação, nos quais poderiam ser explorados, de modo que crianças e adolescentes em idade escolar pudessem também se envolver. Citam-se aqui dois exemplos: um desenvolvido na cidade de Wolverhampton, na Inglaterra, em que crianças de uma escola pública, a Woden School, na faixa etária de 10 anos, desenvolveram durante quatro meses, em parcelas de agricultura urbana (*allotment*), um projeto pedagógico relacionado ao aprendizado de solos (Fig. 4.14), coordenado pelo professor Michael Augustine Fullen, da Universidade de Wolverhampton, e pela professora Keptreene Finch, da Hibiscus Housing Association, idealizadores dessa metodologia. Antonio José Teixeira Guerra e Maria do Carmo Oliveira Jorge, ambos da UFRJ, participaram, em 2015, dessa experiência em Wolverhampton e traduziram e adaptaram esse projeto à realidade brasileira, aplicando-o, em conjunto com os doutorandos do Programa de Pós-Graduação em Geografia da UFRJ Leonardo dos Santos Pereira e Aline Muniz Rodrigues, aos alunos da Escola Municipal Sebastiana Luiza de Oliveira Prado, no Sítio Recanto da Paz, situado na bacia do rio Maranduba, onde o Lagesolos vem desenvolvendo projetos de pesquisa há cinco anos.

Antes da aplicação dessa metodologia, uma aula teórica foi dada na Escola Municipal Sebastiana Luiza de Oliveira Prado, para que os alunos entre 9 e 10 anos pudessem entender do que se tratava. O trabalho foi realizado da seguinte maneira: estimular os alunos a entender que o solo possui vida, apesar de parecer "estático"; que existem muitos pequenos seres (minhocas, por exemplo) que dão vida ao solo; que o solo possui diferentes tamanhos de grãos, os quais podem ser compreendidos pelo tato, bem como, dependendo da sua estrutura, facilitar ou dificultar a infiltração da água (Fig. 4.15). Além disso, explicou-se que o solo possui um pH, que faz com que ele seja mais ácido ou mais alcalino. Possui um teor de matéria orgânica, que pode ser estimado contando-se o número de minhocas em até 30 cm de largura e profundidade. Quando possui até dez minhocas, a matéria orgânica é considerada baixa; quando possui mais de dez, é considerada alta. Explicou-se aos alunos que todas essas características, em conjunto, proporcionam maior ou menor fertilidade e estabilidade ao solo.

FIG. 4.14 *Antonio José Teixeira Guerra ensinando crianças da Woden Primary School, em Wolverhampton, a determinar o pH dos solos em área de agricultura urbana Fonte: Maria do Carmo Oliveira Jorge.*

Fig. 4.15 *Aluna da Escola Municipal Sebastiana Luiza de Oliveira Prado medindo taxa de infiltração em solo do Sítio Recanto da Paz durante o dia de campo, com outros alunos*
Fonte: Leonardo dos Santos Pereira.

Após a determinação dessas propriedades, feita em grupos pelos alunos sob a orientação de um professor/doutorando, os dados obtidos foram colocados em planilhas. De posse desses dados, cada grupo fez um pequeno relatório, orientado pelo responsável, levando em consideração não só os dados obtidos, mas também as observações feitas pelo grupo. Após todo esse trabalho, os alunos voltaram ao local onde assistiram à palestra dada pelos professores/doutorandos, e eles mesmos, apresentaram os resultados obtidos para todos os presentes.

Trata-se de uma experiência fundamental não só para o aprendizado sobre solos, mas sobre meio ambiente como um todo. Os alunos se sentem muito gratificados por terem aprendido de maneira prática e totalmente diferente de tudo o que haviam feito até aquele momento. Tudo pode ser feito em duas ou três horas apenas, a um custo bem baixo, com retorno para os alunos e toda a comunidade envolvida nesse processo. Essa experiência pode ser feita com grupos de pequenos fazendeiros, alunos de faculdade etc. Essas duas experiências aqui relatadas, na Inglaterra e no Brasil, mostram, portanto, que os solos podem ser usados como excelente instrumento pedagógico por meio da geoeducação.

4.5 Solos, trilhas, geossítios e pedossítios

As trilhas possuem papel fundamental em áreas onde existe elevada geodiversidade, com fins ao aproveitamento do geoturismo, levando-se em conta a geoconservação dessas áreas. Ao mesmo tempo, as trilhas são importantes para a conexão entre comunidades, em especial em regiões montanhosas, onde são, na maior parte das vezes, o único meio de comunicação entre as diversas localidades (Jorge, 2017).

Conway (2010) aborda bem essa característica em seu artigo que trata do papel dos solos e das trilhas em Anglesey, no País de Gales. O referido autor destaca que a geodiversidade inclui não apenas rochas e as principais estruturas geológicas, mas também sedimentos, solos e características das paisagens. Nesse artigo, Conway demonstra como os perfis de solo podem ser utilizados no patrimônio pedológico (ou pedossítio) como importante característica estética da paisagem, além de serem vitais para sustentar a biodiversidade e muitas funções ambientais, como diminuição da poluição, mudanças climáticas e produção de alimentos (Fig. 4.16). A paisagem de Anglesey é bastante variada, contendo uma plataforma baixa, escavada em rocha sólida, com um grande número de colinas isoladas, costões rochosos, grandes campos de dunas e áreas baixas com sedimentos argilosos. Essa paisagem deve seu caráter tanto à geodiversidade como aos solos, na medida em que estes influenciam na biodiversidade e no uso humano da terra (Conway, 2010).

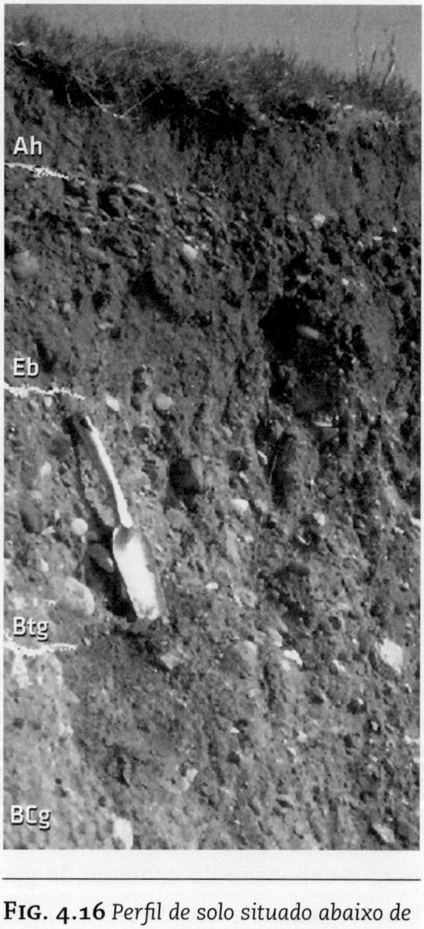

FIG. 4.16 *Perfil de solo situado abaixo de uma trilha de Anglesey, no País de Gales. Pode-se notar o elevado teor de matéria orgânica nos horizontes superficiais, bem como um grande número de fragmentos rochosos, ao longo do perfil*

Fonte: John Conway.

Anglesey possui, ao longo da sua costa, os dez principais grupos de solos, encontrados na Inglaterra e no País de Gales. Esses locais, componentes de uma longa trilha, foram selecionados com base em um grupo de critérios:

* a ligação de feições importantes, ou locais de geologia/geopatrimônio de Anglesey – a maioria desses locais expõe feições geológicas, que dão origem aos tipos de solos;

* a ilustração do maior número possível de solos típicos para levar diversidade à atenção do público;
* locais seguros e de fácil acesso – a maioria dos locais está dentro de áreas já usadas pelo público para outras finalidades, e as pessoas são encorajadas a notar o geopatrimônio das redondezas;
* disponibilidade, com finalidade de demonstração para grupos, em que escolas e outros grupos podem adotar alguns desses locais para fins educacionais.

Segundo Costantini e L'Abate (2010), pedossítios são sítios pedológicos com valor cultural, como: (a) paleossolos; (b) solos de sítios paleontológicos e arqueológicos; e (c) solos que representam os melhores processos naturais e antrópicos (padrões para classificação). A identificação e classificação dos pedossítios é fundamental em qualquer trabalho relacionado aos solos existentes em trilhas, nos quais exista uma rica geodiversidade, visando o seu aproveitamento pelo geoturismo. Costantini e L'Abate (2010 apud Soares da Silva; Mansur, 2011, p. 72) mostram

> como critérios para classificação dos pedossítios associados a paisagens de solos (*soilscapes*) como patrimônio cultural: (a) paisagem cultural; (b) paisagem de solos que determinam a beleza de um panorama; (c) paisagem de solo em meio ambiente frágil; e (d) paisagem de solos que contribuem para a manutenção de ecossistemas. A paisagem de solo é a dimensão horizontal do solo. Os perfis representam a dimensão vertical.

A importância de se entender os solos localizados nas trilhas e os pedossítios associados reside no fato de se poder elaborar um projeto desenhado para engajar as pessoas que usam as trilhas, como residentes e turistas, com conceitos de geologia e paisagem. Isso pode ser desenvolvido em um projeto mais específico, que foque a importância do solo como elemento crucial para a expansão do conceito de geopatrimônio e geoconservação, ligado a biodiversidade e uso da terra. O projeto pode também identificar oportunidades para engajar o público por meio de outros interesses, como natureza, pássaros e arqueologia, para reconhecer o papel dos solos em seus interesses especiais e, desse modo, relacioná-los à geologia subjacente (Conway, 2010). Isso tudo pode oferecer uma introdução a algumas das questões atuais, como erosão dos solos e armazenamento de carbono, e, consequentemente, envolver um número maior de pessoas em projetos desse tipo. Ganhariam, assim, os turistas, os residentes locais e o meio ambiente como um todo.

A propósito disso, Rangel e Guerra (2016) destacam o papel das trilhas em relação a sua suscetibilidade aos processos erosivos e usam como exemplo o Parque Nacional da Serra da Bocaina, por meio do estudo da trilha da Cachoeira do Pontal, situada na localidade de Trindade, no município de Paraty (RJ). Os autores afirmam que a erosão da trilha tem várias razões, como o pisoteio causado pelos turistas, em especial na alta temporada, associado às propriedades dos solos, aos totais pluviométricos elevados e à ausência ou inadequação de estruturas de manejo. Os autores identificaram diversas feições erosivas ao longo da trilha, bem como em suas bordas e alguns degraus, o que pode tornar perigoso o trânsito de pessoas. Concluem que é preciso recuperar o leito da trilha, reduzir o fluxo de água no leito e estabilizar o piso da trilha por meio da incorporação de matéria orgânica.

Embora ainda haja ênfase no estudo da geologia e da geomorfologia, ao longo das trilhas, as análises relativas aos solos vêm se tornando cada vez mais comuns, como atestam alguns exemplos apresentados neste capítulo (Costa, 2006; Costantini; L'Abate, 2010; Conway, 2010; Mansur; Soares da Silva, 2010; Soares da Silva; Mansur, 2011; Ibáñez; Feoli, 2013; Jorge; Guerra; Fullen, 2016; Rangel; Guerra, 2016; Jorge, 2017). O conhecimento, por parte do público, dos projetos científicos é um desafio para que os trabalhos desenvolvidos nas universidades possam ser decodificados em linguagem que o grande público possa entender, por exemplo, por meio de painéis colocados nas trilhas (Fig. 4.17). O projeto Caminhos Geológicos do Estado do Rio de Janeiro (Mansur; Soares da Silva, 2011) procura fazer com que a geologia ao

Fig. 4.17 *Painel interpretativo, com informações geológicas, geomorfológicas e pedológicas, no Sítio Recanto da Paz, na bacia do Rio Maranduba, Ubatuba (SP)*
Fonte: Maria do Carmo Oliveira Jorge.

longo das trilhas seja entendida pelo público leigo, especialmente por meio de painéis interpretativos colocados em locais de interesse turístico, visando promover a geoconservação desses locais.

4.6 Conclusões

Por meio da análise do papel dos solos sob a ótica do geoturismo, da geodiversidade e da geoconservação, é possível identificar a importância que possuem na prática do turismo, em especial nos dias de hoje, quando esse tipo de lazer envolve cada vez mais atividades que proporcionam ao turista não apenas diversão, mas também aprendizado sobre a biodiversidade e também sobre a geodiversidade, um dos focos deste capítulo e deste livro. Desse modo, é possível avaliar a importância de se conhecer os pedossítios e o patrimônio pedológico, e como os turistas e a população como um todo podem se beneficiar da aquisição desses conhecimentos.

Os solos, na maior parte das vezes, não são considerados em *folders* e propagandas de empresas de turismo, porque se imagina que os turistas não teriam interesse no tema. No entanto, deve-se levar em conta que os solos são os que mais sofrem, em especial quando trilhas são abertas para dar acesso aos turistas e residentes de alguma área. Podem, desse modo, ocorrer processos erosivos e movimentos de massa, fazendo com que a circulação chegue a ser impedida pelas trilhas e/ou ter seu trajeto alterado quando coloca em risco turistas e moradores locais. Além disso, quando o traçado das trilhas não é o mais recomendado, isso pode causar cansaço para os turistas, bem como risco de quedas.

O que este capítulo procurou demonstrar é que os solos possuem importância não apenas quanto ao geoturismo, à geodiversidade e à geoconservação, mas também porque são parte da paisagem, possuindo, além disso, papel fundamental na sustentabilidade dos ecossistemas.

Diversas referências bibliográficas usadas neste capítulo comprovam a importância de se conhecer os solos em projetos relacionados ao geoturismo. Mais recentemente, esses projetos também têm sido utilizados para orientar alunos de escolas de ensino fundamental em várias partes do mundo. Aqui foram apresentados dois exemplos: um em uma escola na cidade de Wolverhampton, na Inglaterra, e outro em uma escola no município de Ubatuba (SP). A experiência demonstrou não só o grande interesse por parte dos alunos envolvidos na atividade, mas também como é importante, para esses alunos, conhecer melhor sobre um tema que nem sempre é explorado adequadamente no ensino fundamental, tanto em escolas europeias como brasileiras.

Referências bibliográficas

ALMEIDA, S.; LOUZADA, J.; SPERBER, C. J.; BARLOW, J. Subtle land-use change and tropical biodiversity: dung beetle communities in Cerrado grasslands and exotic pastures. *Biotropica*, v. 43, n. 6, p. 704-710, 2011.

BRILHA, J. B. R. *Patrimônio geológico e geoconservação*: a conservação da natureza na sua vertente geológica. Braga: Palimage, 2005.

BRILHA, J. B. R. Inventory and quantitative assessment of geosites and geodiversity sites: a review. *Geoheritage*, v. 8, n. 2, p. 119-134, 2016.

BRUNSDEN, D. Slope instability, planning and geomorphology in the United Kingdom. In: HOOKE, J. M. (Org.). *Geomorphology in environmental planning*. Chichester, Inglaterra: John Wiley and Sons, 1988. p. 105-19.

CLAGUE, J. J.; ROBERT, N. J. Landslide hazard and risk. In: CLAGUE, J. J.; STEAD, D. (Org.). *Landslides*: types, mechanisms and modeling. Cambridge, Inglaterra: Cambridge University Press, 2012. p. 1-9.

COSTA, V. C. *Propostas de manejo e planejamento ambiental de trilhas ecoturísticas*: um estudo no maciço da pedra branca – município do Rio de Janeiro (RJ). 2006. 325 f. Tese (Doutorado em Geografia) – Instituto de Geociências, Universidade Federal do Rio de Janeiro, Rio de Janeiro, 2006.

COSTANTINI, E. A. C.; L'ABATE, G. A geodatabase of the soil cultural heritage of Italy. In: WORLD CONGRESS OF SOIL SCIENCE, SOIL SOLUTIONS FOR A CHANGING WORLD. Brisbane, Austrália. Publicado em DVD, 2010.

CONWAY, J. S. A soil trail? a case study from Anglesey, Wales, UK. *Geoheritage*, v. 2, n. 1, p. 15-24, 2010.

CRED – Centre for Research on the Epidemiology of Disasters. EM-DAT: The OFDA/CRED International Disaster Database, 2011. Disponível em: <www.emdat.be/>. Acesso em: 12 fev. 2016.

DOWLING, R. K. Geotourism's global growth. *Geoheritage*, v. 3, n. 1, p. 1-13, 2010.

DOWLING, R. K. Global geotourism: an emerging form of sustainable tourism. *Czech Journal of Tourism*, v. 2, n. 2, p. 59-79, 2013.

FARSANI, N. T.; COELHO, C. O. A.; COSTA, C. M. M. Tourism crisis management in geoparks through geotourism development. *Revista Turismo & Desenvolvimento*, v. 17/18, p. 1627-1638, 2012.

FARSANI, N. T.; COELHO, C. O. A.; COSTA, C. M. M.; AMRIKAZEMI, A. Geo-knowledge management and geoconservation via geoparks and geotourism. *Geoheritage*, v. 6, p. 185-192, 2014.

FARSHAD, A. *A syllabus on soil geomorphology (geopedology)*: in the framework of landscape ecology. Enschede, Holanda: Earth Systems Analysis Dept. ITC, 2006.

FONSECA, A. C. Geoquímica dos solos. In: GUERRA, A. J. T.; SOARES DA SILVA, A.; BOTELHO, R. G. M. (Org.). *Erosão e conservação dos solos*: conceitos, temas e aplicações. 8. ed. Rio de Janeiro: Bertrand Brasil, 2015. p. 165-94.

GODINHO, R. G.; CRISTOVÃO, C. A. M.; SIMON, A. P.; ORSI, M. L; OLIVEIRA, I. J. Geomorfologia e turismo no município de Pirenópolis (GO). *Caminhos de Geografia*, v. 12, p. 73-84, 2011.

GOTTDENKER, N. L.; CALZADA, J. E.; SALDAÑA, A.; CARROLL, C. R. Association of anthropogenic land use change and increased abundance of the Chagas disease vector *Rhodnius pallescens* in a rural landscape of Panama. *American Journal of Tropical Medicine and Hygiene*, v. 84, n. 1, p. 70-77, 2011.

GOUDIE, A. S. *The changing earth*: rates of geomorphological processes. Oxford, Inglaterra: Blackwell Publishers, 1995.

GOUDIE, A. S. Introduction: Soil erosion. In: ALCÁNTARA-AYALA, I.; GOUDIE, A. (Org.). *Geomorphological hazards and disaster prevention*. Cambridge: Cambridge University Press, 2010. p. 177-188.

GOUDIE, A. S.; BOARDMAN, J. Soil Erosion. In: ALCÁNTARA-AYALA, I.; GOUDIE, A. (Org.). *Geomorphological hazards and disaster prevention*. Cambridge: Cambridge University Press, 2010. p. 1-2.

GOUDIE, A. S.; VILES, H. Weathering Hazards. In: ALCÁNTARA-AYALA, I.; GOUDIE, A. (Org.). *Geomorphological hazards and disaster prevention*. Cambridge: Cambridge University Press, 2010. p. 145-159.

GRAY, M. *Geodiversity*: valuing and conserving abiotic nature. New York: John Wiley and Sons, 2004.

GUERRA, A. J. T.; FULLEN, M. A.; JORGE, M. C. O.; ALEXANDRE, S. T. Soil erosion and conservation in Brazil. *Anuário do Instituto de Geociências* – UFRJ, Rio de Janeiro, v. 37, n. 1, p. 81-91, 2014.

GUERRA, A. J. T. *Erosão dos solos e movimentos de massa*: abordagens geográficas. Curitiba: CRV, 2016.

GUERRA, A. J. T.; FULLEN, M. A.; JORGE, M. C. O.; BEZERRA, J. F. R.; SHOKR, M. S. Slope processes, mass movement and soil erosion: a review. *Pedosphere*, China, v. 27, n. 1, p. 27-41, 2017.

HJELLE, K. L.; SOLEM, T.; HALVORSEN, L. S.; ASTVEIT, L. I. Human impact and landscape utilization from the mesolithic to medieval time traced by high spatial resolution pollen analysis and numerical methods. *Journal of Archaeological Science*, n. 39, p. 1368-1379, 2012.

HOSE, T. A. Selling the story of Britain's stone. *Environmental Interpretation*, v. 2, n. 1, p. 16-17, 1995.

HOSE, T. A. Geoturismo europeo. Interpretación geológica y promoción de la conservación geológica para turistas. In: BARETTINO, D.; WIMBLEDON, W. A. P.; GALLEGO, E. (Org.). *Patrimônio geológico*: conservación y gestión. Madri: Instituto Tecnológico Geominero de España, 2000. p. 137-59.

IBÁÑEZ, J. J.; FEOLI, E. Global relationships of pedodiversity and biodiversity. *Vadose Zone Journal*, v. 12, n. 3, 2013.

JORGE, M. C. O. *Potencial geoturístico e estratégias de geoconservação em trilhas situadas na região sul do município de Ubatuba-SP*. 2017. 229 f. Tese (Doutorado) – Programa de Pós-Graduação em Geografia, UFRJ, Rio de Janeiro, 2017.

JORGE, M. C. O.; GUERRA, A. J. T. Geodiversidade, geoturismo e geoconservação: conceitos, teorias e métodos. *Revista Espaço Aberto*, Rio de Janeiro, v. 6, n. 1, p. 151-174, 2016.

JORGE, M. C. O.; GUERRA, A. J. T.; FULLEN, M. A. Geotourism and footpath erosion: a case study from Ubatuba, Brazil. *Geography Review*, Inglaterra, v. 29, n. 4. p. 26-29, 2016.

KORUP, O. Landslides in the Earth system. In: CLAGUE, J., STEAD, D. (Org.). *Landslides*: types, mechanisms and modeling. Cambridge: Cambridge University Press, 2012. p. 10-23.

KUBALIKOVÁ, L. Geomorphosite assessment for geotourism purposes. *Czech Journal of Tourism*, v. 2, n. 2, p. 80-104, 2013.

KUBALIKOVÁ, L., KIRCHNER, K. Geosite and geomorphosite assessment as a tool for geoconservation and geotourism purposes: a case study from Vizovická Vrchovina highland (Eastern part of the Czech Republic). *Geoheritage*, v. 8, n. 1, p. 5-14, 2015.

LEPSCH, I. *Formação e conservação dos solos*. São Paulo: Oficina de Textos, 2002.

LEPSCH, I. *19 lições de pedologia*. São Paulo: Oficina de Textos, 2011.

MANSUR, K. L. Projetos educacionais para a popularização das Geociências e para a geoconservação. *Anuário do Instituto de Geociências* – UFRJ, edição especial, v. 5, p. 63-74, 2009.

MANSUR, K. L.; SOARES DA SILVA, A. Society's response: assessment of the performance of the "caminhos geológicos" ("geological paths") project, state of Rio de Janeiro, Brazil. *Geoheritage*, v. 3, p. 27-39, 2011.

MOREIRA, J. C. *Geoturismo e interpretação ambiental*. 2. ed. Ponta Grossa: Editora UEPG, 2014.

MOREIRA, J. C.; BIGARELLA, J. J. Interpretação ambiental e geoturismo em Fernando de Noronha. In: CASTILHO, C. J. M; VIEGAS, J. M. (Org.). *Turismo e práticas socioespaciais*: múltiplas abordagens e interdisciplinaridades. Recife: Editora Universitária da UFPE, 2008. p. 171-192.

MUNSELL, A. H. *Munsell soil color charts*. Boston: Munsell Colour Company, 1994.

NANDY, S.; KUSHWAHA, S.P.S.; DADHWAL, U.K. Forest degradation assessment in the upper catchment of the river Tons using remote sensing and GIS. *Ecological Indicators*, 11, p. 509-513, 2011.

OGUTU, J. O.; OWEN-SMITH, N.; PIEPHO, H. P.; KULOBA, B.; EDEBE, J. Dynamics of ungulates in relation to climatic and land use changes in an insularized African Savanna ecosystem. *Biodiversity Conservation*, v. 21, p. 1033-1053, 2012.

OLIVEIRA, F. L. *Diversidade geológico-geomorfológica do Parque Natural Municipal de Nova Iguaçu (Rio de Janeiro)*: bases para o planejamento ambiental no contexto da geoconservação. 2017. 264 f. Tese (Doutorado) – Programa de Pós-graduação em Geografia, UERJ, Rio de Janeiro, 2017.

PALHARES, J. M.; GUERRA, A. J. T. Potencialidades no município de Oiapoque, Amapá, para o desenvolvimento do geoturismo. *Espaço Aberto* - PPGG, UFRJ, v. 6, n. 2, p. 51-72, 2017.

PAPA, G.; DAZZI, C. Repercussion of anthropogenic landscape changes on pedodiversity and preservation of the pedological heritage. In: IBAÑEZ, J. J.; BOCKHEIM, J. (Org.). *Pedodiversity*. Florida: CRC Press, Taylor & Francis Group, 2013. p. 153-194.

PELOGGIA, A. U. G.; OLIVEIRA, A. M. P. S.; OLIVEIRA, A. A.; SILVA, E. C. N.; NUNES, J. O. R. Technogenic geodiversity: a proposal on the classification of artificial ground. *Quaternary and Environmental Geosciences*, Curitiba, v. 5, n. 1, p. 28-40, 2014.

PETLEY, D. J. Ground investigation, sampling and testing for studies of slope instability. In: BRUSNDEN, D.; PRIOR, D. (Org.). *Slope instability*. Salisbury, Inglaterra: John Wiley and Sons, 1984. p. 67-101.

PFALZGRAFF, P. A. S.; PEIXOTO, C. A. B. Introdução. In: PEIXOTO, C. A. B. (Org.). *Geodiversidade do estado de São Paulo*. São Paulo: Serviço Geológico do Brasil (CPRM), 2010. p. 9-14.

RANGEL, L. A.; GUERRA, A. J. T. Análise dos processos erosivos na trilha da Cachoeira do Pontal, localizada no Parque Nacional da Serra da Bocaina, Vila de Trindade, município de Paraty-RJ. In: SIMPÓSIO NACIONAL DE GEOMORFOLOGIA, 11., *Anais*... Maringá, Paraná, 2016. p. 1-10.

SELBY, M. J. *Earth's changing surface*. Oxford: Oxford University Press, 1985.

SELBY, M. J. *Hillslope materials and processes*. 2. ed. Oxford: Oxford University Press, 1993.

SOARES DA SILVA, A.; MANSUR, K. L. Pedossítios da região das baixadas litorâneas do estado do Rio de Janeiro. In: CONGRESSO BRASILEIRO DE CIÊNCIA DO SOLO, 33., 2011, Uberlândia. *Anais*... Uberlândia: Sociedade Brasileira de Ciência do Solo, 2011. v. único. p. 1-10.

SOARES DA SILVA, A. Análise morfológica dos solos e erosão. In: GUERRA, A. J. T.; SOARES DA SILVA, A.; BOTELHO, R. G. M. (Org.). *Erosão e conservação dos solos*: conceitos, temas e aplicações. 8. ed. Rio de Janeiro: Bertrand Brasil, 2015. p. 101-26.

TOOMANIAN, N. Pedodiversity and landforms. In: IBAÑEZ, J. J.; BOCKHEIM, J. (Org.). *Pedodiversity*. Flórida: CRC Press, Taylor & Francis Group, 2013. p. 133-152.

cinco

Cartografia da Geodiversidade: teorias e métodos

Silvio Carlos Rodrigues | Lilian Carla Moreira Bento

A HUMANIDADE, ao longo de sua história, degradou a natureza, não isentando os elementos abióticos de severos impactos. Tamanha intensidade e velocidade das alterações levou, em meados da década de 1990, um grupo de pesquisadores da área das Geociências a idealizar e difundir conceitos em uma perspectiva de valorização e conservação dessa vertente da natureza. Um desses conceitos é o de geodiversidade, que pode ser concebido, em linhas gerais, como a diversidade de elementos abióticos, bem como dos processos que os originam.

A Cartografia da Geodiversidade envolve uma das possibilidades de estudo, compreendendo uma gama variada de métodos que, tal como será aprofundado neste capítulo, vêm passando por um processo de melhoria e adaptações, segundo as peculiaridades de cada pesquisa. Ela traz um incremento nos estudos dessa temática, uma vez que permite aliar uma abordagem teórica com a cartográfica, além de sua espacialização e análise por meio de ferramentas computacionais.

Neste capítulo, inicialmente se realizou um breve histórico sobre a evolução do conceito de geodiversidade, tendo-se o cuidado de contextualizar o leitor sobre sua origem e desenvolvimento. Em seguida, buscou-se correlacionar o termo com outros conceitos afins, como geoconservação, geopatrimônio e geossítios.

Posteriormente, destacam-se as metodologias voltadas ao estudo da geodiversidade, direcionando àqueles baseados em sua cartografia. Então, discutem-se as possibilidades metodológicas existentes, acompanhadas de alguns estudos de casos brasileiros e internacionais, evidenciando o estado da arte na temática.

Não se teve, aqui, a pretensão de produzir um manual de Cartografia da Geodiversidade, tendo em vista que não era nosso foco esgotar tal assunto. Espera-se que os dados apresentados sirvam para ressaltar que esta é uma temática em ascensão em todo o mundo e que a tendência é que novas metodologias sejam criadas e/ou aperfeiçoadas diante de sua importância. São expostos, até mesmo, os resultados da prática de algumas metodologias, sinalizando a aplicabilidade desse tipo de estudo e suas potencialidades e fragilidades.

5.1 Breve histórico sobre a evolução dos conceitos

5.1.1 Origem do conceito e definição

O conceito de geodiversidade ainda passa por um processo de burilamento. Ao analisar as diversas obras que tratam dessa temática, é possível depreender que as primeiras ideias eram mais restritivas e se apoiavam no fato de o prefixo *geo* do termo *geodiversidade* estar unicamente relacionado aos aspectos geológicos, como sugerido por Johansson, Andersen e Alapassi (1999) e Stanley (2001). Atualmente, são comuns definições mais amplas, incluindo outros elementos de cunho abiótico, como os aspectos geomorfológicos e pedológicos, frequentes nas definições de Alexandrowicz e Kozlowski (1999), Sharples (2002) e Gray (2004, 2005), e, ainda, hidrológicos, como propõe Kozlowski (2004), para a inclusão de lagos, rios e pântanos, por exemplo, e, igualmente, de mares e oceanos (González-Trueba, 2007).

Na década de 2000, encontram-se conceitos que inserem a ação humana e criam uma hierarquia de escala espacial, como os de Nieto (2001), Kozlowski (2004) e Serrano e Ruiz-Flaño (2007a, 2007b). É relevante frisar essas novas abordagens, pois trazem alguns desdobramentos ao inserir o homem como parte da geodiversidade em uma perspectiva não só passiva, mas de agente geológico, evocando a responsabilidade humana na gestão desse espaço. No caso da hierarquização, ela envolve a variedade de partículas (elementos individuais, como os minerais), elementos (os geológicos e as formas) e lugares (ou paisagens), suscitando, com base em diferentes escalas, a viabilidade de seu tratamento espacial.

A utilidade dada aos conceitos de geodiversidade é um aspecto que merece ser considerado, já que cada termo empregado pode gerar interpretações distintas. Os termos *variedade* e *diversidade*, por exemplo, são bastante comuns nas definições e possibilitam comparar áreas distintas em uma perspectiva quantitativa. Nieto (2001) usa os termos *número* e *variabilidade*; Urquí, Martínez e Valsero (2007) repetem *variabilidade*, mas acrescentam a *distribuição espacial* e *frequência*. Em linhas gerais, a variabilidade mostra que a geodiversidade diversifica no número de classes que podem ser definidas em uma região, e quanto mais classes, maior a geodiversidade; a frequência é o número de vezes que cada classe se repete e, por fim, a distribuição mostra o padrão espacial de acordo com a localização das classes no espaço geográfico.

O contato com diferentes bibliografias de pesquisadores de áreas geográficas distintas, com suas correntes filosóficas também distintas, nos leva a inferir que a geodiversidade é um conceito que ainda está sendo construído, sendo cada vez mais abrangente e condizente com a realidade vigente, tanto no âmbito das características naturais como no dos recursos tecnológicos disponíveis. Há uma preocupação em não se deixar os aspectos abióticos fora do conceito, buscando uma análise que seja integrada e considere os diferentes processos que dão origem a esses elementos naturais, independentemente da escala de análise. Esses processos, dadas as particularidades da época geológica em que vivemos, até mesmo com o possível estabelecimento do Antropoceno, destacam a espécie humana como um agente geológico que provoca grandes alterações no meio físico e na dinâmica natural do planeta Terra (Luz; Marçal, 2016).

Frente a essa riqueza conceitual, os autores definem geodiversidade como a diversidade relacionada à vertente abiótica da natureza, nas múltiplas dimensões que esses elementos podem alcançar. A diversidade evolui com o passar do tempo geológico, e sua mola propulsora da dinâmica terrestre são os processos naturais e, principalmente, nas últimas décadas, os processos antrópicos. Trata-se de uma geodiversidade que apresenta grande influência na manutenção do planeta, com diferentes valores, muitas vezes livres de seu aproveitamento direto pela espécie humana, uma geodiversidade que é, ao mesmo tempo, o palco em que todos os outros elementos (plantas, animais e homens) são atores com uma breve passagem, como o sistema natural, que responde por quase tudo o que existe e é fator fundamental na evolução e distribuição das espécies no decorrer do tempo geológico.

5.1.2 GEODIVERSIDADE E GEOCONSERVAÇÃO

A geodiversidade tem um vasto papel na manutenção do planeta Terra e, direta ou indiretamente, nas formas de vida que dependem dele. Essa importância traz uma necessidade de proteção, e, em 2004, Murray Gray, uma das referências nessa temática, atribuiu alguns valores no propósito de contribuir com o seu processo de valoração e valorização (Fig. 5.1).

A proposição desses valores foi uma iniciativa fundamental no desenvolvimento dos estudos sobre a geodiversidade, permitindo sua análise não só na ótica teórica como na quantitativa, reduzindo a subjetividade antes inerente a esse tipo de avaliação. Favoreceu também a conservação da geodiversidade por indicar áreas que se destacam das demais, uma vez que é inviável e, até mesmo, impossível protegê-la integralmente. Esses locais devem apresentar caráter de excepcionalidade, especialmente quanto aos valores científico e educativo, cultural e estético. Quando isso acontece, eles recebem o nome de geossítios, que se localizam em sítios específicos; ao conjunto de geossítios de um dado lugar, dá-se o nome de geopatrimônio ou patrimônio geológico (Gray, 2004; Brilha, 2005; Araújo, 2005; Carcavilla; Durán; López-Martínez, 2008; Nascimento; Ruchkys; Mantesso-Neto, 2008; Borba, 2011, Brilha, 2016).

O termo *geopatrimônio* ou *patrimônio geológico* pode ser considerado um conceito "guarda-chuva", pois abriga em sua concepção diferentes categorias de patrimônio relacionadas à vertente abiótica da natureza, como a geomorfológica, tectônica, paleontológica, hidrológica, entre outras. Sendo assim, frente às especificidades de cada estudo, é comum que os pesquisadores usem o termo *geomorfossítios* ao direcionarem os estudos ao patrimônio geomorfológico, por exemplo.

Bento e Rodrigues (2013) discorrem que, ao se valorar a geodiversidade com base nos valores propostos por Gray (2004) e estabelecer a criação dos geossítios ou geopatrimônio, inicia-se um processo de valorização que deve culminar com a conservação desses locais, denominada geoconservação.

A geodiversidade tem sido alvo de várias práticas de geoconservação, que a alcançaram de maneira indireta há muito tempo. As primeiras tentativas e implementações de UCs deram-se em áreas onde se buscava a proteção da paisagem, em geral, estimulada por aspectos ligados à singularidade da paisagem ou à preservação/conservação de espécies. Isso pode ser observado tanto internacionalmente quanto no Brasil, bastando apenas verificar

Valor intrínseco: é um valor subjetivo e não diz respeito à sua utilização pelo homem, é o valor de existência da geodiversidade.

Valor cultural: é o valor colocado pela sociedade devido ao seu significado cultural e comunitário, destacando a relação das sociedades ao longo do tempo com os elementos abióticos. Gray (2004) o subdivide em: Folclore, Arqueológico e histórico, Espiritual e Sentido de lugar.

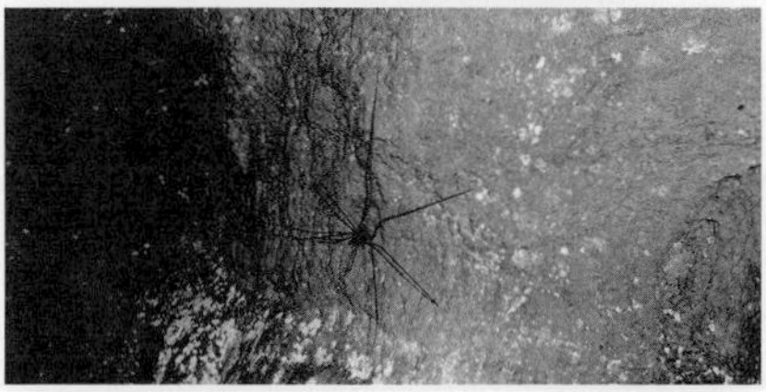

Valor funcional: associa-se à função ou serviço ambiental que a geodiversidade pode ter no seu contexto natural e como suporte dos serviços físicos e ecológicos. Exemplos: plataforma, armazegem e reciclagem, controle da poluição, química da água, saúde e funções de solo.

Valor estético: é um valor qualitativo dado à atratividade visual do ambiente físico, podendo ser aproveitado, indiretamente, por atividades de lazer e turismo. Subdividido em: Paisagens locais, Geoturismo e lazer, Inspiração artística.

Valor científico-educativo: ligados à importância da geodiversidade para a investigação científica e para a educação, sendo um laboratório para futuras pesquisas e para a evolução do conhecimentosobre o planeta e sua dinâmica.

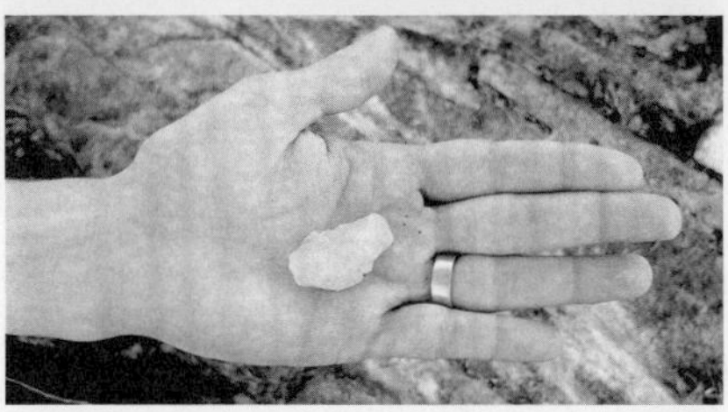

Valor econômico: é o mais comum e reconhecido e refere-se à possibilidade de aproveitamento econômico da geodiversidade, ou seja, dos seus recursos.

Fig. 5.1 *Síntese dos valores associados à geodiversidade*

Fonte: adaptado de Gray (2004), com fotos de Lilian Carla Moreira Bento tiradas em 2011 no Parque Estadual do Ibitipoca (MG).

as áreas e os contextos nos quais os Parques Nacionais foram criados, como o Parque Nacional de Yellostone (EUA) e o Parque Nacional de Itatiaia (Brasil), entre muitos outros.

A geoconservação deve ser considerada um processo contínuo, com base nas seguintes etapas: (a) inventariação (levantamento dos geossítios em toda a área estudada); (b) quantificação (cálculo efetuado por meio da valoração de cada geossítio, considerando-se os valores propostos por Gray (2004), além de outras informações, como uso, estado de conservação e acessibilidade, bem como a área e os objetivos do estudo, entre outros); (c) classificação (enquadramento legal do geossítio de acordo com a legislação vigente em cada local; no Brasil, como não existe uma legislação direcionada à geodiversidade, têm-se considerado as diretrizes do Snuc); (d) conservação (envolve estratégias voltadas aos geossítios que apresentaram alta vulnerabilidade); (e) valorização e divulgação (voltadas apenas aos geossítios de baixa vulnerabilidade, os quais podem ser aproveitados de maneira sustentável, como por meio do geoturismo); (f) monitoramento (etapa fundamental que deve ser constantemente retroalimentada por informações novas sobre os geossítios, permitindo quantificar a perda de sua relevância e rever as estratégias de conservação, valorização e divulgação adotadas) (Sharples, 2002; Gray, 2004; Brilha, 2005).

Essas etapas demandam metodologias pautadas em vasta bibliografia sobre a área que se pretende estudar e trabalhos de campo que esclareçam e complementem as informações secundárias, possibilitando o registro fotográfico e a localização geográfica dos geossítios, bem como a elaboração de mapas de geodiversidade e suas avaliações. Essas metodologias precisam integrar estudos teóricos e quantitativos, visando reduzir a subjetividade na avaliação, e os Sistemas de Informação Geográfica (SIGs) são uma alternativa recorrente nos dias atuais. A distribuição espacial da geodiversidade e a avaliação de seus valores pode ser cartografada, e a elaboração de cartas e mapas temáticos sobre geodiversidade é, portanto, um passo importante em estratégias de geoconservação.

5.2 Estudo da geodiversidade

A geodiversidade é um conceito relativamente recente e em construção; grande parte dos estudos sobre essa temática é do tipo teórico-qualitativo. O fundamento básico desses estudos qualitativos é a análise dos valores associados à geodiversidade. Se é dotada de tantos valores e importância, são prementes a melhoria e o aprofundamento das bases teóricas e metodológicas, para que se consiga criar medidas que assegurem sua conservação e, enfim, relacionem a teoria existente à realidade de um território, indicando os geossítios e o geopatrimônio local (Manosso; Ondicol, 2012).

Mas o que realmente significa um estudo da geodiversidade? Quais as premissas teórico-metodológicas que devem servir de linha-mestre? Sobre esses questionamentos, Urquí, Martinez e Valsero (2007) fazem duas considerações: primeiro, não existe um método padronizado nesse tipo de estudo; segundo, tendo em vista a variedade de conceitos existentes, o que for adotado no trabalho acabará refletindo nos resultados, dificultando, por vezes, estudos comparativos. A Cartografia da Geodiversidade surgiu nas últimas décadas como um importante meio para sanar tal subjetividade ou falta de padrão, trazendo uma abordagem mais ampla que permite espacializar e analisar a distribuição espacial da geodiversidade, em uma perspectiva que foge do aspecto meramente teórico e subjetivo, tal como será colocado adiante.

5.2.1 Cartografia da geodiversidade

A cartografia busca representar os fenômenos com base em uma apresentação bi ou tridimensional, quando se utilizam apenas os métodos tradicionais de execução dos procedimentos cartográficos, ou seja, a representação em papel. Os produtos gerados eram divididos em mapas e blocos de diagramas, que podiam ser coloridos ou não. Com base no desenvolvimento dos processos digitais de implementação cartográfica, os mapas e blocos de diagramas ganharam uma nova roupagem e podem ser manipulados em *softwares*, que permitem maior agilidade no processamento das informações, mas os procedimentos de implementação da informação cartográfica não se alteraram.

A representação gráfica da geodiversidade é considerada de grande complexidade por reunir grande multiplicidade de elementos; não se trata de espacializar uma única categoria, mas de integrar, em um único mapa, dados de naturezas diversas (tipos, escalas e resoluções), e as funções de análise espacial disponibilizadas nos SIGs são de suma importância (Silva et al., 2013; Forte, 2014).

O uso de ferramentas de processamento digital de imagens e geoprocessamento são os principais instrumentos utilizados para a elaboração de mapas de geodiversidade. A análise espacial no SIG faz uso de métodos quantitativos para comparar dados espaciais em formato vetor, ou seja, elementos que podem ser interpretados considerando-se a realidade geográfica por meio de pontos, linhas e polígonos, ou em formato *raster*, por meio de uma grade matricial com resolução proporcional ao tamanho das células, às quais se atribuem dados espaciais.

Isso posto, ainda hoje há basicamente três elementos de implementação cartográfica, a saber: pontos, linhas e polígonos. Esses elementos podem variar em cor, intensidade e espessura, e compor uma gama de atributos cartográficos que podem ser utilizados na representação espacial da geodiversidade ou na de seus elementos constituintes. Com base nessas ferramentas, geram-se muitos produtos ou tratados em *softwares* que permitem a análise de elementos componentes da geodiversidade. Geralmente, modelos digitais de elevação (MDE) são a base inicial para a formulação de produtos temáticos, enquanto algoritmos são utilizados para o tratamento geoestatístico ou produção de índices.

O termo *Cartografia da Geodiversidade* evoca duas possibilidades interpretativas relacionadas à sua aplicação. Uma é mais simplista e traz ao pé da letra o significado de cartografia como apenas o ato de se espacializar a geodiversidade; a outra é mais abrangente e concebe os avanços tecnológicos na área, englobando, além da representação gráfica, a capacidade de sua análise e tratamento estatístico por meio, por exemplo, de índices e modelagem.

Utilizando-se definições como as propostas por Sharples (1995) e Serrano e Ruiz-Flaño (2007a, 2007b), percebe-se que a geodiversidade é um fenômeno representável espacialmente e que os componentes que a definem variam espacialmente, ocupando a superfície terrestre e sendo passíveis de identificação e classificação. Serrano e Ruiz-Flaño (2007a, 2007b) apresentaram uma proposta de classificação da geodiversidade em quatro níveis distintos e que variam da escala das simples partículas constituintes do meio abiótico até a escala da paisagem. Nessa proposta, a escala de abordagem é essencial, pois a cada nível da subdivisão deve-se (caso haja possibilidade) associar escalas cartográficas específicas. Nos níveis hierárquicos superiores da proposta (elementos, locais e paisagem), a abordagem cartográfica é mais clara, enquanto elementos no nível das partículas elementares da geodiversidade (fluxos de energia, átomos, minerais, sedimentos etc.) não favorecem uma abordagem cartográfica.

Essa lógica também se aplica a locais onde a geodiversidade caracteriza-se como especial, como os geossítios, que também são passíveis de localização. Como possuem características espaciais específicas, esses fenômenos podem ser representados por meio de polígonos, linhas e pontos, compondo uma representação cartográfica complexa.

A representação cartográfica desses fenômenos depende de fatores como a disponibilidade de bases cartográficas, já que nem sempre é possível encontrá-las na escala de trabalho necessária à sua utilização em métodos próprios. Em virtude disso, muitos dos trabalhos utilizam-se de dados básicos provenientes de produtos de sensoriamento remoto, como imagens de satélite, imagens de radar e sistemas de varredura a *laser*, entre outros, nos quais a limitação resume-se à resolução espacial da imagem original, e não mais a uma escala específica, como as antigas bases vetoriais impressas ou geradas com base em uma interpretação de fotografias aéreas.

Metodologias para mapeamento da geodiversidade: estado da arte

Os estudos realizados para a elaboração da avaliação da geodiversidade, com ou sem aplicação de cartografia da geodiversidade, foram, em geral, realizados a partir dos anos 2000 e aplicados em diferentes países, abrangendo unidades espaciais diversas. Uma grande quantidade de estudos é realizada para unidades administrativas e bacias hidrográficas (Johansson; Andersen; Alapassi, 1999; Lima; Brilha; Salamuni, 2010; Erhartic˘; Zorn, 2012). Outros abrangem áreas de preservação, como parques nacionais (Zwolin´ski; Stachowiak, 2012; Na˘stase et al., 2012), UCs, geoparques, parques regionais e municipais (Melelli, 2014, Pereira; Ruchkys; Ondicol, 2013; Bento, 2014; Pellitero et al., 2011).

A representação espacial da geodiversidade conta inicialmente com a escolha do conceito a ser adotado, pois é ele que direcionará as variáveis passíveis de espacialização, as quais, além disso, devem ser condizentes com a realidade da área que se pretende estudar, dadas as especificidades naturais de cada uma. Manosso e Ondicol (2012) indicam alguns elementos da geodiversidade passíveis de espacialização e algumas possibilidades de subdivisão em classes, a saber: (a) geologia: formações, rochas, ambientes pretéritos, fósseis, densidade de lineamentos etc.; (b) solos: classes de solos; (c) geomorfologia: orientação de encosta, rugosidade, gradiente de relevo, formas de relevo, entre outras características que demandam do pesquisador conhecimento prévio e aprofundado da área que se pretende estudar, para que não se corra o risco de deixar algum aspecto de fora da análise.

Estabelecidos os elementos da geodiversidade a serem representados, inicia-se a etapa de mapeamentos temáticos. O mapa da geodiversidade é o mapa final obtido pela combinação de dados espaciais dos mapas temáticos, e isso pode ser feito com base em metodologias variadas e integradas, como a álgebra de mapas e a análise multicritério. A álgebra de mapas compreende um conjunto de técnicas de análise espacial, como reclassificação e sobreposição (*overlay*) dos dados, executadas em programas computacionais de análise espacial. A análise multicritério tem como função principal a atribuição de pesos que expressam a importância de cada classe das variáveis escolhidas na determinação do objeto de estudo (Barbosa, 1997; Cordeiro; Barbosa; Câmara, 2004; Santos, 2010), e, nesse caso, os dados espaciais precisam estar no formato *raster*. De maneira geral, pode-se dizer que os dados nesse formato são espacializados em uma matriz que pode ter diferentes formatos geográficos e é composta de células ou *pixels* de dimensões variáveis, de modo que cada célula está em uma posição e poderá estar associada a um atributo ou dado descritivo (Antunes, 2012; Pereira et al., 2013).

Os valores associados às variáveis da geodiversidade são distribuídos, portanto, ao longo da base cartográfica disposta nessa matriz composta de várias quadrículas, e, em cada uma delas, será realizada a somatória de cada classe dos elementos escolhidos. Inicialmente, obtém-se os valores para cada variável, e, posteriormente, sua somatória permitirá indicar os locais de maior ou menor geodiversidade. Na maior parte das vezes, os resultados são expressos em um intervalo de cinco classes: muito alto, alto, médio, baixo e muito baixo, determinando o índice de riqueza da geodiversidade.

No Brasil, alguns trabalhos foram realizados nessa perspectiva, como os de Arruda (2013), Pereira et al. (2013), Silva et al. (2013) e, mais recentemente, Santos et al. (2017), gerando resultados para vários Estados brasileiros, desde o sul até o norte. No trabalho de Arruda (2013), mostra-se a representação espacial da geodiversidade do município de Araripina (PE), realizada por meio da inventariação dos seguintes elementos: geologia, paleontologia, geomorfologia, recursos hídricos, solos e recursos minerais. Foi estabelecido um índice de geodiversidade com base na soma dos valores individuais dos elementos inventariados. O resultado é um mapa que sintetiza o conjunto de quadrículas sobrepostas, com o valor final aparecendo dentro de cada uma; obtiveram-se valores entre três e 18, subdivididos em um intervalo de cinco classes, da menor à maior geodiversidade.

Pereira et al. (2013) avaliaram a geodiversidade do Paraná seguindo esses mesmos procedimentos; segundo eles, esse foi o meio encontrado de se avaliar o maior número possível de elementos abióticos sem valorizar nenhum em detrimento de outro, como ocorre em algumas metodologias.

Silva et al. (2013) aplicaram esse método de avaliação quantitativa da geodiversidade à bacia de drenagem do Xingu (Amazônia), efetuando o mapeamento temático dos aspectos geológicos, geomorfológicos, pedológicos, paleontológicos e das ocorrências minerais. A particularidade desse estudo foi a categoria de análise usada, a bacia hidrográfica, em vez de uma UC, um município ou um Estado, como é típico nesse tipo de análise.

Santos (2016) apresenta a avaliação da geodiversidade por meio desses procedimentos, mas com um diferencial, que é a relação com a distribuição dos tipos de vegetação da área, avaliando-se a importância dos mapas de geodiversidade na relação com o meio biológico.

O índice de geodiversidade foi estabelecido com o intuito de possibilitar a representação espacial da geodiversidade de um determinado território, com base nos elementos constituintes escolhidos para sua composição. Diversos autores buscam aperfeiçoar os procedimentos para a elaboração de um índice de geodiversidade que permita apresentar as diferenciações espaciais; para isso, utilizam-se de mapeamentos já existentes ou mesmo produzem a informação básica necessária. Os resultados encontrados dependem fortemente da disponibilidade de informações básicas, da escala da documentação existente e do tratamento geoestatístico aplicado.

Serrano e Ruiz-Flaño (2007a, 2007b) apresentaram uma proposta de elaboração do índice de geodiversidade na qual sugerem que o índice representa a variabilidade de elementos físicos (geomorfológicos, hidrológicos e solos), bem como a rugosidade e a área superficial de unidades geomorfológicas previamente identificadas. O índice proposto é:

$$Gd = EgR / \ln S \tag{5.1}$$

em que Gd é o índice de geodiversidade, Eg é o número de elementos abióticos (geológicos, geomorfológicos, hidrológicos e pedológicos), R é o coeficiente de rugosidade, ln equivale ao logaritmo neperiano e S é a área da superfície.

Esses parâmetros são obtidos com base na avaliação de diferentes bases cartográficas. O parâmetro Eg é alcançado por meio do processo de contagem simples da quantidade de cada elemento utilizado, como os parâmetros geomorfológicos, pedológicos e hidrológicos. Já o coeficiente de rugosidade demonstra um conjunto de características morfológicas de uma área em análise e é obtido considerando-se a orientação, inclinação e exposição do terreno, pois estas afetam, por sua ordem, as características dos processos hidrológicos, do relevo e do solo.

O processo de avaliação e consequente obtenção do índice de geodiversidade gera um resultado em escala semiquantitativa, que depende das características de cada área de estudo e, logicamente, da variabilidade interna da geodiversidade dessa área. Na proposta original de Serrano e Ruiz-Flaño (2007a,b), propôs-se um recorte dos resultados e o estabelecimento de cinco classes de geodiversidade que envolvem os seguintes agrupamentos: muito baixa, baixa, média, alta e muita alta. A maioria dos estudos posteriores utiliza essa classificação; entretanto, existem possibilidades de um recorte em número maior ou menor de categorias.

Na literatura, o índice mais comum é o de Serrano e Ruiz-Flaño (2007a,b). As referências, após a proposta desses pesquisadores, englobam, na verdade, uma adaptação da fórmula criada por eles, tendo em vista as características naturais da área de estudo e os recursos computacionais existentes. Entre as principais modificações, está a retirada das variáveis *R* e *lnS*. Pereira, Ruchkys e Ondicol (2013) argumentam que isso ocorre porque *R* é uma variável empregada quando há variação no relevo e ocorrência de microclimas, mas que estatisticamente já foi comprovado que não existe essa correlação, e *lnS* é usada na redução do peso da área da superfície no cruzamento dos dados, quando as áreas são de tamanhos diferentes, o que não acontece quando se trabalha com dados no formato *raster*.

No Brasil, destacam-se dois trabalhos desenvolvidos nessa temática: o de Pereira (2013), cujo estudo foi realizado na Área de Proteção Ambiental sul da região metropolitana de Belo Horizonte (MG), e o de Manosso (2012), que analisou as potencialidades paisagísticas da região da Serra do Cadeado (PR).

Já no exterior, existe uma gama maior de exemplos a citar, e algumas usam a fórmula proposta por Serrano e Ruiz-Flaño (2007a,b) sem alterações significativas, como Pellitero et al. (2011), que aplicaram a metodologia ao Parque Nacional Gargantas de Rudron e Ebro (Espanha). Năstase et al. (2012) a utilizaram no Parque Natural da Montanha Maramures (Romênia), mas trazem uma inovação ao considerarem a análise de alguns elementos climáticos (temperatura e precipitação). Belgrado, na Sérvia, também teve sua geodiversidade avaliada nos moldes dessa metodologia por Ili et al. (2016); mais recentemente, Özşahin (2017) também a aplicou ao Monte Ganos (Turquia).

Alguns pesquisadores acabaram adaptando a equação de Serrano e Ruiz--Flaño (2007a,b); esse foi o caso de Hjort e Luoto (2010), no estudo das paisagens das altas latitudes no norte da Finlândia. Eles optaram, em virtude das características ambientais distintas da área de estudo, em não trabalhar com os solos nem com a rugosidade, mas mantiveram as demais variáveis. Nessa proposta, quatro etapas são necessárias para a obtenção do índice. Primeiro, faz-se a contagem total de elementos de cada unidade espacial, gerando o mapa de geodiversidade total. Em uma segunda fase, os elementos geomorfológicos são classificados em cada unidade de estudo, segundo sua gênese: fluvial, eólica, gravitacional, buscando-se, assim, indicar a variabilidade dos processos superficiais ocorrentes. Esses elementos são computados e se estabelece, com base em sua contagem total, o índice de processos geomórficos. O terceiro passo é a classificação das unidades, em virtude de sua temporalidade, ou seja, a idade de sua formação, estabelecida em termos cronológicos ou relativos, cujo resultado compõe a diversidade temporal. Ao final, o índice de geodiversidade é calculado usando a mesma proposta formulada por Serrano e Ruiz-Flaño (2007a,b), na qual o parâmetro *Eg* é representado pelo valor do índice de geodiversidade total para cada unidade de análise.

É possível encontrar alguns estudos com propostas diferenciadas, especialmente com relação às técnicas usadas. Hjort e Luoto (2012), na avaliação de três áreas da Finlândia – Rekijoki, Oulanka e Kevo –, sugerem a integração da modelagem espacial e a utilização de modelos de elevação digital. Esses autores argumentam que a previsão espacial, com base em estatísticas, abre novas possibilidades para explorar a geodiversidade em áreas extensas, logisticamente inacessíveis, e que o uso dos modelos de elevação é um instrumento de grande valia nesse intento.

Nesse sentido, alguns estudos, além de cartografar a geodiversidade, trazem uma alternativa ao índice de geodiversidade, como a apresentada por Zwoliński (2010). Esse autor propõe uma abordagem na qual a fragmentação da paisagem e a preservação de suas características naturais são levadas em consideração na proposição de um mapa de geodiversidade do terreno. Nessa proposta, assume-se que as formas da paisagem atual são reflexo dos contrastes hipsométricos (topográficos), do grau de fragmentação denudacional e tectônica do relevo, e no estado de preservação do relevo, como um efeito das mudanças provocadas pelas alterações da cobertura vegetal natural, isto é, considerando-se a pressão antrópica sobre a natureza. Os procedimentos operacionais para a elaboração desse mapa indicam a exigência de se estabelecer três mapas prévios, que atendem a uma proposição teórica: trata-se dos mapas de energia do relevo, de fragmentação do relevo e o de preservação contemporânea do relevo. Esses mapas são derivados, respectivamente, do tratamento de dados do modelo digital de elevação, da interpretação geomorfológica (ou de um mapa geomorfológico existente) e de um mapa de uso e cobertura da terra. Nessa proposta, a geodiversidade do relevo pode ser modelada em duas formas, uma dinâmica e outra estática:

$$GDLd = \frac{LE_{0\text{fi}\ N} + LF_{0\text{fi}\ N} + SP_{0\text{fi}\ N}}{T_{0\text{fi}\ N}} \tag{5.2}$$

ou

$$GDLs = \frac{LE_0 + LF_0 + SP_0}{T_0} \tag{5.3}$$

em que *GDLd* é a geodiversidade dinâmica do relevo, *GDLs* é a geodiversidade estática do relevo, *LE* é a elevação local ou relativa, *LF* é a fragmentação do relevo, *SP* é a situação de preservação do relevo atual (processos naturais *vs.* antrópicos), *T* é a evolução do relevo no tempo, $0 \rightarrow N$ é o número de observações/estágios de alteração do relevo, e 0 é a observação da situação momentânea do relevo.

Na Polônia, estudos realizados por Zwoliński e Stachowiak (2012) indicam as relações entre geodiversidade e geoturismo no Parque Nacional das Montanhas Tatra, onde a variabilidade da geodiversidade é visualizada por meio do mapa de índice de geodiversidade, enquanto as atrações geoturísticas são medidas pela existência de atrações turísticas que se encontram ao longo de trilhas. Esse estudo mostra que as áreas de maior geodiversidade cobrem 8,2% da área do Parque Nacional Tatra e estão localizadas em áreas próximas ao cume principal das montanhas. Na avaliação dos autores, esse resultado ocorre em virtude da variabilidade da geologia, da energia do relevo, das inclinações, da fragmentação do relevo e das cadeias geoecológicas existentes. A maioria das camadas temáticas analisadas classificou as cristas como mais geodiversas do que as áreas dos fundos de vale. Geralmente, as trilhas situadas nos fundos dos vales atravessam áreas de baixa geodiversidade; porém, do ponto de vista geoturístico, deve-se notar que as encostas e os cumes circundam o vale e são visualizados a partir dessas trilhas, o que aumenta a atratividade geoturística destas.

Em um estudo realizado por Melelli (2014) em Úmbria, região central da Itália, que abrange o Parque Regional do Monte Subásio, observou-se que os valores mais altos do índice de geodiversidade estão confinados a situações particulares topográficas e geomorfológicas, como as áreas onde ocorrem uma ação morfogenética intensa, caso de vales fluviais muito encaixados, os quais geram cânions e gargantas em situações geológicas complexas, ou locais onde se identificam geossítios específicos, como o topo da montanha, onde também ocorre uma macrodolina.

Pellitero et al. (2011) propôs um método diferente de apresentação do índice de geodiversidade. Os autores associaram uma avaliação da geodiversidade e da valoração de geomorfossítios, e os valores de geodiversidade foram calculados conforme a proposição de Serrano e Ruiz-Flaño (2007a,b), enquanto os valores associados a geomorfossítios específicos foram apresentados em formato pontual, usando-se um gráfico no formato circular, que representa proporcionalmente as notas atribuídas às qualificações de valor científico, valor de uso e valor adicionado. Esse mapa apresenta, desse modo, uma possibilidade, que não implica a obrigatoriedade de ocorrências e de correlação da ocorrência de um sítio de valor excepcional a uma classificação geral de geodiversidade.

Muitas das metodologias de avaliação pressupõem a obtenção de dados com base em dados primários, como o tratamento de bases geoespaciais (SRTM, imagens Landsat, imagens Google Earth etc.) ou de levantamentos cartográficos preexistentes, em variadas escalas e resoluções, em virtude da dimensão da área em estudo. O tratamento desses dados gera mapas de geodiversidade, geralmente divididos em classes. O Quadro 5.1 apresenta exemplos dessa abordagem, demonstrando a alta variabilidade de possibilidades e escolhas.

Os elementos específicos de cada estudo de mapeamento de geodiversidade dependem da variabilidade interna na área de estudo escolhida, bem como da geração de dados específicos. Temas como geologia, geomorfologia, solos e hidrografia em geral são utilizados. O Quadro 5.2 apresenta uma lista de temas e elementos que normalmente podem ser utilizados nesse tipo de estudo.

Exemplo prático

Buscando-se exemplificar a obtenção do mapa de índice de geodiversidade e as possibilidades de representação cartográfica, utilizou-se como área de estudo uma região do Parque Nacional da Serra da Canastra e seu entorno, localizados na porção centro-oeste de Minas Gerais. Nessa área encontra-se, segundo Chaves, Benitez e Andrade (2008), um dos geossítios mais importantes do Brasil: a Cachoeira Casca d'Anta (Fig. 5.2).

Quadro 5.1 Exemplificação da relação entre materiais utilizados, escalas, resolução espacial e produtos cartográficos em estudos de geodiversidade

Método de geração do mapa de geodiversidade	Bases utilizadas	Escala/ resolução	Quantidade de elementos	Classes descritas	Cartografia específica	Conceito de geodiversidade	Autoria
Álgebra de mapas e processamento numérico em SIG	Dados SRTM-3 e mapa geomorfológico e de uso da terra existentes	Regional/ 250 m	3	5	Sim	AHC (2002)	Zwolinski, Z. (2010)
Álgebra de mapas	Base de Dados Parque Nacional Tatra Mountains (Polônia)	1:50.000	11	5	Sim	Gray (2004)	Zwolinski e Stachowiak (2012)
Análise espacial em SIG. Álgebra de mapas	Bases cartográficas da CPRM	1:50.000	7	10	Sim	Sharples (1995)	Pereira et al. (2013)
Contagem de número de ocorrência interna a uma grade, interpolação de mapas	Bases temáticas IBGE, ANA e CPRM	1:250.000 a 1:2.500.000. *Grid* 25 km	5	5	Sim	Gray (2004)	Silva, J. P. et al (2013)
Contagem de número de ocorrência interna a uma grade, interpolação de mapas	Bases temáticas (vários autores)	*Grid* 25 km/ 25 km	5	5	Sim	Gray (2004)	Pereira, D. I. et al. (2013)
Contagem de número de ocorrência interna a uma grade	Imagens de satélite, mapa geológico 1:400.000; geodatabase para hidrografia; mapa de formação superficial. DEM	Mesoescala, grade 500 × 500 m	3	5	Sim	Gray (2004) e Serrano e Flaño (2007a, 2007b)	Hjort e Luoto (2010)
Modelagem aditiva generalizada (GAMs)	DEM, Sensoriamento Remoto	Mesoescala, grades de 500 e 1.000 m de lado	3	5	Sim	Gray (2004) e Serrano e Flaño (2007a, 2007b)	Hjort e Luoto (2012)
Contagem de número de ocorrência interna a uma grade, interpolação de mapas, tratamento estatístico analítico em SIG	DEM, mapas geológico e cobertura do solo	Grade de 25 × 25 m	3	3	Sim	Stanley (2002), Gray (2004) e Serrano e Flaño (2007a, 2007b)	Melelli (2014)

Quadro 5.2 Exemplos de temas e elementos que podem ser utilizados na elaboração do índice de geodiversidade

Tema	Elemento	Exemplos	Fonte
Geologia	Litologia	Granitos, gnaisses, arenitos, basaltos	Mapa litológico
	Estruturas	Falhas, lineamentos	Mapa estrutural
	Afloramentos	Naturais/antrópicos	Mapa geológico
Relevo	Declividade	Classes de declividade	DEM, cartas topográficas
	Rugosidade	Índice de rugosidade	DEM
	Altitude	Divisão de curvas de nível	DEM, cartas topográficas
	Sistemas morfogenéticos	Tipologias (fluvial, eólico, p etc.)	Mapa geomorfológico
Solos	Classe de solo	Latossolo, neossolo, argissolo	Mapa pedológico
	Profundidade	Metros	
Hidrologia	Declividade do canal	Classes	Cálculo
	Relação declividade/extensão	Índice	Cálculo
	Cachoeira	Divisões métrica/altitudes	Mapa topográfico
	Nascentes	Posicionamento/tipo	Mapa topográfico

Fig. 5.2 *Fotografia da Cachoeira Casca d'Anta, no Parque Nacional Serra da Canastra (MG) (foto tirada em 2017)*

Fonte: Silvio Carlos Rodrigues.

A metodologia utilizada nesse estudo baseia-se nas propostas apresentadas por Silva et al. (2013), Santos et al. (2017) e Pellitero et al. (2011), e foram produzidos dois mapas para a mesma área, com o intuito de se demonstrar que a informação pode ser apresentada em formatos diferenciados, com soluções cartográficas distintas e, portanto, diferentes possibilidades de visualização. Desse modo, um dos mapas é apresentado em formato *raster* e o outro, com tratamento de interpolação e apresentação em formato poligonal. Trata-se de uma metodologia simples e com fácil acesso em SIG.

Um dos problemas encontrados na elaboração do mapa, muito comum no Brasil, é a diferença de escalas nas bases utilizadas para a execução dos procedimentos que levam ao mapa final. Para a elaboração do mapa, foram utilizados seis temas: tipologia de rochas; tipologia de solos; curvas de nível com intervalo de 25 metros; posição das nascentes; posição de cachoeiras; e declividade do terreno. Para a avaliação desses temas, atribuíram-se notas de um (menor importância para a geodiversidade) a cinco (maior importância para geodiversidade); em casos de não existência do elemento no terreno, como os temas nascente e cachoeira, atribuiu-se valor zero.

A Fig. 5.3 exibe um exemplo de implantação cartográfica e simbologia associada aos mapeamentos de geodiversidade em formato *raster*, no qual cada célula apresenta um valor específico; para efeito de legenda, criaram-se classes de geodiversidade. Nesse caso, os valores de geodiversidade encontrados variaram de três a 22, sendo classificadas em cinco agrupamentos, a saber: < 4, classe muito baixa; de 4-7, classe baixa; 7-10, classe média; 10-17, classe alta; > 17, classe muito alta.

Com esse tipo de implantação cartográfica, verifica-se que as células individuais (*pixels*) podem ser identificadas, e se observa também a concentração ou dispersão de diferentes valores, como a associação dos mais altos valores encontrados na região das escarpas da Serra da Canastra e os menores valores nas porções mais baixas da área mapeada. O impacto de elementos pontuais, como nascentes e cachoeiras, mostra-se como forte influenciador no resultado final, pois sua ocorrência, sendo pontual, elimina da contagem a maior parte do terreno da área de estudo. Já elementos com abrangência areolar (litologia, solos, altitude e declividade) influenciam na dispersão dos resultados por todo o terreno estudado.

A Fig. 5.4 apresenta a mesma área, mas com um procedimento de interpolação da informação por meio da técnica inverso do quadrado da distância (IDW). Nesse caso, os polígonos gerados apresentam não o valor específico para cada ponto no mapa, mas uma projeção do valor de geodiversidade encontrado nos métodos de contagem, levando em consideração, também, a vizinhança de cada local. Esse método gera em sua representação cartográfica polígonos maiores e com indicação de zonas nas quais a geodiversidade deve ter maior representatividade. Pode-se obter uma boa avaliação desse tipo de representação com a superposição de geossítios conhecidos no mapa.

Esses resultados são exemplo das técnicas básicas que podem ser utilizadas na elaboração de mapas de geodiversidade. Procedimentos específicos, bem como disponibilização de material básico em escala adequada, tamanho da área a ser estudada e objetivos específicos de cada pesquisa, devem encaminhar os procedimentos de elaboração e apresentação dos mapas, buscando seu melhor aproveitamento.

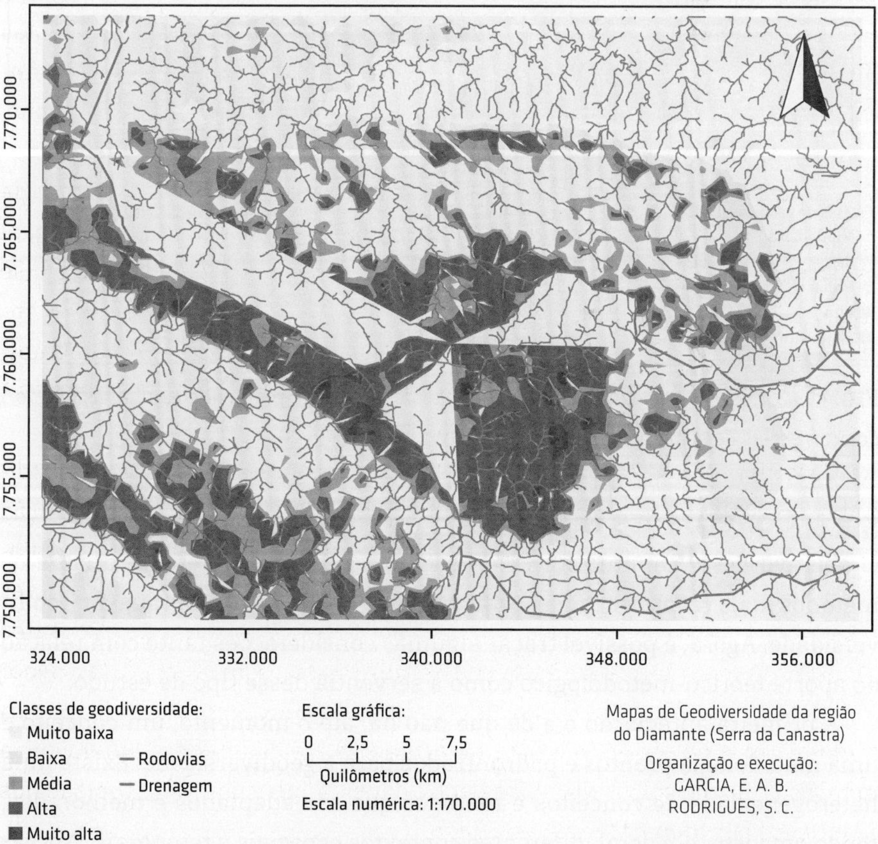

Fig. 5.3 *Classes de geodiversidade da região do Diamante, produzida com contagem de ocorrências de elementos*

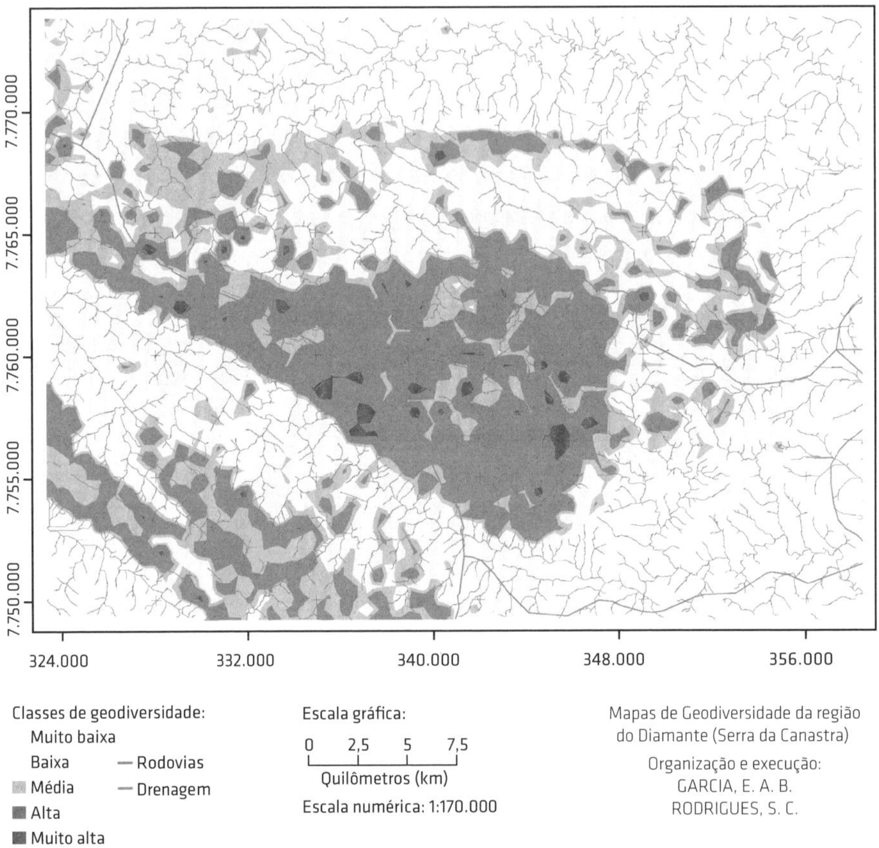

FIG. 5.4 *Classes de geodiversidade da região do Diamante produzida com interpolação de ocorrências de elementos, pelo método IDW*

5.3 CONCLUSÕES

O objetivo deste capítulo foi favorecer uma reflexão sobre as teorias e os métodos mais recorrentes na literatura relacionados à Cartografia da Geodiversidade. Agora, é possível traçar algumas considerações tanto com relação ao aporte teórico-metodológico como à serventia desse tipo de estudo.

A primeira apreciação é a de que não há, até o momento, um conceito e uma metodologia prontos e padronizados para a geodiversidade. Existe uma heterogeneidade de conceitos e métodos que são adaptados e melhorados, tendo em vista, em geral, diferentes contextos espaciais e temporais. Apesar dessa multiplicidade, há alguns pontos em comum relevantes a serem destacados, especialmente com relação às metodologias. A análise espacial é feita em programas de computador, e, na maioria das vezes, os dados são trabalhados no formato *raster*. As variáveis escolhidas dependem da área de estudo e da disponibilidade dos dados, e os valores alcançados devem ser sempre revistos, pois podem mudar com base em novas informações sobre o local. A perspectiva futura, visualizada em quase todos os trabalhos, é de que os resultados gerados sirvam de estímulo para a realização de novos estudos, contribuindo para a evolução teórico-metodológica da temática.

Os estudos voltados para a Cartografia da Geodiversidade, independentemente do caminho trilhado e da área de estudo, apresentam iminência de aplicabilidade em três principais setores inter-relacionados, a saber: (a) gestão territorial; (b) indicação de áreas prioritárias para a geoconservação; e (c) indicação de espaços com maior potencial para a prática do geoturismo (Silva et al., 2001; Garcia-Cortés; Carcavilla, 2009; Gray, 2011; Manosso, 2012; Manosso; Ondicol, 2012; Arruda, 2013; Pereira, 2013; Pereira, Ruchkys e Ondicol, 2013; Forte, 2014; Pereira; Ruchkys, 2016).

As possibilidades de uso podem ser utilizadas em diferentes escalas, pois, como a cartografia pode ser adaptada a diferentes recortes territoriais, ela pode ser realizada para estudos específicos, como uma UC, um geoparque, um município, uma bacia hidrográfica. Todavia, pode alcançar até mesmo perspectivas supranacionais, como no caso da Política Internacional de Geoparques, como indicado por Serrano e Ruiz-Flaño (2007b).

A inserção desse tipo de estudo na gestão territorial é um passo fundamental no reconhecimento e tratamento do meio ambiente de maneira integrada, desmistificando a imagem de um ambiente pela metade e no qual apenas os elementos bióticos teriam valor, o qual justificaria a conservação de áreas prioritárias. Até mesmo em alguns estudos brasileiros, esse tipo de metodologia mostrou que as áreas de maior geodiversidade estão justamente fora das UCs (Pereira, 2013). Essa realidade pode ser considerada uma comprovação de que os atuais estudos realizados para a concepção de áreas protegidas não estão incluindo a geodiversidade e, portanto, estão falhando em seu propósito de conservação ambiental.

Os locais que apresentam maiores índices de geodiversidade, desde que acompanhados de um processo de planejamento, podem ser aproveitados economicamente para o geoturismo. Por meio do geoturismo, estimula-se a conservação dessas áreas, pois essa atividade difunde, pela interpretação ambiental, o entendimento e a importância da geodiversidade. Nesse último caso, além da aplicabilidade ambiental, a Cartografia da Geodiversidade acaba sendo uma ferramenta que propicia geração de renda e desenvolvimento, indicando os geossítios e/ou o geopatrimônio próprios para a realização de geoturismo e para a criação de um novo conceito de gestão territorial: os geoparques.

Práticas de estímulo à utilização da Cartografia da Geodiversidade já são encontradas em diferentes países, sendo muito comuns propostas de utilização em planejamento. O exemplo de maior abrangência tem sido dado pelos britânicos, com o Plano de Ação da Geodiversidade do Reino Unido (UKGAP), que indica, entre outros, a demanda da realização de mapeamento da geodiversidade em escala de 1:50.000. No Brasil, o Serviço Geológico do Brasil (CPRM) tem se esforçado para a valorização e divulgação da geodiversidade. Entre suas principais ações, destaca-se a criação do Sigep e do Projeto Geoparques, bem como a realização de mapeamentos de geodiversidade, os quais apresentam um quadro geral das potencialidades relativas à existência de diferenciações de geodiversidade com base em aspectos de geologia, formas do relevo e hidrografia como áreas de interesse geoturístico.

Conclui-se, por fim, que a geodiversidade compreende uma vertente da natureza que possui diversos valores, e isso justifica o crescente número de trabalhos voltados a sua avaliação, além do esforço de algumas instituições, como a CPRM, em evidenciar e valorizar essa temática. Esses trabalhos, especialmente aqueles pautados na Cartografia da Geodiversidade, apresentam amplo potencial para aplicação em diferentes áreas do conhecimento, podendo culminar em uma série de benefícios ambientais, sociais e econômicos. O grande desafio é ultrapassar o potencial teórico de aplicação dessas metodologias, fazendo com que elas possam, de fato, ser implementadas pelos gestores públicos e inseridas nos estudos de planejamento e organização do território, por exemplo.

Referências bibliográficas

ANTUNES, A. F. B. *Iniciando em geoprocessamento*. São Paulo, 2012. Disponível em: <http://people.ufpr.br/~felipe/sig.pdf>. Acesso em: 27 maio 2017.

ALEXANDROWICZ, Z.; KOZLOWSKI, K. From selected geosites to geodiversity conservation. Polish example of modern framework. In: BARETTINO, D.; VALLEJO, M.; GALLEGO, E. (Ed.). *Towards the balanced management and conservation of the geological heritage in the new milenium*. Madri: Sociedad Geológica de España, 1999. p. 52-54.

ARAÚJO, E. L. S. *Geoturismo*: conceptualização, implementação e exemplo de aplicação ao Vale do Rio Douro no setor Porto-Pinhão. 2005. 219 f. Dissertação (Mestrado em Ciências do Ambiente) – Escola de Ciências, Universidade do Minho, Minho, 2005.

ARRUDA, K. E. C. *Geodiversidade do município de Araripina-PE, Nordeste do Brasil*. 2013. 176 f. Dissertação (Mestrado em Geociências) – Centro de Tecnologia e Geociências, Universidade Federal de Pernambuco, Recife, 2013.

BARBOSA, C. C. F. *Álgebra de mapas e suas aplicações em sensoriamento remoto e geoprocessamento*. 1997. 179 f. Dissertação (Mestrado em Sensoriamento Remoto) – Inpe, São José dos Campos, 1997.

BENTO, L. C. M. *Parque Estadual do Ibitipoca-MG*: potencial geoturístico e proposta de leitura do seu geopatrimônio por meio da interpretação ambiental. 2014. 185 f. Tese (Doutorado em Geografia) – Instituto de Geografia, Universidade Federal de Uberlândia, Uberlândia, 2014.

BENTO, L. C. M. *Potencial geoturístico das quedas d'água de Indianópolis*. 2010. 150 f. Dissertação (Mestrado em Geografia) – Instituto de Geografia, Universidade Federal de Uberlândia, Uberlândia, 2010.

BENTO, L. C. M.; RODRIGUES, S. C. Geoturismo em unidades de conservação. *Revista do Departamento de Geografia – USP*, São Paulo, v. 25, n. 2013, p. 77-97, 2013.

BORBA, A. W. Geodiversidade e geopatrimônio como bases para estratégias de geoconservação: conceitos, abordagens, métodos de avaliação e aplicabilidade no contexto do Rio Grande do Sul. *Pesquisas em Geociências*, Porto Alegre, v. 38, n. 1, p. 3-14, jan./abr. 2011.

BRILHA, J. *Patrimônio geológico e geoconservação*: a conservação da natureza na sua vertente geológica. Braga: Palimage, 2005.

BRILHA, J. Inventory and quantitative assessment of geosites and geodiversity sites: a review. *Geoheritage*, v. 8, n. 2, p. 119-34, 2016.

CARCAVILLA, L.; DURÁN, J. J.; LÓPEZ-MARTINEZ, J. Geodiversidad: concepto y relación con el patrimonio geológico. In: CONGRESSO GEOLÓGICO DE ESPAÑA, 7., 2008, Las Palmas de Gran Canaria. *Anais*... Las Palmas de Gran Canaria, 2008. p. 1299-1303.

CHAVES, M. L. S. C.; BENITEZ, L.; ANDRADE, K. W. *Cachoeira da Casca D'Anta, São Roque de Minas, MG*: berço do Velho Chico, o rio da integração nacional. Sigep – Comissão Brasileira de Sítios Geológicos e Paleobiológicos, 2008. Disponível em: <http://sigep.cprm.gov.br/sitio027/sitio027_impresso.pdf>. Acesso em: 10 maio 2017.

CORDEIRO, J. P.; BARBOSA, C. C. F.; CÂMARA, G. Álgebra de campos e objetos. In: DRUCK, S.; CARVALHO, M. S.; CÂMARA, G.; MONTEIRO, A. V. M. (Eds.). *Análise espacial de dados geográficos*. Brasília: EMBRAPA, 2004. p. 1-26. Disponível em: <http://www.dpi.inpe.br/gilberto/livro/introd/cap8-algebra.pdf>. Acesso em: 10 maio 2017.

CPRM. *Mapa geodiversidade do Brasil*. Escala 1:2.500.000. Legenda expandida. Brasília: CPRM / Serviço geológico do Brasil, 2006. 68 p. CD-ROM.

ERHARTIČ, B.; ZORN, M. Geodiversity and geomorphosite research in Slovenia. *Geografski Vestnik*, v. 84, n. 1, p. 51-63, 2012.

FORTE, J. P. *Avaliação quantitativa da geodiversidade*: desenvolvimento de instrumentos metodológicos com aplicação ao ordenamento do território. 2014. 347 f. Tese (Doutorado em Geologia) – Escola de Ciências, Universidade do Minho, Minho, 2014.

GARCÍA-CORTÉS, A.; URQUÍ, L. C. *Documento metodológico para la elaboración del inventario Español de lugares de interés geológico* (IELIG). Madri: IGME, 2009. Disponível em: <http://www.igme.es/internet/patrimonio/>. Acesso em: 23 mar. 2017.

GONZÁLEZ-TRUEBA, J. J. *El macizo central de los Picos de Europa*: geomorfologia y sus implicaciones geoecológicas en la alta Montaña Cantábrica. 2007. 819 f. Tese (Doutorado em Geografia) – Departamento de Geografia, Universidad de Cantábria, Santander, 2007.

GRAY, M. *Geodiversity*: valuing and conserving abiotic nature. Chichester/London: John Wiley and Sons, 2004.

GRAY, M. Geodiversity and geoconservation: what, why, and how? *Geodiversity & Geoconservation*, p. 4-12, 2005. Disponível em: <http://www.georgewright.org/223gray.pdf>. Acesso em: 7 fev. 2016.

GRAY, M. Other Nature: Geodiversity and geosystem services. *Environmental Conservation*, v. 38, p. 271-274, 2011.

HJORT, J.; LUOTO, M. Geodiversity of high-latitude landscapes in Northern Finland. *Geomorphology*, v. 115, n. 1-2, p. 109-116, 2010.

HJORT, J.; LUOTO, M. Can geodiversity be predicted from space? *Geomorphology*, v. 153-154, p. 74-80, 2012.

ILI, M. M. et al. Application of the geodiversity index for the assessment of geodiversity in urban areas: an example of the Belgrade city area, Serbia. *Geologia Croatica*, v. 69, n. 3, 2016.

JOHANSSON, C. E.; ANDERSEN, S.; ALAPASSI, M. Geodiversity in the Nordic countries. *ProGeo News*, n. 1, p. 1-9, 1999.

KOZLOWSKI, S. The concept and scope of geodiversity. *Przeglad Geologiczny*, v. 52, n. 8/2, p. 833-837, 2004.

LIMA, F. F.; BRILHA, J. B.; SALAMUNI, E. Inventorying geological heritage in large territories: a methodological proposal applied to Brazil. *Geoheritage*, v. 2, n. 3, p. 91-99, 2010.

LUZ, L. M.; MARÇAL, M. S. A perspectiva geográfica do Antropoceno. *Revista de Geografia*, Recife, v. 33, n. 2, p. 143-160, 2016.

MANOSSO, F. C. *Potencialidades da paisagem na região da Serra do Cadeado-PR*: abordagem metodológica das relações entre a estrutura geoecológica, a geodiversidade e o geoturismo. 2012. 183 f. Tese (Doutorado em Geografia, Análise Regional e Ambiental) – Centro de Ciências Humanas, Letras e Artes, Universidade Estadual de Maringá, Maringá, 2012.

MANOSSO, F. C.; ONDICOL, R. P. Geodiversidade: considerações sobre quantificação e avaliação da distribuição espacial. *Anuário do Instituto de Geociências – UFRJ*, Rio de Janeiro, v. 35, n. 1, p. 90-100, 2012.

MELELLI, L. Geodiversity: a new quantitative index for natural protected areas enhancement. *GeoJournal of Tourism and Geosites*, v. 13, n. 1, p. 27-37, 2014.

NASCIMENTO, M. A.; RUCHKYS, U. A.; MANTESSO NETO, V. *Geodiversidade, geoconservação e geoturismo*: trinômio importante para a proteção do patrimônio geológico. São Paulo: Sociedade Brasileira de Geologia, 2008.

NĂSTASE, M.; CUCULICI, R.; MURATOREANU, G.; GRIGORESCU, I.; DRAGOTA, C. S. A GIS-based assessment of geodiversity in the Maramures mountains natural park. a preliminary approach. In: EUROPEAN SCGIS CONFERENCE BEST PRACTICES: APPLICATION OF GIS TECHNOLOGIES FOR CONSERVATION OF NATURAL AND CULTURAL HERITAGE SITES, 1., 2012, Bulgaria. *Anais*... Bulgária: [s.n.], 2012, p. 17-22.

NIETO, L. M. Geodiversidad: propuesta de una definición integradora. *Boletín Geológico y Minero*, v. 112, n. 2, p. 3-12, 2001.

ÖZŞAHIN, E. Geodiversity assessment in the Ganos (Isıklar) Mount (NW Turkey). *Environmental Earth Sciences*, v. 76, n. 7, p. 271, 2017.

PELLITERO, R.; GONZÁLEZ-AMUCHASTEGUI, M. J.; RUIZ-FLAÑO, P.; SERRANO, E. Geodiversity and geomorphosite assessment applied to a natural protected area: the Ebro and Rudron Gorges natural park (Spain). *Geoheritage*, v. 3, n. 3, p. 163-174, 2011.

PEREIRA, E. O. *Modelagem da geodiversidade da Área de Proteção Ambiental Sul da região metropolitana de Belo Horizonte*. 2013. 94 f. Dissertação (Mestrado em Análise e Modelagem de sistemas ambientais) – Instituto de Geociências, Universidade Federal de Minas Gerais, Belo Horizonte, 2013.

PEREIRA, D. I.; PEREIRA, P.; BRILHA, J.; SANTOS, L. Geodiversity assessment of Paraná state (Brazil): an innovative approach. *Environmental Management*, v. 52, n. 3, p. 541-552, 2013.

PEREIRA, E. O.; RUCHKYS, Ú. A. Quantificação e análise da geodiversidade aplicada ao geoturismo na área de proteção ambiental sul da região metropolitana de Belo Horizonte, Minas Gerais. *Raega: O Espaço Geográfico em Análise*, Curitiba, v. 37, p. 207-226, 2016.

PEREIRA, E. O.; RUCHKYS, Ú. A.; ONDICOL, R. P. Modelagem da geodiversidade na área de proteção ambiental sul da região metropolitana de Belo Horizonte-MG. *Geonomos*, Belo Horizonte, v. 21, n. 2, p. 97-101, 2013.

SANTOS, D. S.; MANSUR, K. L.; GONÇALVES, J.; ARRUDA JR, E. R.; MANOSSO, F. C. Quantitative assessment of geodiversity and urban growth impacts in Armação dos Búzios, Rio de Janeiro, Brazil. *Applied Geography*, v. 85, p. 184-195, 2017.

SANTOS, A. A. *Geoprocessamento aplicado à identificação de áreas de fragilidade ambiental no Parque Estadual da Serra do Rola Moça*. 2010. 39 f. Monografia (Especialização em Geoprocessamento) – Instituto de Geociências, Universidade Federal de Minas Gerais, Belo Horizonte, 2010.

SANTOS, D. S. *Mapeamento da geodiversidade e relação com a biodiversidade no município de Armação dos Búzios, RJ*. 2016. 145 f. Dissertação (Mestrado em Geologia) – Instituto de Geociências, Universidade Federal do Rio de Janeiro, Rio de Janeiro, 2016.

SERRANO, E.; RUIZ-FLAÑO, P. Geodiversity: a theoretical and applied concept. *Geographica Helvetica*, v. 62, n. 3, p. 140-147, 2007a.

SERRANO, E.; RUIZ-FLAÑO, P. Geodiversity: concept, assessment and territorial application the case of Tiermes-Caracena (Soria). *Boletín de la A.G.E.*, v. 45, n. 2004, p. 389-394, 2007b.

SILVA, J. P. et al. Geodiversity assessment of the Xingu drainage basin. *Journal of Maps*, v. 9, p. 254-262, mar. 2013.

SHARPLES, C. Geoconservation in forest management: principles and procedures. *Taskforests*, v. 7, p. 37-50, dez. 1995.

SHARPLES, C. *Concepts and principles of geoconservation*. Tasmanian Parks & Wildlife Service website, 2002.

STANLEY, M. Geodiversity Strategy. *ProGeo News*, n.1, p.6-9, 2001. Disponível em <http://www.progeo.ngo/downloads/PROGEO_news_2001_1.pdf> Acesso em: 5 out. 2017.

UKGAP – UK GEODIVERSITY ACTION PLAN. [Homepage]. Disponível em: <http://www.ukgap.org.uk/>. Acesso em: 4 maio 2017.

URQUÍ, L. C.; MARTINEZ, J. L.; VALSERO, J. J. D. (Ed.). *Patrimonio geológico y geodiversidad*: investigación, gestión y relación con los espacios naturales protegidos. Madri: Instituto Geológico y Minero de España, 2007.

ZWOLIŃSKI, Z. The routine of landform geodiversity map design for the Polish Carpathian Mts. *Landform Analysis*, v. 11, p. 77-85, 2010.

ZWOLIŃSKI, Z.; STACHOWIAK, J. Geodiversity map of the Tatra National Park for geotourism. *Quaestiones Geographicae*, v. 31, n. 1, p. 99-107, 2012.

seis

Fósseis: importância econômica e social do patrimônio paleontológico

Ismar de Souza Carvalho

Os fósseis representam o registro de organismos preservados ao longo do tempo geológico, possibilitando o entendimento da história da vida no decorrer da existência da Terra. Podem possuir diferentes condições de preservação, desde fragmentos corporais a indivíduos completos de moneras, protozoários, fungos, plantas e animais. Além disso, incluem registros da atividade fisiológica, como pegadas, pistas, fezes e pedras gástricas.

Os eventos que conduzem à preservação de um organismo nas rochas são uma excepcionalidade no contexto dos ciclos de vida e morte nos ambientes naturais. Após a morte, a atuação de micro-organismos e oxidação da matéria orgânica levam à putrefação, decomposição dos restos carbonosos e ciclagem dos elementos químicos, com a reincorporação destes aos indivíduos vivos, por meio dos ciclos biogeoquímicos. Na fossilização, esse processo é interrompido, a matéria orgânica não se degrada por completo e o desaparecimento do registro da vida não se consolida. Possivelmente, esses aspectos fazem com que os fósseis tragam ao imaginário coletivo uma perplexidade e indagações sobre o próprio sentido da existência.

Um sequestro do mundo biológico e real. A transformação do temporário em perene e a perpetuação para sempre de seu registro no mundo da matéria. Os fósseis possibilitam, assim, questionamentos e reflexões acerca do tempo profundo, o qual transcende o tempo antropológico.

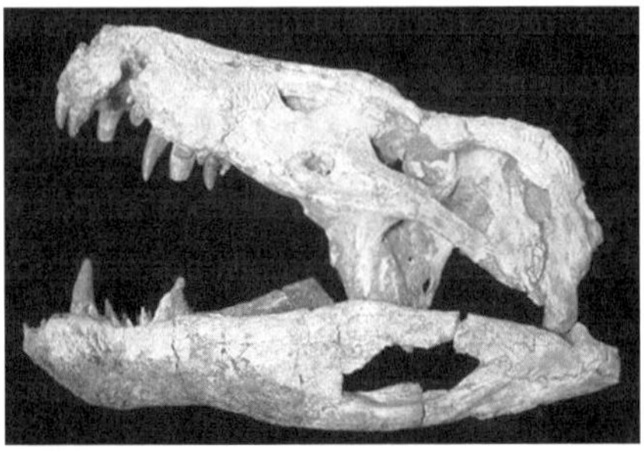

Fig. 6.1 *Fóssil do Crocodyliformes* Baurusuchus salgadoensis, *com 90 milhões de anos. Registro do passado da vida na Terra preservado nas rochas sedimentares da Bacia Bauru (General Salgado, SP)*

É desse contexto que advém o grande interesse público pela Paleontologia, ciência dedicada ao estudo dos fósseis (Fig. 6.1). A possibilidade de escapar do tempo presente e realizar viagens temporais por paisagens e mundos que não mais existem representa experiências únicas, que transformaram o conhecimento do passado da vida na Terra em um tema de grande interesse público, com enorme potencial para a identidade territorial, educação em ciência e atividades relacionadas à indústria cultural e do entretenimento.

Os fósseis têm, assim, um potencial que transcende sua relevância científica para o entendimento da história geológica da vida. Embutidos em seu crescente interesse popular, possuem um capital social e econômico capaz de transformar a economia e a realidade social das comunidades em que são encontrados.

6.1 Patrimônio paleontológico

O patrimônio paleontológico pode ser entendido como parte do patrimônio geológico de uma região e, portanto, como um elemento da geodiversidade, a qual compreende a variedade de ambientes geológicos, fenômenos e processos que atuam em paisagens, rochas, minerais, fósseis, solos e outros depósitos superficiais que compõem o substrato para a vida na Terra (Stanley, 2000; Thomas, 2016). Para García-Cortés e Carcavilla Urquí (2009), um dos aspectos do patrimônio geológico é sua importância para conhecer, estudar e interpretar a origem e a evolução da Terra, os processos que a modelaram, os climas e paisagens do passado e presente, bem como a origem e a evolução da vida.

Os fósseis, apesar de sua natureza geralmente mineral, possuem uma multiplicidade de significados e aplicações que não se limitam a ações do conhecimento científico ou educacionais. Uma de suas principais funções é o uso econômico direto, por meio da prospecção de recursos minerais, como o carvão ou hidrocarbonetos, em uma Paleontologia de caráter industrial, baseada essencialmente no uso de microfósseis e elementos da Paleopalinologia.

Há, porém, elementos do patrimônio paleontológico de maior apelo popular, os quais estão geralmente relacionados aos macrofósseis. Vertebrados, invertebrados e plantas quase sempre possuem apelo visual, rápida identificação por meio de analogias com espécies viventes e comparações relacionadas a tamanho e morfologia. Apesar de não serem efetivamente um resto orgânico preservado, as pegadas e pistas fósseis – os icnofósseis – também são elementos de interesse público, pois, mais do que o registro da morte de um indivíduo (o fóssil), são a perpetuação do momento de vida ao longo de seu caminhar sobre a Terra.

Com os fósseis, pode-se observar dois elementos importantes para a gestão de um território, indissociáveis do patrimônio paleontológico. O primeiro é a *identidade social*, em que o registro da vida, em um tempo de escala muito maior que a do tempo histórico, possibilita uma valorização do espaço geográfico e das comunidades ali existentes, reforçando o sentido de pertencimento. O segundo elemento é a *relevância econômica*, pois o interesse popular pela Paleontologia permite o desenvolvimento de atividades geradoras de empregos associados a uma indústria cultural.

A identidade social com os fósseis é um fenômeno relativamente recente, cuja origem está diretamente relacionada à difusão da Paleontologia por meio da televisão, do cinema e de publicações impressas e digitais. Inicialmente percebidos apenas como objetos de curiosidade, possuir um fóssil representa, mesmo que inconscientemente, possuir um tempo que não mais existe, é único e contém a ideia da exclusividade. Observa-se, assim, uma tendência de os fósseis serem entendidos como elementos do patrimônio cultural, em uma relação com a história de determinada região e das pessoas que ali vivem, mesmo que essa conexão direta não seja real. Outro elemento importante é o interesse despertado por indivíduos e grupos sociais sem vinculação com a comunidade, o qual conduz à valorização do próprio território. Mesmo quando não há grande interesse de uma comunidade nos fósseis existentes em seu território, o interesse de pesquisadores ou outros grupos externos a ela faz iniciar um interesse coletivo. Consolida-se, então, um ciclo de virtuosidade, no qual um patrimônio de origem natural ganha rapidamente identidade como patrimônio cultural e de importância social (Fig. 6.2).

No entanto, a relevância econômica sempre foi um elemento inerente aos fósseis na Paleontologia industrial. Desde o século XIX, a prospecção do carvão utilizou-se intensamente dos conhecimentos advindos dos estudos paleobotânicos. As plantas fósseis possibilitavam a definição tanto dos

FIG. 6.2 *Visita a uma escavação paleontológica durante a Semana dos Dinossauros, Museu dos Dinossauros, Uberaba (MG). As exposições e os eventos organizados no entorno do museu atraem visitantes para entenderem a origem, a evolução e a extinção dos dinossauros brasileiros*
Fonte: Luiz Carlos Borges Ribeiro.

intervalos temporais como dos contextos ambientais mais apropriados para sua descoberta. A demanda crescente por carvão, vinculada ao aumento da produtividade industrial no século XX, conduziu a um novo modelo, mais eficiente e abundante de energia, com base na extração de hidrocarbonetos. Novamente, os fósseis serviram como referência para a prospecção e descoberta de óleo e gás, por meio de complexos estudos bioestratigráficos que possibilitam o norteamento de áreas mais adequadas para a descoberta de campos petrolíferos. Porém, a relevância econômica não está mais restrita ao interesse da indústria da energia. A identidade social, trazida pelo interesse público pelos macrofósseis, possibilita o desenvolvimento de uma nova indústria, agora relacionada à cultura e ao entretenimento. A indústria cultural relaciona-se a museus, produção visual e setor terciário, por meio do turismo.

Nessa percepção contemporânea dos fósseis, em que se desenvolvem identidade social e relevância cultural e econômica, há uma mudança do significado tradicional destes como apenas parte do patrimônio geológico para uma dimensão mais ampla, e esses elementos passam a integrar o próprio patrimônio cultural. Tal aspecto é relevante, pois conduzirá a conflitos entre o que está estabelecido na legislação vigente sobre o patrimônio paleontológico e a prática cultural.

Na legislação brasileira, o patrimônio paleontológico é entendido como um bem mineral, por conseguinte, regido pelas diretrizes indicadas pelo Ministério das Minas e Energia, com a interveniência do Departamento da Produção Mineral. No Decreto-Lei nº 4.146, vigente desde 1942 e assinado por Getúlio Vargas, seu artigo primeiro indica que "os depósitos fossilíferos são propriedade da Nação, e, como tais, a extração de espécimes fósseis depende de autorização prévia e fiscalização do Departamento Nacional da Produção Mineral [...]". Essa atribuição é justificável considerando-se a associação dos fósseis à extração de recursos minerais, em especial quando relacionados a rochas sedimentares, como carbonatos (indústria cimenteira), carvão ou hidrocarbonetos (recursos energéticos).

Já na Constituição do Brasil de 1988, os artigos 20, 23 e 24 fazem o enquadramento dos fósseis como bens da União, indicando a responsabilidade do Estado na proteção e defesa desse patrimônio natural. O artigo 216, inciso V, considera que os sítios de valor paleontológico são constituintes do patrimônio cultural brasileiro. Essa legitimidade jurídica da relação entre patrimônio paleontológico e patrimônio cultural, tornando os fósseis elementos culturais, é também abordada por Wild (1988). Esse autor considera que os jazigos fossilíferos podem ser entendidos como "monumentos culturais" considerando-se a importância científica e o interesse público.

Todavia, o controle e entendimento jurídico acerca dos fósseis no Brasil ainda é atribuição do Departamento Nacional da Produção Mineral, atualmente por meio do sistema de Controle da Pesquisa Paleontológica (Copal). Esse sistema é uma plataforma de autorização eletrônica cujo objetivo é fornecer à comunidade científica um ambiente no qual se efetuam requerimentos de pesquisa paleontológica, envolvendo comunicação e autorização de extração de espécimes fósseis, bem como salvamento paleontológico. O Copal é produto das diretrizes previstas na portaria DNPM nº 542/2014, que estabelece os procedimentos para autorização e comunicação prévias para a extração de fósseis, nos termos do Decreto-Lei nº 4.146, de 4 de março de 1942. O sistema tem por função o controle das atividades de pesquisa em Paleontologia, salvaguardando a retirada de fósseis do país por meio da extração ilegal.

Observa-se, assim, que, mesmo havendo interesse público para que o patrimônio paleontológico seja entendido em uma perspectiva cultural, a diretriz política vigente mantém a função do fóssil como elemento utilitário no âmbito da indústria extrativa. Isso ocorre porque o fóssil é quase sempre um componente do material rochoso, utilizado como recurso mineral para a atividade industrial.

6.2 Patrimônio nos contextos geológico e *ex situ*

As definições mais conservadoras de patrimônio paleontológico (como parte integrante do patrimônio geológico) o consideram elementos que necessariamente devem estar contextualizados no campo, em afloramentos e jazigos fossilíferos, possibilitando, assim, seu reconhecimento como elementos quantificáveis da geodiversidade (Brilha, 2005). O fóssil, como elemento de interesse cultural, é, desse modo, dissociado de sua relevância como objeto patrimonial. Isso conduz a uma percepção equivocada da relevância menor de acervos científicos, em contextos museológicos, preservados *ex situ*.

A preservação *in situ*, porém, nem sempre é capaz de realizar uma preservação efetiva do patrimônio paleontológico. Obras de engenharia, extração mineral, expansão urbana e mesmo a ação do intemperismo e da erosão são agentes de transformação contínua do território e levam à destruição de afloramentos ricos em fósseis e até mesmo à perda completa de grandes jazigos fossilíferos.

Um tipo de registro fossilífero cuja preservação deve ocorrer preferencialmente *in situ* são aqueles que apresentam pegadas fósseis. A retirada de pegadas e pistas de seu contexto geológico diminui o impacto visual e a relevância das informações científicas que contêm. Porém, sua conservação não é simples (Fig. 6.3). Nyborg (2009) avaliou a preservação *in situ* de pegadas fósseis do Death Valley National Park (Califórnia, Estados Unidos) envolvendo a revisão dos métodos de conservação e ressaltando a importância da implementação de protocolos de preservação dos recursos paleontológicos no contexto *in situ*. Nesse estudo, são estabelecidos alguns procedimentos importantes para locais onde há pegadas fósseis, mas que podem ser utilizados também em outros contextos:

- avaliação da taxa de revolvimento superficial dos exemplares em cada localidade, por meio do número dos destruídos (perdidos) e dos novos expostos (incremento) na superfície;
- fotomonitoramento, que possibilita a documentação e um meio de avaliação da erosão e disruptura *in situ* dos recursos paleontológicos;
- replicagem, que seria a maneira mais viável de preservação das informações existentes *in situ*, executada com moldes.

Fig. 6.3 *Pegada do Vale dos Dinossauros, Sousa (PB). A preservação* in situ *das pegadas fósseis possibilita o entendimento do contexto ambiental em que foram formadas. Um momento da vida de animais que não existem na Terra há milhões de anos*

No estudo realizado por García-Ortiz, Fuertes-Gutiérrez e Fernández-Martínez (2014) para as localidades icnofossilíferas de La Rioja, na Espanha, também existe a preocupação com o desenvolvimento de uma metodologia que defina os indicadores de alteração, os quais identificam os processos que causam a degradação e possibilitam que modificações sejam monitoradas no decorrer do tempo.

Porém, mesmo se adotando os protocolos de Nyborg (2009) e de García-Ortiz, Fuertes-Gutiérrez e Fernández-Martínez (2014) para o contexto *in situ* dos fósseis, não há garantia de sua preservação, já que podem eventualmente ser perdidos pela erosão natural e ação biológica (incluindo a atividade antrópica). Um fator importante de ameaça é a própria atividade de pesquisa pelos geocientistas, como ressalta Butler (2015). Para a solução desse problema, Mansur et al. (2013, p. 153) afirmam que, antes da realização da coleta de material em trabalhos de campo é preciso que

> a distribuição e o modo de ocorrência das concentrações fossilíferas e de outros elementos da geodiversidade sejam avaliados de acordo com as peculiaridades dos depósitos e os objetivos dos estudos, a fim de se evitar a retirada excessiva de material *in situ* dos geossítios.

A preservação *ex situ* conduz necessariamente à retirada do fóssil de seu contexto geológico para uma nova realidade, a das coleções científicas e exposições museológicas, as quais não representam efetivamente a realidade original. Esse aspecto é de importância crucial para o entendimento das diferenças entre a preservação *in situ* (ou seja, no próprio afloramento) ou *ex situ* (em acervos científicos). Conforme destacado por Loureiro (2012), os objetos *ex situ*, apesar de não refletirem ou espelharem a realidade, são capazes de recriá-las, por meio de novas significações. Os acervos científicos resultam, assim, de um reducionismo da natureza, já que inexiste a possibilidade de se transportar um lugar. Isso conduziria a uma seleção dos elementos considerados relevantes, que, reunidos e combinados, preencheriam a ausência de uma realidade, impossível de ser reconstruída totalmente. Porém, como ressaltado por Mansur et al. (2013), o ambiente de uma coleção representa uma área de segurança, pois o acervo pode ser mais facilmente registrado, documentado e sofrer intervenções para manutenção de sua integridade e acondicionamento adequado (Fig. 6.4).

Boonchai, Grote e Jintasakul (2009) destacam a intrínseca relação entre esses tipos de patrimônio em estudo sobre os principais jazigos fossilíferos da Tailândia. Os autores indicam que os parques paleontológicos e museus regionais e locais têm importante papel na preservação do patrimônio fossilífero.

FIG. 6.4 *Coleção de macrofósseis do Departamento de Geologia da UFRJ. Cerca de 15 mil fósseis do Brasil e exterior são adequadamente acondicionados em ambiente controlado, possibilitando a integridade dos fósseis e a segurança para o registro patrimonial*

No caso das coleções (preservação *ex situ*), esta transcende apenas a preservação e guarda dos fósseis, mas possibilitam, com os parques, a educação pública sobre o valor dos fósseis e o estímulo no desejo de proteção. Além disso, atuam como centros de colaboração internacional na pesquisa e conservação. Esse aspecto é importante, pois, como avaliado por Renaud (2002), no atual mundo digital, possuir um objeto pode ser de pouca importância, já que este pode estar até mesmo ameaçado de desaparecer – a não ser que seja parte de um processo de troca, comercial ou simbólica. Em ambos os casos, o mais importante é a visibilidade desse objeto, a maneira com que essa visibilidade ocorre e é administrada, e a maneira por meio da qual é possível utilizá-lo.

Há, assim, um falso dilema no melhor método de preservação e, mesmo, na utilização dos patrimônios paleontológicos *in situ* e *ex situ*. A preservação *in situ* possibilita a contextualização geológica e a imersão no mundo real em que os fósseis se encontram. Já a preservação *ex situ* é uma garantia de que parte dessa realidade tenha um tempo de existência maior e seja acessível a um público mais amplo. Elas se complementam e possibilitam a definição de diretrizes para a utilização dos fósseis como elementos do desenvolvimento econômico e do papel que possuem para o interesse público.

6.3 *Geoparks* e *paleoparks*: heranças da história da Terra

Há dois conceitos principais com relação às possibilidades de preservação do patrimônio paleontológico: o de *geopark*, definido pela Unesco, e o de *paleopark*, estabelecido pela International Paleontological Association (IPA). Em ambos os casos, indicam-se as estratégias que possibilitam a preservação do patrimônio paleontológico e as ações para a melhoria econômica e social de uma região.

6.3.1 *Geoparks*

A proposição inicial dos *geoparks* foi apresentada pela Unesco, a partir de 1997, como ação de geoconservação do patrimônio geológico (Nascimento; Ruchkys; Mantesso-Neto, 2008). Durante a 29° Conferência Geral da Unesco, houve diretrizes para se estabelecer uma rede global de geossítios com feições geológicas especiais, promovendo a geoconservação e o patrimônio geológico. A Divisão de Ciências da Terra da Unesco realizou, assim, ações coordenadas em áreas de teste no período de 1996 a 1998 e sediou encontros internacionais em Paris, em 1997, 1998 e 1999, e Nairobi, em 1999.

Esses encontros deram as diretrizes para atividades futuras da conservação do patrimônio geológico e para o programa de geoparques. Em virtude do reconhecimento do valor da herança geológica e da necessidade de popularização do conhecimento da história da Terra, houve a recomendação de que a Unesco definisse um programa de geoparques para estimular esforços nacionais e internacionais de geoconservação. Essa iniciativa deveria promover o reconhecimento internacional de exemplos importantes do patrimônio geológico e reforçar a proteção desses locais, estimulando o desenvolvimento sustentável tanto em países desenvolvidos como naqueles em desenvolvimento.

Assim, com base nessas recomendações, o programa de geoparques deveria constituir uma atividade complementar do Programa de Correlação Geológica Internacional (International Geological Correlation Programme – IGCP), que tinha como foco principal as pesquisas em ciências da Terra. Tratava-se de uma resposta direta à Declaração dos Direitos da Memória da Terra, assinada por especialistas de mais de 30 países em Digne, na França, em 1991. O Programa Geoparques resultava do interesse específico de instituições geológicas e de geocientistas em possibilitar ações mais efetivas nas iniciativas para a conservação da natureza. Desde o início do programa, o Brasil demonstrou grande interesse nessa iniciativa, como ressaltado no relatório da sessão 156 de 15 de abril de 1999 da Unesco. Desse modo, com esse programa, foram possíveis os mecanismos de reconhecimento e suporte para locais de especial relevância geológica, raridade ou beleza, como atividade complementar à Convenção Mundial do Patrimônio e a Rede Global de Reservas da Biosfera. Além disso, a preservação do patrimônio cultural e o desenvolvimento sustentável deveriam ser considerados, visando a educação ambiental, geração de empregos e novas atividades econômicas, incluindo o geoturismo e os geoprodutos (artesanato com conotação geológica). Para a aprovação como *geopark* da Unesco, as autoridades de cada país deveriam submeter uma proposta que contemplasse tais atividades (Unesco, 1999).

Desse modo, um *geopark*, segundo a Unesco (2018), é uma área geográfica bem delimitada, onde os locais e paisagens são de relevância geológica internacional, gerenciados com uma concepção holística de proteção, educação e desenvolvimento sustentável. O patrimônio geológico é utilizado em conexão com outros aspectos do patrimônio natural e cultural existentes na área, para aumentar a conscientização e o entendimento de aspectos sociais relevantes, como o uso sustentável dos recursos naturais, a mitigação dos efeitos das mudanças climáticas e a redução de desastres naturais. O conceito de *geopark* aumenta, assim, a conscientização acerca da importância do patrimônio geológico, aumentando o senso de orgulho das comunidades em que os *geoparks* são estabelecidos e reforçando a identidade com o local.

No Brasil, o único *geopark* oficialmente reconhecido pela Unesco encontra-se no Ceará (Fig. 6.5). Trata-se do *geopark* Araripe, reconhecido por sua relevância paleontológica. Porém, por iniciativa da CPRM, Serviço Geológico do Brasil e com base na experiência anterior do Sigep, houve o caráter indutor na proposição de novas áreas com potencial para futuros geoparques, com uma publicação específica no tema (Schobbenhaus; Silva, 2012). Então, o uso do termo *geoparque* deu-se de modo distinto do *geopark* no sentido originalmente proposto pela Unesco (Onary-Alves et al., 2015).

Para a obtenção do selo *geopark*, conforme ressaltado por Onary-Alves et al. (2015), deve-se obedecer a uma série de critérios estabelecidos por diretrizes específicas, sujeitas a avaliação e consentimento da Unesco. Em seguida, ocorrerá sua inclusão na GGN, com avaliação quadrianual, podendo ocorrer sua exclusão da rede mundial caso não tenha alcançado suas metas. No caso do Brasil, o termo tem sido utilizado de maneira mais ampla, sob a chancela da CPRM (Projeto Geoparques do Serviço Geológico do Brasil), essencialmente como um indutor na criação de *geoparks* no Brasil, pois "tem como

Fig. 6.5 Geopark *Araripe, o único das Américas reconhecido pela Unesco. Sua área possui aproximadamente 5.000 km^2 no limite entre Ceará com Pernambuco, Piauí e Paraíba*

premissa básica identificação, levantamento, descrição, inventário, diagnóstico e ampla divulgação de áreas com potencial para futuros geoparques no território nacional" (Schobbenhaus; Silva, 2009, p. 202). Entretanto, há uma tendência de que, por meio de uma associação recente entre a CPRM e o Instituto Chico Mendes de Conservação da Biodiversidade (ICMBio), seja criado um Fórum de Geoparques no Brasil, conforme notícias vinculadas pela CPRM, em que as candidaturas brasileiras deverão passar por esse fórum para posteriormente serem encaminhadas à Unesco; espera-se, ainda, a criação de uma rede brasileira de geoparques (Kátia Leite Mansur, informação pessoal, 2017), conforme existe em outros países, como Alemanha e China.

6.3.2 PALEOPARKS

Existe, de maneira global, um rápido desaparecimento dos jazigos fossilíferos. Isso se relaciona a atividades antrópicas, como expansão urbana, industrialização, vandalismo, comercialização de fósseis e mesmo retirada em larga escala para a pesquisa científica. Como meio de preservação específico para áreas e afloramentos relevantes do ponto de vista paleontológico, têm-se os *paleoparks*.

Esse conceito foi desenvolvido pela IPA durante o 30° Congresso Geológico Internacional em 1996, na China. Diferentemente dos *geoparks*, a IPA é a instituição responsável pelo cadastramento dos jazigos fossilíferos passíveis de serem considerados *paleoparks*, que podem ser locais já preservados ou não, independentemente de seu tamanho ou inclusão prévia a outras áreas preservadas.

Um *paleopark* deve ser um sítio paleontológico relevante, e, dentre as diretrizes estabelecidas pela IPA (http://www.ipa-assoc.org/PaleoParks/goals.html; Lipps, 2009) para essa iniciativa, estão:

* o desenvolvimento de ferramentas organizacionais e de comunicação para a preservação global e de proteção dos jazigos fossilíferos. Para isso, depósitos paleontológicos importantes devem ser identificados em campo, definidos como de significado local, nacional ou internacional. Estes também podem ser elementos de importância para paleontólogos (como os fósseis vivos, estromatólitos e esteiras microbianas);
* identificação e organização de todos os *paleoparks* globalmente em uma base de dados, incluindo áreas já estabelecidas como *geoparks* ou com fósseis importantes, mas especialmente as novas, ainda não designadas. A base de dados deve incluir os elementos de identificação,

valor histórico e turístico, mas também as condições e os objetivos para a preservação e conservação, além dos problemas identificados no local, mesmo que já estabelecidos anteriormente. A base de dados deve estar disponível somente *on-line*, com senhas para uso;

- apoio a atividades com supervisão de especialistas e ação para preservar e conservar jazigos importantes em nível privado, local estadual, nacional ou internacional;
- identificação e resposta a problemas em jazigos ameaçados, com a opinião de especialistas;
- auxílio no desenvolvimento dos usos educacional, de pesquisa e recreacional. Alguns *paleoparks* podem ter as três funções, enquanto outros devem ser preservados somente para pesquisa ou educação. Cada jazigo será avaliado por especialistas;
- fornecimento de informação geral para autoridades acerca dos jazigos fossilíferos onde o depósito se encontra;
- disponibilização de listas com jazigos fossilíferos nos quais há atividades educacionais ou recreacionais supervisionadas. Estas devem ser *on-line* e não ter senha para acesso. Os jazigos incluídos devem estar propriamente protegidos, oficialmente designados e divulgados;
- promoção de um centro de informações associado a um jazigo específico para o público em geral e organizações educacionais;
- identificação e fornecimento de literatura sobre os jazigos fossilíferos, que pode incluir informações científicas, recreacionais, dos aspectos legais ou administrativas;
- fornecimento de um banco de imagens relacionados aos *paleoparks* para uso de todos os participantes.

A criação de *paleoparks* é importante, pois a preservação do patrimônio paleontológico quase sempre se relaciona aos fósseis existentes no acervo de museus. Porém, isso representa apenas uma parte do patrimônio (*ex situ*) fossilífero. As localidades onde os fósseis são encontrados proveem informações que transcendem os espécimes preservados em um museu, como as características das rochas, estruturas sedimentares, arquitetura dos depósitos, continuidade das camadas e dados para técnicas de estudo futuras, mesmo que ainda não disponíveis. Além disso, a preservação de afloramentos, jazigos ou, mesmo, de amplas áreas apresenta valores que vão além da pesquisa científica, incluindo educação, recreação, turismo e arte.

Vários jazigos fossilíferos importantes já se encontram protegidos e conservados por meio de legislação específica ou como parques e reservas naturais. Em todos esses casos, o conceito de *paleoparks* pode ser aplicado, fazendo com que sejam incluídos em uma base de dados para uso público (Lipps, 2009).

Pagès (2009) apresenta um bom exemplo da integração de um *geopark* com um *paleopark*. O *geopark* Haute-Provence, localizado no sudeste da França, possui uma ampla área rural de patrimônio geológico protegida. As rochas dessa região têm um excelente conteúdo fossilífero que abrange desde o período Triássico ao Pleistoceno, e, em virtude da grande quantidade de sítios paleontológicos, tanto o *geopark* pode receber a designação de *paleopark* como também os sítios paleontológicos de modo individual. Isso capitaliza seus valores educacionais e para pesquisa. O estudo patrimonial de Salt Range, no Paquistão, apresentado por Sameeni (2009), também considera que os esforços de conservação e valorização patrimonial demandam ações de proteção direta em campo, denominando, assim, a região de Salt Range como um museu de campo de Geologia e Paleontologia, o que possibilitaria destacar em campo a relevância das feições geológicas e paleontológicas ali existentes.

Outro tipo de *paleopark* a ser considerado é aquele existente próximo a grandes núcleos urbanos. Goldstein (2009) exemplifica uma situação pouco comum de *paleopark* em Indiana e Kentucky, nos Estados Unidos. Trata-se de um jazigo de corais devonianos em uma área metropolitana, com população de um milhão de habitantes. Com a criação de um parque de caráter estadual (The Falls of the Ohio State Park), foram possíveis ações de preservação, conservação, uso educacional e difusão científica. Em virtude da proximidade com a área urbana, existe uma grande visitação, reforçada com um programa de eventos que inclui palestras, feiras e vendas de produtos de interesse geológico e paleontológico.

Um aspecto importante do patrimônio, tanto geológico como paleontológico, é que sua utilização deve ocorrer em condições de conservação em longo prazo. Isso pode representar um fator de desenvolvimento em áreas rurais por meio do ecoturismo, com a participação das comunidades locais. Todavia, é necessário conhecer o potencial de tais recursos patrimoniais para que sejam avaliados individualmente, em especial com relação ao seu potencial interpretativo. Como bem ressaltado por Gaitán Morán e Álvarez Arellano (2009), o patrimônio deve ser identificado, caracterizado e interpretado, ressaltando aqueles que possuem elementos potenciais como atração turística. Designar e preparar itinerários temáticos é outro ponto importante na promoção do turismo em diferentes núcleos populacionais e seus arredores, com a estruturação de uma cartografia em uma escala apropriada dos locais selecionados e o oferecimento de quantos itinerários temáticos alternativos forem possíveis. Isso possibilita a expansão do conhecimento público acerca da origem e dos processos que fazem o patrimônio de sua região importante e reforçam a identidade e a relação da população local e dos visitantes com o patrimônio, pelo qual alguns são os responsáveis e outros dele desfrutam.

De acordo com Gaitán Morán e Álvarez Arellano (2009), deve-se encorajar a construção de museus comunitários, nos quais os materiais geológicos e paleontológicos da localidade são exibidos e preservados, bem como implementar um programa de treinamento de guias-intérpretes para membros da comunidade, onde os itinerários temáticos são estabelecidos.

6.4 A diversidade do patrimônio paleontológico brasileiro

Os fósseis são encontrados preferencialmente nas regiões sedimentares, em pelo menos 70% do território brasileiro, as quais são designadas como bacias sedimentares. As principais são as do São Francisco, Paraná, Parnaíba, Amazonas, Acre, Parecis, Bauru, interior do Nordeste (como Araripe e rio do Peixe), marginais atlânticas (Campos, Santos, Recôncavo, Sergipe-Alagoas, Potiguar, São Luís) e as do rifte do Sudeste (Volta Redonda, Resende, Taubaté, São Paulo). Abrangem um intervalo temporal desde o Proterozoico até o recente (Fig. 6.6). Apesar de possuírem histórias distintas, em todas são encontrados fósseis que possibilitam o entendimento das transformações da vida na Terra no decorrer do tempo geológico.

Em nossas bacias sedimentares, encontram-se jazigos fossilíferos que fornecem informações sobre as formas de vida mais primitivas, como as do Ediacariano (600 milhões de anos, Proterozoico de Mato Grosso do Sul), as ingressões marinhas há 380 milhões de anos durante o Devoniano (invertebrados fósseis das bacias do Paraná, Parnaíba e Amazonas), a diversificação da flora e da fauna terrestre há 100 milhões de anos, no decorrer da evolução do supercontinente de Gondwana (bacias do Araripe e rio do Peixe), ou sobre os grandes eventos de extinção do Quaternário, com o desaparecimento da megafauna de mamíferos.

Entre os principais jazigos fossilíferos brasileiros, têm-se: a Grande Floresta Petrificada Permiana do Brasil Central (TO), a Floresta Petrificada de

Fig. 6.6 *Estromatólitos do Proterozoico, na Fazenda Arrecife (Várzea Nova, BA). Um dos mais antigos registros da vida no Brasil representado pelas rochas estromatolíticas oriundas da ação de cianobactérias, formadas há 600 milhões de anos*

Mata (RS), os répteis do Triássico (RS), os estromatólitos da Fazenda Arrecife (BA), os dinossauros de Uberaba (MG), a Chapada do Araripe (CE), o Vale dos Dinossauros (PB), os répteis de Monte Alto e General Salgado (SP), a paleobiota de Taubaté (SP), os invertebrados do Devoniano (PR e PI), os invertebrados do Cretáceo marinho (SE e AL), a biota de Ediacara (MS), a Ilha do Cajual (MA), os mamíferos de São José de Itaboraí (RJ), a megafauna do Neógeno da Amazônia (AC e AM), os fósseis marinhos de Pirabas (PA), a megafauna de grutas calcárias (MG, BA e MT) e a megafauna da Serra da Capivara (PI).

6.5 Patrimônio paleontológico e desenvolvimento econômico no Brasil

O conjunto de recursos patrimoniais de origem geológica, sejam rochas, fósseis ou mesmo os cenários geomorfológicos, possibilita o incentivo de atividades turísticas, culturais e científicas. A utilização dos macrofósseis como mecanismo para o desenvolvimento econômico no Brasil ocorre especialmente em regiões que têm utilizado o conceito de *geopark* como estratégia de gestão territorial. Assim, há o *geopark* Araripe, o geoparque Uberaba, o Monumento Natural Vale dos Dinossauros, o Parque Nacional Serra da Capivara e a Floresta Petrificada de Mata. Deve-se também destacar ações de preservação patrimonial *ex situ* fora dos grandes centros urbanos, que têm realizado ações educativas e de difusão da ciência, como o Museu de História Natural de Taubaté (SP), o Museu de Paleontologia Antônio Celso Arruda (Monte Alto, SP), o Museu de Paleontologia Plácido Cidade Nuvens de Santana do Cariri (CE), a Coleção de Paleontologia da Universidade Federal do Acre (Rio Branco, AC) (Fig. 6.7) e o Centro de Pesquisa de História Natural e Arqueologia do Maranhão (São Luís, MA). Outras regiões do país, com importantes acervos paleontológicos, podem ser encontradas em Carvalho e Da-Rosa (2008).

Fig. 6.7 *Coleção de Paleontologia da Universidade Federal do Acre (Ufac), importante patrimônio paleontológico* ex situ *representativo da megafauna do Neógeno da Amazônia*

O interesse educacional e turístico por alguns de nossos sítios paleontológicos indica, segundo Carvalho (1992) e Carvalho e Da-Rosa (2008), a importância dos fósseis para a reativação econômica de regiões pouco industrializadas. Localidades ricas em jazigos fossilíferos podem ser transformadas em parques municipais, com a construção de museus locais. Em muitos casos, observa-se que a população local se envolve na confecção de artesanato, em atividades de hotelaria, alimentação e como guias geoturísticos com base nas descobertas de fósseis.

A seguir, apresentam-se alguns exemplos de estratégias de geoconservação, nas quais os fósseis são elementos de destaque para o uso no desenvolvimento regional.

6.5.1 Geopark Araripe

O conceito de *geopark* surgiu a partir de um programa da Divisão de Ciências da Terra da Unesco visando à geoconservação de áreas de excepcional interesse para o conhecimento da história da Terra. Criou-se, então, a GGN. Trata-se de territórios de importância científica, ambiental, paisagística e cultural, em virtude da importância de seus valores geológicos, paleontológicos, arqueológicos, ecológicos e culturais. No caso desse *geopark*, o único da América do Sul, sua área está essencialmente limitada pela porção cearense da Bacia do Araripe, compreendendo aproximadamente 5.000 km^2, no limite entre Ceará com Pernambuco, Piauí e Paraíba (Costa Filho, 2008).

A Bacia do Araripe é multi-histórica, com uma área de cerca de 12.000 km^2, cujos depósitos relacionam-se especialmente com os primeiros estágios de evolução do Oceano Atlântico.

As sucessões sedimentares de maior relevância internacional possuem quantidade e qualidade de preservação de seus fósseis, que a transformaram em um dos principais depósitos fossilíferos do mundo (Fig. 6.8). A diversidade de fósseis representa um aspecto importante para o reconhecimento do *geopark* Araripe. Em suas rochas carbonáticas de 110 milhões de anos, são encontradas as primeiras plantas com flores e uma profusão de invertebrados e vertebrados fósseis. Deve-se dar destaque para os insetos, peixes, pterossauros e dinossauros, por vezes com seus tecidos moles ainda preservados.

FIG. 6.8 *Floresta Petrificada do* geopark *Araripe. Troncos permineralizados de coníferas, árvores comuns durante a era Mesozoica, são encontrados em uma grande área do município de Missão Velha (CE). Registram um momento da evolução das plantas há 150 milhões de anos*

Outro fator importante em termos geológicos é o registro das primeiras ingressões marinhas que deram posteriormente origem ao Oceano Atlântico e que compreendem os maiores depósitos de gesso do Brasil. Esse recurso mineral é explorado industrialmente e possui influência na economia nacional.

As sucessões sedimentares que compõem a Bacia do Araripe, além de registrarem um momento de grandes transformações ambientais no planeta, determinam atualmente a distribuição de aquíferos e a qualidade dos solos, aspectos importantes e definidores do modo de vida da população dessa região e de elementos culturais únicos.

A ocupação desse território, desde os povos indígenas cariris e, posteriormente, por europeus, resulta em uma grande diversidade de manifestações populares, por meio da arte e da religiosidade. A disponibilidade de recursos hídricos torna a região densamente povoada, com uma grande rede de cidades no sul do Ceará e com excelente oferta de serviços educacionais, comerciais, recreacionais e de transporte (Costa Filho, 2008).

O estabelecimento do *geopark* Araripe catalisa uma série de esforços voltados ao desenvolvimento regional, oferecendo diretrizes para a gestão do território, a preservação dos recursos naturais e a utilização da memória geológica como uma dos meios de identidade da população que ali vive. O número estimado de visitantes em 2016, em nove geossítios, foi de 84.500 turistas (Francisco Idalécio de Freitas, informação pessoal, 2017). Por meio do Museu de Paleontologia de Santana do Cariri (Universidade Regional do Cariri), direcionam-se muitos dos esforços voltados à educação patrimonial e à difusão das Geociências, e, em 2016, a visitação contabilizada esteve em 28.161 visitantes. Todavia, conforme ressaltado por Bétard et al. (2017), apesar de esse *geopark* ter como destaque seu patrimônio paleontológico, a geodiversidade da região abrange também a geomorfodiversidade, a pedodiversidade e a hidrodiversidade, todas sob forte ameaça de degradação. Isso gera a necessidade premente de soluções relacionadas à geoeducação e a conscientização entre a população de localidades rurais e autoridades municipais para a necessidade de uma planificação de ocupação do território.

6.5.2 Geoparque Uberaba

Para dar continuidade aos trabalhos de investigação científica executados por Llewellyn Price entre as décadas de 1940 a 1970, a prefeitura de Uberaba iniciou, em 1991, a implantação do Centro de Pesquisas Paleontológicas Llewellyn Ivor Price. Sediado no bairro de Peirópolis, a 25 km de Uberaba (MG), suas instalações ocupam a antiga estação ferroviária e um complexo de laboratórios e centro cultural, que abrigam alojamento de pesquisadores, laboratórios, reserva técnica, administração e ainda o museu paleontológico mais conhecido como Museu dos Dinossauros (Fig. 6.9). O Centro Price e o museu integram hoje a Universidade Federal do Triângulo Mineiro (UFTM) e possuem um dos principais acervos paleontológicos do Brasil, que registra a diversidade da biota terrestre do Cretáceo Superior (cerca de 70 milhões de anos).

Desde sua implantação, o Centro Price tem norteado suas ações a fim de atender a três objetivos básicos: proteger os fósseis e depósitos fossilíferos; incentivar, apoiar e realizar pesquisas geopaleontológicas; e divulgar conhecimentos. Para agilizar os trabalhos e possibilitar a ampliação do acervo fóssil, a instituição possui equipes de escavações, com coletas sistemáticas anuais por seis meses, únicas nesse gênero no Brasil. Entre as ações desenvolvidas no âmbito da pesquisa, as escavações sistemáticas levadas a cabo todos os anos são, na verdade, um grande diferencial da instituição em relação a outras localidades no país (Ribeiro; Carvalho, 2007; Ribeiro et al., 2012).

O geoparque Uberaba encontra-se na Bacia Bauru, área sedimentar cujos depósitos se originaram da sedimentação de rios e lagos temporários durante o Cretáceo Superior, no intervalo temporal de 80 a 66 milhões de anos.

FIG. 6.9 *Complexo Cultural de Peirópolis, Uberaba (MG). As instalações pertencentes à UFTM compreendem o Centro de Pesquisas Paleontológicas Llewellyn Ivor Price e o Museu dos Dinossauros, onde a pesquisa científica e a popularização da ciência contam a história da diversidade da biota terrestre no território brasileiro*

A área total do geoparque envolve todo o município de Uberaba, totalizando 4.540,51 km² (Ribeiro et al., 2012). Até o momento, foram selecionados seis geossítios (Ponte Alta, Caieira, Santa Rita, Univerdecidade, Serra da Galga e Vale Encantado) e dois sítios não geológicos (Peirópolis e Museu da Cal). A diversidade de fósseis encontrada na região abrange microfósseis, invertebrados e vertebrados, com especial destaque aos dinossauros saurópodes e terópodes (Fig. 6.10).

As atividades de pesquisa, educacionais e de políticas públicas desenvolvidas no âmbito do geoparque Uberaba deram um novo significado aos fósseis, transcendendo até mesmo a importância científica. São elementos imprescindíveis na revitalização sócio-econômico-cultural das comunidades locais e exemplo a ser implantado em regiões com importantes jazimentos fossilíferos, mas que apresentam sérios problemas de extravio e comercialização de fósseis (Ribeiro; Carvalho, 2007; Ribeiro; Carvalho; Macedo Neto, 2016).

Apesar de não ser formalmente um *geopark*, inserido na GGN da Unesco, o geoparque Uberaba encontra-se cadastrado na Comissão de Sítios Geológicos e Paleontológicos do Brasil e inserido no Programa Geoparques da CPRM, contemplando todos os quesitos para ser incluído na GGN. Os estudos de Ribeiro et al. (2012) e Ribeiro, Carvalho e Macedo Neto (2015) demonstraram a

Fig. 6.10 *Fósseis do acervo do Museu dos Dinossauros, patrimônio paleontológico que registra os ecossistemas terrestres na região de Uberaba (MG) há 70 milhões de anos*

potencialidade da região de Uberaba como um *geopark*, indicando as características relevantes de seus fósseis, as condições de acesso à região e o potencial para várias atividades econômicas regionais. Em 2016, na área-sede do geoparque Uberaba, havia o emprego direto de 50 funcionários e outros 30 de maneira indireta em pousadas, restaurantes e outros estabelecimentos comerciais. A visitação estimada no Museu dos Dinossauros foi de 57 mil visitantes (Luiz Carlos Borges Ribeiro, informação pessoal, 2017).

6.5.3 Monumento Natural Vale dos Dinossauros

Sousa e Uiraúna-Brejo das Freiras são duas bacias cretácicas da região do rio do Peixe que possuem uma grande quantidade de pegadas de dinossauros. Essas bacias estão localizadas no oeste da Paraíba, e suas origens relacionam-se aos movimentos de falhas transcorrentes ao longo de lineamentos preexistentes do embasamento, durante a abertura do Oceano Atlântico (Carvalho, 2000; Carvalho, 2001; Carvalho; Leonardi, 1992). A relevância paleontológica-geológica das bacias de Sousa e Uiraúna-Brejo das Freiras é a abundância em icnofaunas dinossaurianas. Já foram identificados e mapeados 22 sítios icnofossilíferos, e foram reconhecidas 296 pistas de grandes terópodes; 29 de pequenos terópodes; 42 de saurópodes; dois de ornitísquios quadrúpedes; 28 de ornitópodes graviportais; um conjunto de pegadas batracopódidas; uma impressão lacertoide; um grande número de pegadas não classificáveis; e muitas pistas de seminatação atribuídas a quelônios. Ao todo, já foi classificado um número superior a 395 indivíduos dinossaurianos (Leonardi; Carvalho, 2002).

A área mais importante de distribuição de pegadas fósseis, localizada em Passagem das Pedras (Fazenda Ilha), no município de Sousa, é atualmente um parque com 40 hectares (Fig. 6.11), com infraestrutura turística e guias treinados para o turismo ecológico e para a proteção do sítio icnofossilífero. Em 20 de dezembro de 1992, por meio de um Decreto-Lei Estadual (Decreto nº 14.833, de 20 de dezembro de 1992, publicado no Diário Oficial do Estado da Paraíba), essa localidade icnofossilífera foi tombada como Monumento Natural e designada como *Monumento Natural Vale dos Dinossauros*.

No Monumento Natural Vale dos Dinossauros, ocorre um bom exemplo da integração de preservação *in situ* com ações de preservação *ex situ*. Foram feitas intervenções na localidade de Passagem das Pedras, com o desvio parcial do rio do Peixe e o plantio de vegetação nativa nas bordas do canal e áreas adjacentes a esse rio, diminuindo processos erosivos e favorecendo a

FIG. 6.11 *Pegadas fósseis do Monumento Natural Vale dos Dinossauros em Sousa (PB). As pegadas fósseis distribuem-se em uma superfície de argilito com gretas de ressecamento. Além de indicarem um momento de vida dos dinossauros que passaram pelo local, possibilitam a interpretação das condições paleoclimáticas como de um ambiente quente e seco*

construção de passarelas, as quais evitam o acesso direto do público sobre as pegadas. No caso das ações de preservação *ex situ*, foi edificado um Centro de Recepção com 222 m^2 de área, o qual serve para o direcionamento inicial do visitante e possui uma exposição com dioramas e painéis temáticos, fósseis e icnofósseis, sala de vídeo, centro de documentação, biblioteca, sanitários e administração (Fig. 6.12).

Atualmente, algumas das áreas de ocorrência de pegadas fósseis na Bacia de Sousa fazem parte do cadastro na Comissão de Sítios Geológicos e Paleontológicos do Brasil e estão inseridas no Programa Geoparques da CPRM, que busca a valorização do patrimônio geológico brasileiro. Porém, como demonstrado por Santos et al. (2016), essas áreas fossilíferas têm sofrido fortes ameaças naturais e antrópicas, e estão sob alto risco de degradação. Por essas razões, com base na qualidade dos sítios paleontológicos, a região atualmente tem pouco potencial para se tornar um *geopark* (*sensu* Unesco).

FIG. 6.12 *Centro Receptivo do Monumento Natural Vale dos Dinossauros. Fósseis, pegadas e painéis temáticos explicam a história geológica do interior da Paraíba e os eventos que ali ocorreram há 140 milhões de anos*

6.5.4 PARQUE NACIONAL SERRA DA CAPIVARA

O Parque Nacional Serra da Capivara foi criado em 5 de junho de 1979, por meio do Decreto n° 83.548 publicado no Diário Oficial da União em 6 de junho de 1979. Sua criação baseou-se nas características ambientais da região, culturais e de incentivo ao turismo. Localiza-se nos municípios de São Raimundo Nonato, João Costa, Coronel José Dias e Canto do Buruti (PI), abrangendo uma área de 129.953 hectares. Os aspectos ambientais mais importantes são os relacionados à fauna e à flora peculiares de uma área semiárida e às características geológicas e geomorfológicas. No contexto cultural, o grande número de sítios arqueológicos foi determinante, indicando a presença mais antiga do homem nas Américas (entre 50 mil e 60 mil anos antes do presente), e, finalmente, as características turísticas, que, face ao impacto visual dos cenários ambientais, possuem um excelente potencial para o turismo ecológico (Parque Nacional da Serra da Capivara, 1988). Trata-se de um parque de grande relevância do ponto de vista geológico, geomorfológico, paleontológico e arqueológico, tendo sido declarado como Patrimônio Mundial da Humanidade pela Unesco em 1991 em razão de seu valor cultural (Guidon; Pessis; Martin, 2009).

A excepcionalidade do Parque Nacional Serra da Capivara está em aspectos únicos no contexto do semiárido do Nordeste, com flora e fauna características da Caatinga e de fatores ambientais, culturais, ecológicos e arqueológicos, únicos para o território brasileiro (Fig. 6.13). Alguns dos aspectos interpretativos possíveis de serem realizados nas rochas existentes na área do parque indicam desde eventos glaciais (Siluriano), ingressões marinhas (Devoniano) e mudanças ambientais no limite Pleistoceno-Holoceno. Tais fatores possibilitam que o Parque Nacional Serra da Capivara seja um polo de desenvolvimento, com base em suas riquezas naturais e de interesse internacional (Barros et al., 2007).

A área do parque situa-se na Bacia do Parnaíba, abrangendo rochas do embasamento Proterozoico e sucessões sedimentares do Siluriano e Devoniano. Nas áreas sedimentares, ocorrem afloramentos de arenitos e conglomerados (formações Itaim e Ipu), os quais possuem, muitas vezes, registros arqueológicos representados por pinturas e gravuras rupestres. Em rochas carbonáticas do embasamento (Formação Barra Bonita), ocorrem grutas de dissolução, nas quais há fósseis da megafauna pleistocênica. Estes também são encontrados em regiões de coberturas quaternárias, como paleolagoas.

FIG. 6.13 *A beleza cênica do Parque Nacional da Serra da Capivara está entre os elementos de excepcionalidade para sua indicação a geoparque pela CPRM*

Alguns dos fósseis do Parque Nacional Serra da Capivara incluem espécies ainda viventes (como peixes, anfíbios, tartarugas, jacarés, coelhos e morcegos) e outras já extintas e que compunham a megafauna. Nesse último caso, admite-se que os eventos de extinção estariam relacionados às mudanças ambientais ocorridas no limite Pleistoceno-Holoceno e aos eventos glaciais no Hemisfério Norte. Os fósseis são variados, abrangendo mais de 30 espécies, e são encontrados mastodontes, cavalos, preguiças gigantes, paleolhamas, tigres-dente-de-sabre e muitos outros elementos da megafauna, que possivelmente coabitaram a região com os primeiros grupos humanos há pelo menos 50 mil anos (Fig. 6.14).

A região onde se localiza o Parque Nacional Serra da Capivara possui poucos recursos hídricos, o que a torna extremamente vulnerável nos períodos de seca. As diretrizes estabelecidas pela fundação gestora do parque, a Fundação Museu do Homem Americano (Fumdham), possibilitaram a criação de inúmeras ações voltadas ao desenvolvimento do turismo, além de uma preocupação com a preservação patrimonial e a geração de empregos em atividades sustentáveis. Têm-se, assim, inúmeros empreendimentos em hotelaria, artesanato (como a Cerâmica Serra da Capivara), criação de um museu (Museu do Homem Americano) e geração de condições para o estabelecimento de uma universidade pública (Universidade Federal Vale do São Francisco – Univasf). Essa foi a estratégia definida como meio de

Fig. 6.14 *Pinturas rupestres em escarpas de rochas no Parque Nacional da Serra da Capivara. Alguns dos elementos representados assemelham-se a espécies da megafauna, o que, com os fósseis encontrados na região, seria um indicativo de que os antigos povos dessa região conviveram no mesmo ambiente durante o limite Pleistoceno-Holoceno*

preservação dos atrativos do parque e para realizar o desenvolvimento regional (Buco, 2013).

Também no caso do Parque Nacional Serra da Capivara há uma proposta no contexto do cadastrado na CPRM, para que se classifique como um geoparque (Barros et al., 2007). A proposição embasa-se na diversidade da megafauna fóssil; na geologia regional, com indicações relevantes da evolução tectônica da Plataforma Sul-Americana; nos depósitos sedimentares da Bacia do Parnaíba e em aspectos geomorfológicos; nos relevos cársticos e nos fósseis ali existentes; e nas evidências de mudanças ambientais durante o Quaternário. Em 2016, contabilizaram-se 20 mil visitantes no Parque Nacional Serra da Capivara (Rosa Trakalo, informação pessoal, 2017).

6.5.5 Floresta Petrificada de Mata

Localizada no Rio Grande do Sul (Bacia do Paraná, formações Santa Maria, Caturrita e Arenito Mata), a Floresta Petrificada de Mata é um dos mais importantes sítios paleobotânicos da América do Sul, inserida no contexto das mudanças climáticas iniciadas na passagem mesoneotriássica (Sommer; Scherer, 2000).

Nos municípios de São Pedro do Sul e Mata, locais de grande ocorrência de troncos fósseis, há atualmente Leis Orgânicas Municipais e Legislações Complementares que possibilitam a preservação e a proteção aos fósseis, instituindo a obrigatoriedade do ensino da matéria nas escolas municipais (Minello, 1995).

Os fósseis são principalmente coníferas, grupo vegetal bastante comum durante toda a era Mesozoica. O trabalho pioneiro de educação patrimonial foi realizado pelo Padre Daniel Cargnin, com a exposição pública em praças e jardins de troncos permineralizados, na sede municipal de Mata. Tal fato possibilitou a restrição, a partir dos anos 1990, da exploração dos troncos fósseis, os quais, antes, eram utilizados especialmente como pedras ornamentais e para o artesanato. Algumas localidades na sede municipal de Mata são icônicas das estratégias de conscientização pública acerca da relevância do patrimônio paleontológico e dos esforços visando a sua preservação e utilização no setor do turismo. Uma delas é a Praça Santo Brugalli, onde estão expostos troncos e raízes fósseis. Em outros logradouros públicos, como a Praça Martimiano Eggres da Costa ou as calçadas da Praça Matriz, há troncos de grandes proporções, como o de uma gimnosperma com 11 metros de comprimento e cerca de 15 toneladas, além de calçadas pavimentadas com troncos. Os fósseis, espalhados por toda a cidade, têm importante função educativa e de resgate da identidade local. A cidade de Mata também é a única do país a dispor de um "Jardim Paleobotânico". Resultante de um convênio entre a prefeitura municipal da cidade e a Universidade Federal de Santa Maria (UFSM), espalha-se por uma área de 36.000 m^2, estando nele preservados inúmeros fósseis de vegetais para as futuras gerações (Carmo et al., 2010; Família Cristã, 1990).

Também no município São Pedro do Sul, com a ação de Walter Ilha, foi desenvolvido um ato de preservação que postulava uma conscientização da população, com uso dos meios de comunicação locais e estaduais e ações judiciais contra depredadores, até o ano de seu falecimento, em 1987 (Minello, 1995).

Atualmente, além da exposição pública em ruas e praças, há um museu local, o Museu Guido Borgomanero, que possui um acervo diversificado de fósseis da região e realiza ações de preservação patrimonial *ex situ*.

6.6 Patrimônio paleontológico: diretrizes para o desenvolvimento econômico e social

A relevância da preservação do patrimônio geológico é bem enfatizada por Brilha (2002), pois clima, geomorfologia, biodiversidade e mesmo patrimônio cultural são dependentes da geologia. Os fósseis, como um dos elementos desse patrimônio, possibilitam sua utilização para consolidar áreas protegidas, favorecendo diferentes tipos de uso, como o educacional, científico e/ou recreacional.

Os mecanismos de conscientização para a importância do patrimônio paleontológico são relatados por Pagès (2009), no caso do *Paleopark* Haute-Provence, na França. Foram enfatizadas ações educacionais nas escolas locais e a realização de eventos nos diversos povoados da região, além do direcionamento dos visitantes à descoberta de trilhas e museus. O aumento da conscientização conduziu a uma reapropriação do patrimônio "esquecido", já que os fósseis sempre foram parte do modo tradicional de vida dos habitantes locais. A educação pública mostra-se, assim, uma estratégia genuína para o turismo com base na Geologia e Paleontologia.

Porém, qualquer que seja a ação inicial voltada à proteção, é importante, conforme demonstrado por Castro, Mansur e Carvalho (2015), uma consulta à comunidade no entorno dos sítios a serem preservados. Isso possibilita o entendimento sobre o relacionamento da população com os elementos da geodiversidade, possibilitando a elaboração de estratégias em conjunto. O conhecimento das comunidades no entorno de áreas protegidas, antes mesmo de ações de geoconservação, geoturismo, divulgação científica ou educação patrimonial, evita que o patrimônio seja uma imposição, e não uma herança a ser valorizada.

Por meio dos geoparques e programas de parques naturais que possuem um patrimônio paleontológico importante, observa-se que sua proteção é o mecanismo inicial para a utilização dos fósseis como elementos para o desenvolvimento econômico e social, por meio da definição de áreas prioritárias de preservação baseadas em critérios já estabelecidos de estudo do patrimônio geológico (por exemplo, Brilha, 2005). Todavia, não se pode excluir dessas ações a preservação *ex situ* por meio de museus locais, centros culturais e coleções em museus e universidades de expressão regional e nacional.

É importante uma ampla difusão da informação científica advinda de estudos técnicos, tanto publicados como em formato de dissertações e teses, que possibilitem uma apropriação pelas populações locais do conhecimento gerado no contexto acadêmico. Trata-se de uma etapa importante que facilitará a proteção e a preservação de locais considerados prioritários. É preciso também desenvolver programas que possibilitem a qualificação de educadores. Santos e Carvalho (2013) verificaram no Parque Paleontológico de Itaboraí (São José do Itaboraí, RJ) que mesmo entre os professores do ensino fundamental há um baixo conhecimento acerca do patrimônio paleontológico. Assim, são fundamentais ações que possibilitem uma linguagem de divulgação científica apropriada e a inclusão intensa dos docentes nesse processo, para que haja sucesso nas estratégias de geoconservação, nos programas de educação popular e nas medidas para atender ao geoturismo.

Deve-se também avaliar os aspectos culturais tradicionais da região, integrando o saber tradicional ao conhecimento científico. Esse aspecto gera a possibilidade de se identificar experiências únicas, representando um atrativo para atividades turísticas. A possibilidade de um visitante entender a relevância científica do local, por meio da cultura e de suas manifestações, transforma a atividade turística em um evento único, de grande impacto emocional e lúdico.

É importante o estabelecimento de um programa voltado à preservação dos ambientes naturais e aos modos de vida tradicionais, considerando-se a relevância em gerar mecanismos adequados de gestão territorial que viabilizem uma melhor qualidade de vida. Para isso, o envolvimento de geovoluntários (Burek, 2010), à semelhança dos programas de geoconservação realizados na Grã-Bretanha, mostra-se bastante eficiente.

Outro ponto é a criação de leis municipais que possibilitem o gerenciamento e salvamento paleontológico durante obras de engenharia ou intervenções urbanas que realizem movimentação de rocha e solos. Um bom exemplo é a legislação municipal de Uberaba, que, por meio de uma portaria conjunta entre as Secretarias de Meio Ambiente, Serviços Urbanos, Planejamento e Obras (Portaria nº 003/2015), estabeleceu critérios técnico-administrativos para os procedimentos de movimentação de solo, escavação e outros que pudessem interferir nas reservas fossilíferas do município. Nesse caso, é preciso expedição prévia de autorização, com a declaração do profissional responsável pela intervenção de que não haverá impacto nas formações sedimentares que contêm fósseis na região. Em caso de indicativos de fósseis, deverão ser realizados o monitoramento, o acompanhamento e o salvamento paleontológico por um profissional capacitado e habilitado, com apresentação de laudo e relatório, com a devida Anotação de Responsabilidade Técnica (ART).

As ações de planejamento urbano mostram-se uma excelente possibilidade tanto da preservação *in situ* como *ex situ*, viabilizando, de maneira mais efetiva, a preservação e a integridade dos jazigos fossilíferos dentro dos limites do município. A proximidade com o interesse das comunidades locais e ações mais ágeis do poder público, por meio da utilização de leis municipais, conduziriam a programas mais efetivos de preservação e de possibilidade de uso desses materiais em museus municipais, incentivando ações de educação e uso no turismo científico.

Todavia, a ampliação do conhecimento paleontológico das localidades ricas em fósseis é um fator importante. O incentivo a novos estudos e publicações, além da subsequente popularização científica, possibilita um interesse contínuo acerca da região, bem como um estímulo para a ampliação do número de visitantes.

Uma estratégia interessante para o desenvolvimento de um turismo paleontológico regional é a apresentada por Pagès (2009), na qual o plano de ação para o *geopark-paleopark* Haute-Provence foi estabelecer museus locais, que incluíam locais fossilíferos de interesse científico e para a popularização da Paleontologia. Assim, estabeleceu-se uma rede de museus, com museografia adequada (por vezes, com os fósseis no próprio afloramento), visando atrair os visitantes e apresentar o patrimônio local. Além disso, uma ampla variedade de estabelecimentos comerciais se tornou parceira no empreendimento, como hotéis, lojas e restaurantes, bem como guias turísticos especializados em Geologia e Paleontologia. Outro tipo de ação envolveu o estímulo a artistas e artesãos na produção de objetos que possuíam elementos do patrimônio geológico como inspiração. Como indicado por Gaitán Morán e Álvarez Arellano (2009), o turismo paleontológico possibilita tanto o aproveitamento do patrimônio geológico e paleontológico como também a integração da população local e visitante nos processos de gestão e conservação desse patrimônio.

A preservação *ex situ* é outro aspecto importante para a difusão e popularização do conhecimento paleontológico e atrativo para o geoturismo. Museus bem estruturados, com projetos museográficos que despertem o interesse público, possibilitam tanto ações educacionais adequadas como um atrativo para o entretenimento e a geração de recursos financeiros (Fig. 6.15). Nesse contexto, o turismo é uma das atividades mais promissoras para a gestão do patrimônio paleontológico e de sua utilização como meio de melhorar as condições econômicas e sociais de uma região.

Há diferentes aspectos que fazem com que o turismo seja um importante instrumento de geração de empregos, melhoria da renda, aumento da produção, arrecadação de impostos, indução e multiplicação de novos investimentos. A melhoria das condições de transporte, de conquistas trabalhistas e a maior expectativa de vida fazem com que o turismo represente uma atividade em constante crescimento. Segundo Fernandes e Coelho (2011),

FIG. 6.15 *Museu do Homem Americano, São Raimundo Nonato (PI). Além do patrimônio* in situ *do Parque Nacional da Serra da Capivara, a musealização do acervo científico no Museu do Homem Americano é um estímulo para a ampliação do interesse turístico*

o turismo também é uma atividade impulsionadora de negócios, o que se reflete na melhoria do bem-estar social e da qualidade de vida.

De acordo com Fernandes e Coelho (2011), a atividade turística, produtiva e geradora de empregos, possibilita que, em áreas com baixa industrialização e agropecuária, mas com recursos naturais e culturais, haja, além de infraestrutura básica, uma multiplicação das atividades produtivas, criando empregos diretos e indiretos. A promoção do turismo pode ter também um efeito benéfico na preservação de jazigos fossilíferos em áreas privadas, como relatado por Hayward (2009) com base em experiências na Nova Zelândia. Com a difusão do conhecimento sobre os fósseis em Oamaru, por meio de um centro de visitantes e de panfletos informativos, houve um crescimento do público na localidade, aumentando o reconhecimento educacional e também o interesse de proprietários rurais em valorizar os sítios fossilíferos existentes em suas terras.

Porém, apesar do aspecto relevante de associação entre o patrimônio paleontológico e o interesse turístico, para a preservação desse recurso natural, deve ocorrer necessariamente um investimento em condições de saneamento, melhoria de acesso e ações educativas para a diminuição da iliteracia científica, que resultem em uma valorização local e melhoria dos atrativos turísticos. Em especial, quanto à educação e ao conhecimento, há uma estreita relação entre a valorização do meio físico-geológico e a propagação das atividades turísticas.

Deve-se também estabelecer políticas que visem à permanência de pelo menos parte dos fósseis encontrados na região, gerando uma identidade da comunidade com seu patrimônio. Isso poderá ampliar os acervos paleontológicos, resultando em um estímulo para o estabelecimento de uma rede de museus locais. Possivelmente, com um enfoque multidisciplinar envolvendo geologia, paleontologia e demais recursos naturais da região, seja possível a consolidação de grupos de trabalho em regiões afastadas dos grandes centros. Novas descobertas geram um *feedback* positivo para o interesse nas localidades das descobertas, tanto por meio da maior divulgação da região como do aporte de recursos advindos de novos projetos de pesquisa.

Muitas vezes, a descoberta de novos fósseis tem uma relação direta com a atividade mineral. A indústria mineral deveria ser estimulada a considerar a triagem de achados fósseis realizados na área de mineração como parte de suas boas práticas de gestão de recursos naturais não renováveis.

É também preciso que os estudos paleontológicos sejam inseridos em cenários geológicos e, mesmo, na história das comunidades em que os jazigos fossilíferos são encontrados, de maneira poética, em uma linguagem própria, interpretativa, que possibilite ampla difusão das Geociências. O patrimônio paleontológico deve ser sempre contextualizado nas diretrizes estabelecidas pelo Snuc, que possibilita a proteção não apenas do material fóssil, mas também das características de natureza geológica, geomorfológica, espeleológica e cultural. Assim, há a possibilidade da criação de condições efetivas de promoção da educação ambiental, recreação e turismo científico, influenciando o próprio ordenamento territorial e possibilitando um desenvolvimento sustentável.

Apesar das diferenças entre os vários tipos de jazigos fossilíferos, que envolvem a composição das rochas, taxas de erosão, aspectos fossildiagenéticos e o próprio tipo de material fossilífero preservado, é importante estabelecer protocolos de monitoramento e conservação. Somente assim haverá um uso efetivamente sustentável desse tipo de patrimônio, ampliando seu tempo de existência e potencializando sua capacidade de geração de riquezas.

6.7 Conclusões

Os fósseis, como parte do patrimônio natural, possuem grande interesse público considerando-se as possibilidades interpretativas acerca das transformações existentes no decorrer do tempo geológico. Tanto em um contexto *in situ* (afloramentos) como *ex situ* (coleções museológicas), possibilitam ações em educação, difusão da ciência e de caráter recreacional.

Quanto à educação, seu uso tem relação direta com a valorização patrimonial, a identificação com a territorialidade, o desenvolvimento do sentimento de pertencimento e a utilização racional dos recursos naturais.

Com base em conhecimento científico e por meio da popularização, é possível a valorização do próprio material de estudo, estimulando o interesse por uma região e possibilitando um melhor entendimento de seu valor patrimonial.

Em relação ao uso recreacional, existe uma percepção pública, mesmo que difusa, de que, com os fósseis, é possível "viajar no tempo" e conhecer mundos que não mais existem. Isso possibilita que o geoturismo (ou turismo científico) tenha mais possibilidades de incentivo. Esse tipo de turismo demanda que sejam agregados novos serviços relacionados à hotelaria, alimentação, guias com roteiros variados e geoprodutos.

Um mecanismo de valorização territorial adequado, no caso das áreas fossilíferas, são os *paleoparks*, nos quais devem existir museus próprios, com temática local, com base em objetos paleontológicos únicos. A concepção desses museus deve ser centros interpretativos, formando complexos interligados de patrimônios *in situ* e *ex situ*. Eventos, feiras, espetáculos, exposições de arte, artesanato e produtos manufaturados de interesse geológico e paleontológico são excelentes estratégias para a manutenção do interesse público.

Para um uso adequado e duradouro do patrimônio paleontológico, é importante estabelecer protocolos de monitoramento e conservação, os quais, integrados às ações educativas e de difusão da ciência, possibilitarão, de maneira efetiva, que sejam geradores de empregos, melhoria da renda e das condições de vida das populações engajadas no geoturismo.

Referências bibliográficas

BARROS, J. S.; FERREIRA, R. V.; PEDREIRA, A. J.; GUIDON, N. Geoparque Serra da Capivara (PI). In: WINGE, M.; SCHOBBENHAUS, C.; SOUZA, C. R. G.; FERNANDES, A. C. S.; BERBERT-BORN, M.; QUEIROZ, E. T. (Org.). *Sítios geológicos e paleontológicos do Brasil*. Brasília: Ministério das Minas e Energia, 2007. p. 493-542.

BÉTARD, F.; PEULVAST, J. P.; MAGALHÃES, A. O.; CARVALHO NETA, M. L.; FREITAS, F. I. Araripe Basin: a major geodiversity hotspot in Brazil. *Geoheritage*, v. 2017, 2017. doi 10.1007/s12371-017-0232-5.

BOONCHAI, N.; GROTE, P. J.; JINTASAKUL, P. Paleontological parks and museums and prominent fossil sites in Thailand and their importance in the conservation of fossils. In: LIPPS, J. H.; GRANIER, B. R. C. (Org.). *PaleoParks*: the protection and conservation of fossil sites worldwide. Carnets de Géologie/Notebooks on Geology, Brest, Book 2009/03, Chapter 07 (CG2009_BOOK_03/07), 2009. p. 75-95.

BRASIL. Constituição, 1988. *Constituição*: República Federativa do Brasil. Brasília: Senado Federal, Centro Gráfico, XIV, 292 p., 1988.

BRASIL. Decreto-Lei nº 4.146, de 4 de março de 1942. *Diário Oficial dos Estados Unidos do Brasil*. Rio de Janeiro, nº 54, p. 3533, seção I, 1942.

BRASIL. Portaria nº 542, de 18 de dezembro de 2014. *Publicada no DOU de 22/12/2014. Ministério das Minas e Energia. Departamento Nacional da Produção Mineral*, 2014.

BRILHA, J. Geoconservation and protected areas. *Environmental Conservation*, v. 29, n. 3, p. 273-276, 2002.

BRILHA, J. *Patrimônio geológico e geoconservação*: a conservação da natureza na sua vertente geológica. Braga: Palimage, 2005. 190 p.

BUCO, E. *Turismo arqueológico*: região do Parque Nacional da Serra da Capivara. 2. ed. Piauí: Fundação Museu do Homem Americano, 2013. 207 p.

BUREK, C. Geovolunteers: the unpaid force that fuels Britain's geoconservation programme. *Earth Heritage*, Great Britain, v. 35, p. 8-9, 2010.

BUTLER, R. Destructive sampling ethics. *Nature Geoscience*, v. 8, p. 817-818, 2015.

CARMO, D. A.; CARVALHO, I. S. ; SANTUCCI, R. M. ; SILVA, M. A. Jazigos fossilíferos do Brasil. In: Carvalho, I.S. (Org.). *Paleontologia*. 3. ed. v. 1. Rio de Janeiro: Editora Interciência, 2010. p. 561-584.

CARVALHO, I. S. Aspectos legais da comercialização de fósseis e sua influência na pesquisa e no ensino de paleontologia no Brasil. *Cadernos IG/UNICAMP*, Campinas, v. 3, n. 1, p. 91-105, 1992.

CARVALHO, I. S. Geological environments of dinosaur footprints in the intracratonic basins from Northeast Brazil during the South Atlantic opening (Early Cretaceous). *Cretaceous Research*, v. 21, p. 255-267, 2000.

CARVALHO, I. S. Bacias intracratônicas do Nordeste do Brasil. In: BRITO, I. M. (Org.). *Geologia Histórica*. Uberlândia: EDUFU, 2001. p. 117-140.

CARVALHO, I. S.; DA ROSA, A. A. S. Paleontological tourism in Brasil: examples and discussion. *Arquivos do Museu Nacional*, Rio de Janeiro, v. 66, n. 1, p. 271-283, 2008.

CARVALHO, I. S.; LEONARDI, G. Geologia das bacias de Pombal, Sousa, Brejo das Freiras e Vertentes (Nordeste do Brasil). *Anais da Academia Brasileira de Ciências*, Rio de Janeiro, v. 64, n. 3, p. 231-252, 1992.

CASTRO, A. R. S. F.; MANSUR, K. L.; CARVALHO, I. S. Diagnóstico da relação da comunidade com o patrimônio geológico por meio de instrumento de coleta de dados. *Terræ Didatica*, Campinas, v. 11, n. 3, p. 162-172, 2015.

COSTA FILHO, J. S. (coord.). *O geopark Araripe*. Crato: Edições URCA, 2008. 108 p.

FERNANDES, I. P.; COELHO, M. F. *Economia do turismo*: teoria & prática. 2. ed. Rio de Janeiro: Elsevier, 2011. 230 p.

GARCÍA-ORTIZ, E.; FUERTES-GUTIÉRREZ, I.; FERNÁNDEZ-MARTÍNEZ, E. Concepts and terminology for the risk of degradation of geological heritage sites: fragility and natural vulnerability, a case study. *Proceedings of the Geologist's Association*, v. 125, n. 2014, p. 463-479, 2014.

GAITÁN MORÁN, J.; ÁLVAREZ ARELLANO, A. The protection and use of the geological and paleontological heritage in Baja California Sur, Mexico. In: LIPPS, J. H.; GRANIER, B. R. C. (Org.). *PaleoParks*: the protection and conservation of fossil sites worldwide. Carnets de Géologie/Notebooks on Geology, Brest, Book 2009/03, Chapter 4, 2009. p. 35-48.

GARCÍA-CORTÉS, A.; CARCAVILLA URQUÍ, L. *Documento metodológico para la elaboración del Inventario Español de Lugares de Interés Geológico (IELIG)*. Instituto Geológico e Minero de España. Ministerio de Ciencia e Innovación, 2009. 61 p.

GOLDSTEIN, A. Managing fossil resources at the Falls of the Ohio, Indiana and Kentucky, USA: a fossil Park in an urban setting. In: LIPPS, J. H.; GRANIER, B. R. C. (Org.). *PaleoParks*: the protection and conservation of fossil sites worldwide. Carnets de Géologie/Notebooks on Geology, Brest, Book 2009/03, Chapter 8, 2009. p. 97-101.

GUIDON, N.; PESSIS, A. N.; MARTIN, G. Pesquisas arqueológicas na região do Parque Nacional Serra da Capivara e seu entorno (Piauí, 1998-2008). *FUMDHAMentos*, São Raimundo Nonato, v. 1, n. 8, p. 1-61, 2009.

HAYWARD, B. W. Protecting fossil sites in New Zealand. In: LIPPS, J. H.; GRANIER, B. R. C. (Org.). *PaleoParks*: the protection and conservation of fossil sites worldwide. Carnets de Géologie/Notebooks on Geology, Brest, Book 2009/03, Chapter 5, 2009. p. 49-64.

LEONARDI, G.; CARVALHO, I. S. Icnofósseis da Bacia do Rio do Peixe, PB. In: SCHOBBENHAUS, C.; CAMPOS, D. A.; QUEIROZ, E. T.; WINGE, M.; BERBERT-BORN, M. (Org.). *Sítios geológicos e paleontológicos do Brasil*. Brasília: Ministério das Minas e Energia, 2002. p. 101-111.

LIPPS, J. H. PaleoParks: our paleontological heritage protected and conserved in the field worldwide. In: LIPPS, J. H.; GRANIER, B. R. C. (Org.). *PaleoParks*:

the protection and conservation of fossil sites worldwide. Carnets de Géologie/ Notebooks on Geology, Brest, Book 2009/03, Chapter 1, 2009. p. 1-10.

LOUREIRO, M. L. N. M. Preservação *in situ* × *ex situ*: reflexões sobre um falso dilema. *Series Iberoamericanas de Museología,* v. 7, p. 2003-2013, 2012.

MANECK, M. T. B. Mata: um capricho da natureza. *Família Cristã*, São Paulo, n. 654, p. 10-11, 1990.

MANSUR, K. L.; PONCIANO, L. C. M. O.; CASTRO, A. R. S. F.; CARVALHO, I. S. Conservação e restauro do patrimônio geológico e sua relevância para a geoconservação. *Boletim Paranaense de Geociências*, Curitiba, v. 70, n. 2013, p. 137-55, 2013.

MINELLO, L. F. As “florestas petrificadas” da região de Santa Maria: histórico, legislação e destinação. *Ciência & Ambiente*, v. 10, p. 49-61, 1995.

NASCIMENTO, M. A. L.; RUCHKYS, U.; MANTESSO-NETO, V. *Geodiversidade, geoconservação e geoturismo*: trinômio importante para a proteção do patrimônio geológico. São Paulo: Sociedade Brasileira de Geologia, 2008. 84 p.

NYBORG, T. Copper Canyon track locality (Pliocene) conservation strategies, Death Valley National Park, USA. In: LIPPS, J. H.; GRANIER, B. R. C. (Org.). *PaleoParks*: the protection and conservation of fossil sites worldwide. Carnets de Géologie/ Notebooks on Geology, Brest, Book 2009/03, Chapter 10, 2009. p. 113-9.

ONARY-ALVES, S. Y.; BECKER-KERBER, B.; VALENTIN, P. R.; PACHECO, M. L. A. F. O conceito de geoparque no Brasil: reflexões, perspectivas e propostas de divulgação. *Terræ Didatica*, Campinas, v. 11, n. 2, p. 94-107, 2015.

PAGÈS, J. S. The geopark of Haute-Provence, France - geology and palaeontology protected for sustainable development. In: LIPPS, J. H.; GRANIER, B. R. C. (Org.). *PaleoParks*: the protection and conservation of fossil sites worldwide. Carnets de Géologie/Notebooks on Geology, Brest, Book 2009/03, Chapter 3, 2009. p. 29-34.

PARQUE NACIONAL DA SERRA DA CAPIVARA. Fundação Museu do Homem Americano, Piauí, 94 p., 1988.

PORTARIA CONJUNTA SEMAM/SESURB/SEPLAN/SEOB N° 003/2015. Prefeitura Municipal de Uberaba. *Porta Voz*, n° 1312, Uberaba, 17 de julho de 2015, p. 40, 2015.

RENAUD, A. Memory and the digital world: a few philosophical pointers for new memory practices in the information era. *Museum International*, Oxford, UNESCO 215, v. 54, n. 3, p. 8-18, 2002.

RIBEIRO, L. C. B.; CARVALHO, I. S. Sítio Peirópolis e Serra da Galga, Uberaba, MG – Terra dos dinossauros do Brasil. In: WINGE, M.; SCHOBBENHAUS, C.; SOUZA, C. R. G.; FERNANDES, A. C. S.; BERBERT-BORN, M.; QUEIROZ, E. T. (Org.). *Sítios geológicos e paleontológicos do Brasil*. 2007. p. 389-402. Disponível em: <http://sigep.cprm.gov.br/sitio028/sitio028_impresso.pdf.>. Acesso em: 12 jun. 2017.

RIBEIRO, L. C. B.; CARVALHO, I. S.; MACEDO NETO, F. Geopark Uberaba: relevance of the geological heritage. *Geoheritage*, v. 2015, n. 7, p. 261-273, 2016.

RIBEIRO, L. C. B.; TREVISOL, A.; CARVALHO, I. S.; MACEDO NETO, F.; MARTINS, L. A.; TEIXEIRA, V. P. A. Uberaba - Terra dos Dinossauros do Brasil (MG). In: Schobbenhaus, C.; Silva, C. (Org.). *Geoparques do Brasil*: propostas. Rio de Janeiro: CPRM, 2012. v. 1, cap. 16, p. 583-616.

SAMEENI, S. J. The Salt Range: Pakistan’s unique field museum of geology and paleontology. In: LIPPS, J. H.; GRANIER, B. R. C. (Org.). *PaleoParks*: the protection and conservation of fossil sites worldwide. Carnets de Géologie/Notebooks on Geology, Brest, Book 2009/03, Chapter 6, 2009. p. 65-73.

SANTOS, W. F. S.; CARVALHO, I. S. Percepção dos professores do entorno do Parque Paleontológico de São José de Itaboraí (RJ) sobre aspectos geológicos, paleontológicos e arqueológicos locais. *Terrae Didatica*, Campinas, v. 9, p. 50-62, 2013.

SANTOS, W. F. S.; CARVALHO, I. S.; BRILHA, J. B.; LEONARDI, G. Inventory and assessment of palaeontological sites in the Sousa Basin (Paraíba, Brazil): preliminary study to evaluate the potential of the area to become a geopark. *Geoheritage*, v. 2016, n. 8, p. 315-332, 2016.

SCHOBBENHAUS, C.; SILVA, C. R. O papel indutor do Serviço Geológico do Brasil na criação de geoparques. In: Fórum Nacional do Patrimônio Cultural, 1., Sistema nacional de patrimônio cultural: desafios, estratégias e experiências para uma nova gestão, 2009, Ouro Preto. *Anais*... Ouro Preto, MG, 2009, p. 202-23.

SCHOBBENHAUS, C.; SILVA, C. R. (Org.). *Geoparques do Brasil*: propostas. Rio de Janeiro: CPRM, Ministério das Minas e Energia, 2012. v. 1. 748 p.

SOMMER, M. G.; SCHERER, C. M. S. Middle-Late Triassic petrified forests from mata sandstone at Rio Grande do Sul State, BR: a preliminary geological, taphonomic and biostratigraphic setting. *Geociências* - UNG, Guarulhos, v. V, n. especial, p. 117-120, 2000.

STANLEY, M. Geodiversity. *Earth Heritage*, Great Britain, v. 14, p. 15-18, 2000.

THOMAS, M. F. New keywords in the geosciences – some conceptual and scientific issues. *Revista do Instituto Geológico,* São Paulo, v. 37, n. 1, p. 1-12, 2016.

UNESCO. *UNESCO geoparks programme – a new initiative to promote a global network of geoparks safeguarding and developing selected areas having significant geological features*. United Nations Educational, Scientific and Cultural Organization. Executive Board. 156 EX/11 Rev. PARIS, 15 April 1999. Disponível em: <http://unesdoc.unesco.org/images/0011/001151/115177e.pdf, 1999>. Acesso em: 12 jun. 2017.

UNESCO. *UNESCO global geoparks*. Disponível em: <http://www.unesco.org/new/en/natural-sciences/environment/earth-sciences/unesco-global-geoparks/>. Acesso em: 12 abr. 2018.

WILD, R. The protection of fossil and palaeontological sites in the Federal Republic of Germany. *Special Papers in Palaeontology*, Londres, v. 40, p. 181-189, 1988.

sete

Trilhas: "caminhos" para o geoturismo, a geodiversidade e a geoconservação

Nadja Maria Castilho da Costa | Flávia Lopes Oliveira

A cada dia cresce, tanto no Brasil quanto no mundo, o interesse pela visitação e lazer em áreas naturais, em que as possibilidades de observação da natureza, aliada ao conhecimento e aprendizado do que está sendo vislumbrado e usufruído, são cada vez mais focadas, tanto nos aspectos bióticos quanto abióticos. Isso vem ocorrendo nas diferentes paisagens naturais, importantes recursos utilizados pelas diversas modalidades de turismo de natureza, em virtude dos vários significados que elas representam, destacando-se o simbólico, o cultural, o científico, o educacional e o social. Quanto ao aspecto social, Castro (2002) destaca a importância da paisagem para o turismo por ser um bem social cujo valor é determinado pelos grupos sociais que revelam seus interesses e, de certa maneira, determinam seus valores. Seguindo essa linha de pensamento, Irving (2015) ressalta que o turismo compreende o cotidiano das pessoas na busca de sua inserção na sociedade, embora, muitas vezes, o cidadão fique à margem de todo o processo de desenvolvimento das atividades. Isso ocorre especialmente quando se trata do turismo em áreas naturais, em que a população, muitas vezes, carece de conhecimentos específicos sobre a dinâmica do meio natural.

Especificamente sobre a percepção humana do meio ambiente, fator determinante na consolidação de conhecimentos sobre sua dinâmica, Younés e Garay (2006) destacam que isso depende do poder de cognição do homem, que, associado à sua cultura, produz experiências e valores sobre o meio ambiente. Isso significa que as pessoas devem ser preparadas para internalizar informações com base nas práticas (eco/geo)turísticas, tendo, na experienciação da natureza, a chance de êxito das atividades recreativas em ambientes naturais e a internalização dos conhecimentos a serem adquiridos.

Partindo desses pressupostos, entende-se que os diversos componentes do meio físico-biótico devem ser vistos de maneira interligada para responder por uma determinada demanda turística na natureza, cabendo, de acordo com as potencialidades locais, enfatizar determinados aspectos. Nesse contexto surgiu, mais recentemente, na década de 1990, o geoturismo e, atrelado a ele, o conceito de geoconservação (Hose, 2000). Diversos autores, a exemplo de Moreira (2014), Jorge e Guerra (2016) e Oliveira (2017), comungam com a ideia de que esses conceitos estão em construção, embora o de geoturismo tenha sido oficialmente definido em 2011, durante o Congresso Internacional de Geoturismo realizado em Portugal. A partir de então, por meio da Declaração de Arouca, entende-se geoturismo como "o turismo que sustenta e incrementa a identidade de um território, considerando a sua geologia, ambiente, cultura, valores estéticos, património e o bem-estar dos seus residentes". Com esse conceito, subentende-se a ênfase nos aspectos geológicos (geodiversidade), mas em um contexto socioambiental mais amplo, no qual outros aspectos naturais e sociais estão envolvidos, a exemplo da geomorfologia e da visão geossistêmica da biogeografia, em que a biota, incluindo nela o homem, fazem parte do processo.

Assim, a geodiversidade e a biodiversidade estão interligadas e podem ser avaliadas em diferentes escalas espaciais e temporais, entre elas a escala local, em espaços específicos, como uma trilha no interior de uma área protegida (UC). Esse é o foco da presente análise, em que se discute e analisa não somente a dinâmica ambiental de uma trilha, mas, especialmente, sua importância para o geoturismo e a geoconservação.

7.1 Trilhas: elos entre visitantes/turistas e a natureza que os cercam

Há certo consenso entre ambientalistas e estudiosos do assunto ao considerar a trilha um componente de uma paisagem natural que integra e permite, ao mesmo tempo, a interação de vários aspectos do meio físico e biótico, não servindo apenas como passagem para se chegar a um determinado lugar e/ou atrativo, conforme será mostrado a seguir.

Historicamente, as trilhas e os caminhos resultam de ações exploratórias, especialmente em ambientes florestais, como é o caso do litoral brasileiro, na medida em que o homem precisava (e ainda precisa) ocupar novos espaços com diferentes atividades, entre elas o turismo, particularmente o ecoturismo. De acordo com Costa e Costa (2009), a história da colonização brasileira foi marcada por desbravadores que cruzavam o país, levando e trazendo mercadorias. Um exemplo ainda presente da história da criação de caminhos e trilhas realizados pelos colonizadores é a estrada Real, no Sudeste do país.

Ocorre, também, certo consenso entre ambientalistas ao considerar a abertura e o preparo de trilhas como o primeiro passo no processo de organização das atividades turísticas em áreas naturais, já que elas conduzem os ecoturistas aos locais de atratividades. Este deve ser o principal propósito de uma trilha: aproximar o visitante/turista de tudo aquilo que ela pode oferecer, seja para fins de lazer, seja como aprendizado e conservação.

Essa aproximação pode parecer simples, mas requer a tomada de medidas que motivem o olhar e a conduta diferenciada, tanto para os componentes da flora e da fauna locais como para os elementos físicos, compostos do relevo, da geologia e dos solos. Há uma forte relação com a infraestrutura de instalação e manutenção, bem como com ações educativas e lúdicas, que instigarão o cidadão a vivenciar e conhecer todo o trajeto da trilha.

Lechner (2006), ao discorrer sobre os objetivos de uma trilha, destaca que deve haver um bom planejamento do que se pretende realizar e que esse planejamento se inicia pela avaliação criteriosa do que se quer alcançar. Segundo o autor, tais decisões nortearão seu monitoramento, assim como as intervenções necessárias durante sua utilização. Stranz, Saul e Larratea (2008) enfatizam que uma trilha, quando bem planejada, permite um olhar diferenciado aos aspectos naturais, com ênfase na observação, reflexão e sensibilização pela conservação do meio físico-biótico, além de estímulo para a diversificação de atividades em seu percurso. Entretanto, algumas premissas são básicas no processo de abertura/manutenção de uma trilha:

- definir o real objetivo da trilha e sua tipologia (guiada ou autoguiada);
- avaliar que público ela atenderá, quanto ao perfil do usuário;
- analisar as potenciais características naturais e culturais para serem exploradas sob a ótica da visitação, lazer e educação ambiental;

* identificar os fatores limitantes (riscos e vulnerabilidades naturais e antrópicas) que poderão interferir na visitação;
* estabelecer a infraestrutura básica (segurança, sinalização e informação) que deverá ser implantada em seus diversos segmentos, compatível com seu traçado e com o que se quer mostrar ao usuário.

Essas etapas devem ser adotadas para trilhas em quaisquer ambientes, respeitando as particularidades de cada uma.

Na realidade, tanto uma trilha propriamente dita quanto o uso a ela atribuído são dinâmicos, apresentando mudanças constantes ao longo do tempo, dependendo dos interesses existentes e de como são manejados. Essa dinâmica afeta tanto a biodiversidade como a geodiversidade, que evoluem com base em processos naturais, muitas vezes potencializados pela ação antrópica.

Não se deve imaginar que uma trilha seja homogênea em todo seu percurso e que ela não sofrerá transformações socioambientais, considerando o crescente avanço da ocupação humana sobre as áreas naturais. A própria natureza se encarrega de modificá-la, muitas vezes favorecendo (ou limitando) sua utilização, a exemplo do que ocorre em várias trilhas do circuito das águas no Parque Estadual de Ibitipoca, em Minas Gerais e em Itatiaia, entre São Paulo, Rio de Janeiro e Minas Gerais. Os planos de fraqueza (diáclases) das rochas, associados a outras características litoestruturais, favorecem a formação de degraus e rampas, que permitem o acesso dos visitantes/turistas aos principais atrativos do parque (Costa, 2008).

A diversidade de aspectos ao longo de uma trilha é tão grande que é possível considerá-la um geossistema dentro de um ecossistema maior, a exemplo das trilhas que atravessam o ecossistema Mata Atlântica, no Sudeste brasileiro. A Fig. 7.1 ilustra as partes que compõem uma das trilhas mais visitadas no Parque Natural Municipal da Prainha, localizado na zona oeste da cidade do Rio de Janeiro. A arquitetura do corredor da trilha e seu entorno próximo (zona de influência) propiciam a formação de microambientes, favorecidos pelo denominado *efeito de borda*, que afeta tanto o leito da trilha como suas margens, criando zonas de transição com flora, fauna e aspectos físicos diferenciados.

Convém destacar que a infraestrutura e os recursos criados, em muitas trilhas, são componentes introduzidos pelo homem para facilitar sua interação com os diversos elementos naturais que as compõem, a exemplo do que se vê em muitos parques no Brasil e no exterior. As Figs. 7.2 e 7.3 mostram

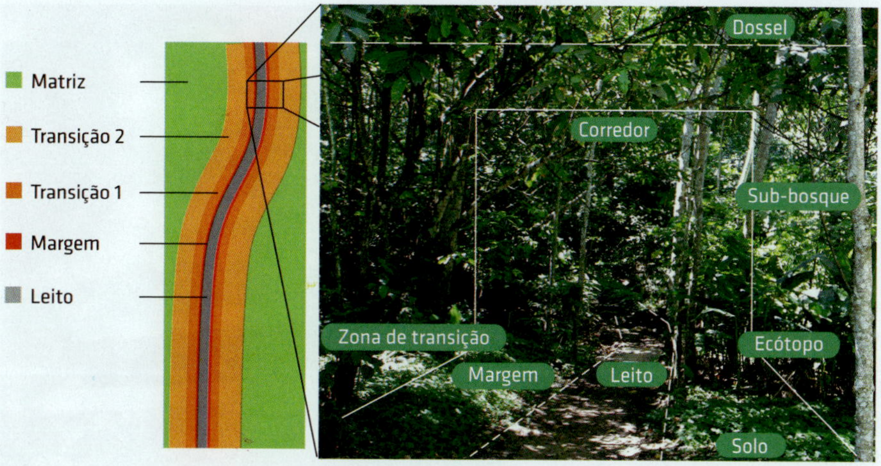

Fig. 7.1 *Arquitetura de trilha em matriz florestal. Entrada da Trilha Circular, no Parque Natural Municipal da Prainha (RJ)*

Fonte: Mello (2016), com base em Eisenlohr et al. (2013).

alguns recursos de acessibilidade (pequena ponte de madeira) e de desvio da água de escoamento superficial (calha de drenagem), visando não somente facilitar o trânsito de pessoas ao longo da trilha, mas também evitar a ocorrência de processos erosivos, de modo a mitigar danos ao meio ambiente local e ao próprio visitante/turista. Entretanto, todas as facilidades impostas devem estar em total harmonia com a natureza, sem causar quaisquer tipos de agressões, tanto físicas como visuais.

Fig. 7.2 *Pequena ponte de madeira sobre um córrego intermitente no Parque Estadual de Campos do Jordão (SP) (foto tirada em 2015)*

Fonte: Nadja Costa.

Fig. 7.3 *Calha de drenagem transversal à trilha no Parque Estadual de Campos do Jordão (SP) (foto tirada em 2015) Fonte: Nadja Costa.*

Nesse sentido, a visão holística e integradora da Geografia, no contexto da conservação ambiental (Beita et al., 2013), coaduna-se com a abordagem mais recente da geodiversidade, conforme destacam Meira e Morais (2016), que enfatizam que o planejamento territorial-ambiental, um dos principais objetos de análise geográfica, é de suma importância nas avaliações do patrimônio geológico (e geomorfológico) e nas ações de geoconservação. Deve-se acrescentar o planejamento e a promoção do geoturismo, uma das mais recentes especialidades do turismo de natureza e do turismo sustentável, conforme será destacado mais adiante.

7.2 Biodiversidade e geodiversidade no contexto do planejamento, manejo e gestão de trilhas

Os termos *biodiversidade* e *geodiversidade* surgiram nas décadas de 1980 e 1990, respectivamente, e biodiversidade é o que tem maior amplitude de aplicações e discussões ao longo dos anos (Gray, 2013; Brilha, 2005; Wilson, 1997; Nascimento; Ruchkys; Mantesso-Neto, 2008).

O marco temático para as discussões sobre biodiversidade ocorreu em 1986, no âmbito do National Forum on Biodiversity, em Washington, quando foi idealizado por Walter G. Rosen (Wilson, 1997), com popularização em 1988, na publicação do livro *Biodiversidade*, do biólogo Edward O. Wilson. Esse livro significou o termo *biodiversidade* como a diversidade da natureza viva e, portanto, apresentou a contração da expressão *diversidade biológica*, além do senso e da necessidade de sua conservação (Wilson, 1997). A partir de então, esse conceito vem sendo aplicado.

Já o conceito de geodiversidade passou a ser mais trabalhado e divulgado somente no final da década de 1990 (Gray, 2013; Brilha, 2005; Oliveira; Costa, 2014), sendo, até então, ainda pouco difundido, estudado e aplicado, considerando-se sua real relevância, sobretudo, no planejamento, no manejo e na gestão ambiental, para a conservação e aproveitamento da natureza, com destaque às trilhas e aos caminhos.

Mansur (2009) ressalta que é a diversidade das rochas e estruturas geológicas (geodiversidade) que sustenta a vida, e é por essa razão que deve ser tratada com o mesmo grau de importância da biodiversidade.

A formação do solo, sustentáculo da vida em suas diferentes formas e diversidades biológicas, depende fundamentalmente da litologia e da estrutura geológica do local, bem como dos demais fatores do meio físico, que atuam sobre esse conjunto, a exemplo do clima. Assim, a geodiversidade tem paridade com a biodiversidade quando se trata de analisar a paisagem natural, com suas trilhas e caminhos e sua relevância para o geoturismo (Fig. 7.4).

FIG. 7.4 *Exemplo de integração de elementos da biodiversidade e da geodiversidade: fixação de vegetação em zonas de fraturas de alívio do afloramento rochoso do Morro da Urca, na pista Cláudio Coutinho (RJ) – no lado direito, ver a indicação dos limites da fratura (foto tirada em 2017)*

Fonte: Flávia Oliveira.

Silva et al. (2008), comungando com essa afirmativa, ressaltam que a biodiversidade depende diretamente da geodiversidade, pois as rochas, quando intemperizadas, disponibilizam nutrientes e micronutrientes, os quais são absorvidos pelas plantas, sustentando e desenvolvendo a vida no planeta. Nessa perspectiva, encaixa-se a abordagem geossistêmica, que parte do princípio da integração entre os sistemas bióticos, abióticos e sociais, portanto, dos ecossistemas que compõem as diferentes paisagens da Terra (Tricart, 1976; Bertrand, 1978; Gray, 2013).

Vários autores, ao longo dos anos, trataram da paisagem geográfica como um conjunto complexo e dinâmico, formado por diferentes elementos em constantes transformações naturais e antrópicas, tornando as paisagens naturais cada vez mais escassas (Bertrand, 1978; Bolós, 1981; Jardí, 1990; Christofoletti, 1999; Guerra; Marçal, 2006; Siqueira et al., 2013). As interpretações contribuíram para a evolução do conceito, levando a uma visão sistêmica, integrada e complexa da paisagem.

Com a evolução do conhecimento geográfico e ecológico, outras propostas foram incorporadas ao conceito de paisagem. No final da década 1930, o biogeógrafo alemão Carl Troll criou o termo *ecologia da paisagem*. Sua expectativa era combinar a dimensão espacial e horizontal da abordagem geográfica à dimensão funcional e vertical da abordagem ecológica (Farina, 2006).

Visando operacionalizar o conceito de paisagem em uma visão sistêmica, Sotchava (1978) afirmou que o geossistema consiste em classes hierarquizadas do meio natural e possui três escalas de grandeza: planetária, regional e topológica. Sua identificação parte de dois princípios, o de homogeneidade e o de diferenciação. Na perspectiva sistêmica, isso permite a identificação da diversidade de interações dos níveis internos de uma paisagem, bem como sua funcionalidade, seu estado e suas relações com o ambiente.

Bertrand (1978), ao diferenciar os conceitos de paisagem e de geossistema, ressalta que a paisagem é intrinsecamente ligada à ideia de qualidade que se exprime com base em um sistema de valor social, embora alguns de seus componentes sejam quantificáveis. Ainda de acordo com o autor, a paisagem é um processo, produto do tempo e, mais precisamente, da história social, e o geossistema é um método de análise da paisagem.

A partir de 1980, cresce o número de trabalhos associando a paisagem a uma abordagem sistêmica e integrada dos componentes do ambiente. Nesse contexto estão as trilhas, que reúnem elementos da paisagem e configuram, também, uma paisagem de escala local, inseridas e interligadas em ambiente maior, muito ou pouco modificado pela ação humana, que pode ser uma área protegida ou um geoparque, por exemplo.

As trilhas são ambientes geossistêmicos complexos, que integram elementos e processos da geodiversidade. Esses elementos configuram uma relação intrínseca (ou inter-relação), que pode ser observada nos componentes abióticos dos ecossistemas (minerais, rochas, água), fundamentais para a formação dos solos e a manutenção da biodiversidade, propiciando o desenvolvimento de diferentes formas de vida (Tricart, 1976; Lechner, 2006; Gray, 2013).

A trilha apresenta-se como um importante enquadramento geossistêmico, permitindo-nos compreender o ambiente em que se insere com uma série de funções e benefícios, precisando, desse modo, de planejamento, manejo e gestão para a manutenção de sua bio e geodiversidade (Lechner, 2006; Gray, 2013).

Entretanto, o planejamento de trilhas, em muitos casos, é negligenciado, ocorrendo somente depois de implementadas as ações de manejo e gestão, e esse é um dos principais fatores de seu fracasso (Cole, 1983).

Lechner (2006) destaca que as trilhas e os caminhos talvez sejam os roteiros de viagem mais difundidos no mundo, representando, ao longo da história da humanidade, uma funcionalidade para desbravar locais, seja para o conhecimento, o lazer, ou para a introdução de uma determinada atividade econômica.

Há um consenso de que a finalidade básica das trilhas é promover o deslocamento e de que, ao longo do tempo, houve mudanças de valores (Andrade, 2003). Mais recentemente, as trilhas passaram a ter a função de facilitar o acesso a locais menos ocupados, particularmente em áreas protegidas, onde são normalmente utilizadas para lazer, educação, ecoturismo e, mais recentemente, geoturismo (Andrade; Rocha, 2008; Mello, 2013; Oliveira, 2017).

Para Mello (2013), de modo geral, as trilhas são as vias mais utilizadas pelos usuários para se deslocar até os atrativos em UCs, e o próprio ato de caminhar já faz parte do lazer.

Costa (2008) ressalta que o turismo como um todo e, particularmente, o eco e o geoturismo envolvem forte relação entre paisagem e lugar, objetos de estudo da Geografia por essência. Desse modo, a paisagem é um recurso de consumo para o visitante, e as trilhas fazem parte desse contexto.

Na concepção de consumo, Villas-Boas e Marçal (2014) destacam a paisagem como um atrativo eminentemente observado, vivido e sentido, e é possível atribuir a ela valores de um produto importante, cuja expressão ocorre por meio da percepção da morfologia, resultante dos diferentes modos de ocupação e configuração de um território ao longo do tempo. Na paisagem, insere-se a natureza, transformada ou não pela ação do homem. Nesse sentido, Costa (2008) ressalta que a natureza é um "produto" cada vez mais explorado, sob a ótica do lazer, sem que os recursos nele contidos (do meio biótico e abiótico) sejam devidamente diagnosticados.

As trilhas, embora atualmente estejam muito relacionadas às atividades recreativas, permitem o acesso a atrativos de diversas naturezas, inclusos ou não em áreas legalmente protegidas (no caso do Brasil, as UCs) e servem também para o rápido acesso aos serviços de conservação e fiscalização.

O planejamento do sistema de trilhas e caminhos é a primeira ação de organização de uma área para o eco e o geoturismo, já que permite o acesso a áreas mais importantes do ponto de vista ecológico, geológico, geomorfológico, cênico, recreativo, educativo e científico, e auxiliam no contato direto do visitante com o ambiente (Lechner, 2006; Eisenlohr et al., 2013).

A trilha é um componente dinâmico e diversificado da paisagem, modificada em cada um dos seus setores ao longo do tempo. Não é homogênea, tem segmentos diferenciados em seu trajeto, consequentes da interação de seus vários elementos fisiográficos, de caráter biótico (dossel das árvores, sistemas de raízes, serrapilheira, animais silvestres e peçonhentos, cupinzeiros, formigueiros etc.), abiótico (rochas, solo, hidrografia, topografia etc.) e antrópico (infraestrutura de degraus, rampas, pontes, canaletas, corrimãos, sistemas de placas sinalizadoras, painéis interpretativos etc.) (Figs. 7.5 e 7.6), os quais compõem sua paisagem e, mediante alteração dinâmica natural do ambiente e/ou provocada pela intervenção antrópica, modificam seu sistema, podendo intensificar processos geomorfológicos, como movimentos de massa e erosão acelerada dos solos, por exemplo, e subsequentes impactos ambientais (Jorge; Guerra; Fullen, 2016; Mello, 2016).

O planejamento de trilhas considera informações como variações ambientais em virtude das estações climáticas do ano; potencialidades de usos futuros; análise da capacidade de carga (ou de suporte); características da bio e geodiversidade; e suas inter-relações históricas, sociais e culturais. Tais indicadores são pertinentes, também, na interpretação das trilhas para fins de lazer, educação e práticas eco e geoturísticas.

Contudo, deve-se considerar, além disso, os objetivos da área em que se pretende implementar ou melhorar uma trilha, assim como os aspectos sociais e biofísicos do ambiente (Lechner, 2006).

Fig. 7.5 *Trilha do Cais do Sardinha, na Ponta de São Lourenço, localizada na Ilha da Madeira, em Portugal: exemplo de diferentes infraestruturas (rampa, ponte e degraus) ao longo do percurso da trilha (foto tirada em 2016)*
Fonte: Flávia Oliveira.

Fig. 7.6 *Trilha da Varginha, no Parque Natural Municipal de Nova Iguaçu (RJ): sinalização do projeto Caminhos Geológicos (DRM-RJ), segundo percurso (foto tirada em 2016)*
Fonte: Flávia Oliveira.

Nos aspectos biofísicos está a geodiversidade, base física na qual a trilha deve ser implementada e que envolve o comportamento da biodiversidade, isto é, da flora e da fauna local (Brilha, 2005; Lechner, 2006; Gray, 2013; Mello, 2016).

De acordo com Lechner (2006, p. 18),

> uma compreensão geral das condições biofísicas no local irá permitir a minimização de impactos, a maximização de oportunidades de recreação, que sejam evitadas condições perigosas e a implementação de medidas mitigadoras, quando os impactos forem inevitáveis.

Fig. 7.7 *Cachoeira Véu da Noiva, no Parque Nacional do Itatiaia (RJ): exemplo de atrativo geoturístico (foto tirada em 2014)*
Fonte: Flávia Oliveira.

No sistema de trilha, estão também os atrativos (Fig. 7.7) que, no contexto da geodiversidade e do geoturismo, são sítios de interesse geológico e paisagens geomorfológicas – sendo estas integradoras de sistemas bióticos e abióticos – e que se apresentam como afloramentos rochosos, paredões rochosos, vales com encostas escarpadas propícias para o desenvolvimento de rapel; áreas com rupturas acentuadas de declives, trechos encachoeirados e quedas d'água, poços superficiais em cursos hídricos e lagos represados, adequados à recreação e à contemplação da fauna aquática; falésias, sistemas de dunas, manguezais, mirantes, furnas (cavernas) e caldeiras vulcânicas, entre outros. Há também benefícios eco e geossistêmicos proporcionados pela própria trilha, como atividades físicas, contato direto com a natureza e sentido de superação de obstáculos; nesse caso, as trilhas são o próprio atrativo.

Para Pereira, Pereira e Alves (2007), os locais de interesse geomorfológico (sítios geomorfológicos/geomorfossítios) podem ser classificados nos tipos: local isolado, área e local panorâmico. Segundo os autores,

> Os *locais isolados* são constituídos por uma geoforma ou por um pequeno grupo de geoformas cuja observação é feita na sua proximidade. As *áreas* são constituídas por um ou mais grupos de geoformas cuja observação exige movimentação dentro da própria área. Os *locais panorâmicos* são aqueles locais que melhor permitem a observação de determinadas geoformas de grande dimensão. (Pereira; Pereira; Alves, 2007, p. 236).

Para os sítios geológicos que apresentam algum valor superlativo, Brilha (2016) propõe uma metodologia que visa sistematizar tarefas no âmbito da geoconservação. Segundo o autor, tais tarefas devem ser agrupadas nas seguintes etapas sequenciais: inventário, avaliação quantitativa, conservação, valorização (interpretação e promoção) e monitoramento de sítios geológicos. Portanto, ressalta-se que a geodiversidade encontra-se inter-relacionada à biodiversidade, contribuindo ambas, dessa maneira, para a composição e configuração das paisagens.

Nesse sentido, propõem-se etapas de planejamento, manejo e gestão de trilhas, integrando os elementos que compõem sua paisagem ao longo do seu percurso e considerando-se também os sítios de interesse geológico e geomorfológico (atrativos), portanto, uma infraestrutura de trilha interpretativa para atividades de promoção da geodiversidade, do geoturismo e da geoconservação. A seguir, são elencadas as etapas propostas:

- *objetivo*: definir os objetivos da trilha que se pretende implementar ou melhorar. Deverão estar de acordo com as características socioambientais locais e o tipo de público que se pretende alcançar;
- *planejamento*: fazer uma análise fisiográfica e ambiental da área, de suas potencialidades interpretativas e limitações de uso;
- *levantamento*: realizar um levantamento, ao longo da trilha, de sítios geológicos e geomorfológicos (atrativos) de interesse geoturístico, de lazer e/ou educativo;
- *análise quali-quantitativa dos sítios geológico/geomorfológicos levantados (Pereira, 2006; Brilha, 2016)*: analisar qualitativa e quantitativamente os atrativos geológicos e/ou geomorfológicos selecionados na trilha, com identificação de valores, funções e benefícios eco e geossistêmicos (Gray, 2013);
- *construção*: definir e implementar tipologia, forma, traçado, comprimento e dimensões do corredor (largura) da trilha, que estarão de acordo com os objetivos, tipos de usuários e limitações impostas pelo meio físico, como topografia, cursos hídricos e cobertura da terra;

* *valorização*: construir infraestruturas de valorização que poderão ser implementadas *in situ*, como degraus, corrimãos, rampas, canaletas, minadouros, sistemas de placas sinalizadoras e de painéis interpretativos, e, *ex situ*, como a elaboração de mapas e guias;
* *monitoramento*: acompanhar a dinâmica ambiental da trilha, dos impactos, as limitações de uso, os atrativos e infraestruturas de acesso e de interpretação;
* *manutenção*: realizar limpeza das trilhas, removendo-se obstáculos como cobertura vegetal que impeça o acesso à trilha ou ao atrativo, e promovendo reparos das infraestruturas de acesso, conservação e interpretação.

Isso posto, ressalta-se que essa proposta poderá ser adaptada a contextos e objetivos diferenciados, de acordo com a área onde a trilha será implementada ou melhorada, os objetivos de instalação da trilha, as potencialidades interpretativas da geodiversidade e as limitações impostas pelo ambiente.

7.3 Educação ambiental para a manutenção da geodiversidade e do geoturismo: algumas proposições para trilhas

Os componentes da geodiversidade (minerais, rochas, fósseis, solos, formas de relevo, aspectos hidrológicos e processos geológicos/geomorfológicos) estão associados a valores, que podem ser funcionais, estéticos, lendários, econômicos, ambientais, educativos e/ou científicos, entre outros, vinculam-se às funções eco e geossistêmicas, e podem proporcionar benefícios relacionados a elementos, feições e sistemas terrestres (Gray, 2013). Tais benefícios podem ser o contato direto com o solo e a rocha em trilhas, a contemplação de paisagens geomorfológicas em mirantes e a recreação em cursos hídricos e em praias marinhas. Isso torna importante a conservação desses ambientes, no desenvolvimento e na manutenção de tais atividades, que se traduzem em lazer, educação, eco e geoturismo.

Segundo Brilha (2016), somente uma fração da geodiversidade deve ser conservada, a que apresenta qualquer valor superlativo, e quando esse valor é científico, indica-se o geossítio, considerado patrimônio geológico. O autor afirma ainda que o valor científico dos elementos da geodiversidade está diretamente relacionado à sua importância em apoiar o conhecimento presente e futuro, e em como a geosfera funciona e interage com outros sistemas terrestres: a biosfera, a hidrosfera e a atmosfera.

Os principais objetivos no estudo da temática do patrimônio geológico são a popularização de conceitos referentes às ciências da Terra, a proteção das feições excepcionais da geodiversidade e a criação de uma consciência ambiental completa, que conceba a natureza enquanto dialética entre elementos bióticos e abióticos da paisagem. Esses fins resultam na geoconservação, ou seja, na conservação da natureza abiótica (Meira; Morais, 2016).

Para a manutenção de uma geodiversidade de destacado valor, pesquisadores vêm desenvolvendo metodologias com critérios semelhantes de geoconservação, e é possível selecionar os seguintes grupos sequenciais de procedimentos: diagnóstico, definição de objetivos, inventário, avaliação quali-quantitativa, proteção legal, identificação de vulnerabilidades e ameaças, valorização (interpretação e promoção), conservação e monitoramento (Lima; Brilha; Salamuni, 2010; Pereira; Pereira, 2010; Carcavilla-Urquí, 2012; Brilha, 2016; Oliveira, 2017).

Aqui, pretende-se discutir a educação ambiental na manutenção e conservação da geodiversidade em trilhas, portanto, a etapa que abrange a valorização (interpretação e promoção) de sítios e áreas de interesse geológico e geomorfológico para lazer, educação e geoturismo.

Nessa perspectiva, as relações com a sociedade são importantes, promovendo a educação e o avanço científico na área das Geociências no enquadramento legal, associado à conservação do meio ambiente e ao ordenamento do território. Isso permite, também, o desenvolvimento socioeconômico local, que pode ocorrer por intermédio do turismo (Brilha, 2009).

Desse modo, os procedimentos metodológicos supracitados são essenciais para a geoconservação e sua ligação com a sociedade em escala local (a exemplo da análise em uma trilha) e regional, ultrapassando, portanto, a escala de sítio. Isso torna fundamental a ampliação desse conhecimento, tanto na educação ambiental formal (escolar e universitária) como na não formal, fora do âmbito institucional da educação (Brasil, Lei nº 9.795/1999).

Nesse contexto está o geoturismo, cuja finalidade maior é a promoção de valores ambientais, além do fornecimento dos benefícios da geodiversidade para a geoconservação por intermédio da geointerpretação (Hose, 2012).

Contudo, pode-se considerar que o geoturismo enquadra-se na legislação brasileira para a educação ambiental em caráter não formal, uma vez que busca, por meio do incentivo de práticas fora do meio escolar ou universitário, a sensibilização da coletividade sobre questões ambientais (Brasil, Lei nº 9.795/1999, art. 13), que podem estar envolvidas com a geodiversidade.

De acordo com Costa (2008), o conhecimento detalhado não somente das principais feições de relevo existentes em determinada área, mas também dos processos geomorfológicos atuantes em determinada região – a exemplo da erosão de encostas e do assoreamento de rios e baixadas –, pode ter mais uma finalidade importante nos estudos ambientais: as práticas geoecoturísticas, que envolvem atividades de lazer e educação ambiental, tendo como base a paisagem, a educação para a conservação da natureza e a inclusão social.

O geoturismo possibilita que as comunidades locais desenvolvam atividades econômicas sustentáveis e compatíveis com a conservação da geodiversidade e suas inter-relações bióticas e culturais à medida que incentiva os turistas a aprender mais sobre os processos geológicos e geomorfológicos tanto do passado como do presente (Jorge; Guerra; Fullen, 2016; Jorge; Guerra, 2016). Portanto, a interpretação geocientífica torna-se fundamental nesse processo (Oliveira, 2017). Nesse contexto estão as trilhas e os caminhos, que poderão servir de condutores para o conhecimento e a manutenção da geodiversidade por intermédio do desenvolvimento de práticas educativas e conservacionistas, fora do ambiente educacional formal, como parques nacionais, reservas biológicas e geoparques, entre outras áreas destinadas à visitação.

As trilhas e os caminhos têm fundamental importância para o turismo, o lazer e a educação ambiental, pois são o meio pelo qual as pessoas chegam aos atrativos e locais de interesse turístico, didático e de lazer, e são a infraestrutura mais próxima do usuário, a qual permite o contato intensificado com a natureza biótica e abiótica (Fig. 7.8) (Lima, 1998; Costa, 2006; Neiman; Rabinovici, 2008; Eisenlohr et al., 2013).

Em alguns casos, as trilhas são os próprios atrativos, tendo, assim, papel de recurso ao proporcionar experiências práticas aos visitantes. Portanto, o estudo de trilhas e caminhos torna-se importante no planejamento de estratégias interpretativas ambientais, até mesmo quando são vias de acesso aos sítios (atrativos), os quais se pretende promover, ensinar e/ou pesquisar (Costa; Costa, 2009; Folmann; Pinto; Guimarães, 2010; Pereira, 2010; Aiolfi; Bernadon; Godoy, 2011; Moreira; Silva-Júnior, 2013; Jorge; Guerra; Fullen, 2016; Mello, 2016).

Para Moreira (2014, p. 78), "a interpretação ambiental é considerada como uma parte da educação ambiental, sendo o termo usado para descrever as atividades de uma comunicação realizada para a melhor compreensão

FIG. 7.8 *Geossítio Caldeira do Vulcão das Furnas, Ilha de São Miguel, geoparque Açores, em Portugal: trilha para contato intensificado com a natureza abiótica, de origem vulcânica (foto tirada em 2016)*
Fonte: Flávia Oliveira.

do ambiente natural [...]". No contexto da geoconservação, a interpretação ambiental é um instrumento essencial de gestão, uma vez que pode contribuir para a valorização e manutenção da bio e geodiversidade, com base no conhecimento de seus valores, funções, benefícios e ameaças.

A valorização da geodiversidade preocupa-se em incrementar a relevância de uma área ou sítio geológico/geomorfológico, seja por meio de intervenções diretas, como abertura de trilhas e caminhos, construção de mirantes e instalação de placas informativas, ou por meio da construção de recursos interpretativos, como painéis, *folders*, roteiros, *websites*, vídeos, livros, entre outros.

Quanto às trilhas e aos caminhos interpretativos, existem os guiados e os autoguiados. Muitos estudiosos, a exemplo de Moreira (2014), destacam que os guiados são mais eficientes, uma vez que podem enriquecer a experiência dos visitantes e fortalecer o conhecimento de todos, visto que o condutor, ao realizar o percurso, pode inter-relacionar os temas a assuntos de âmbito histórico, cultural, econômico, social e/ou ambiental, entre outros, de acordo com o objetivo, o interesse e/ou a contrapartida do público.

As trilhas e os caminhos interpretativos autoguiados dependem de infraestrutura física que conduza o visitante, como placas sinalizadoras, painéis interpretativos, mapas e guias impressos. Portanto, ambas as estratégias se atrelam à interpretação, que pode ser um dos motivos limitadores de seu desenvolvimento, quando não existente ou mal implementada.

Nessa perspectiva, a interpretação ambiental possibilita a sensibilização, que poderá promover a conservação do meio ambiente. Portanto, a sensibilização ambiental deve ser acompanhada pelo conhecimento adequado sobre a área que se pretende promover.

A interpretação ambiental nasceu de maneira intuitiva na busca do homem pela descoberta do meio ambiente. Porém, foi consagrada com a contribuição de Tilden (1957) ao publicar o livro *Interpreting our heritage* [Interpretando nossa herança]. Para esse autor, a interpretação é uma atividade educativa, cujo objetivo é revelar significados e relações, seja por meio da experiência com os elementos originais como pelos meios ilustrativos de comunicação, em vez de simplesmente comunicar informações factuais.

A interpretação ambiental é uma ferramenta de comunicação que visa revelar ao público significados e relações do ambiente, que pode ser natural e/ou construído, por meio de experiências diretas ou não com objetos, paisagens e sítios.

Na interpretação ambiental, a trilha é um dos recursos mais empregados, pois compõe um ambiente favorável a práticas educativas de lazer ao permitir que sejam criados meios de interação e construção de conhecimento, seja este sensorial ou não, na busca da sensibilização ambiental.

De acordo com Mansur et al. (2014, p. 87), as trilhas interpretativas

> suscitam a curiosidade, o interesse e a descoberta, e o aprendizado se torna uma experiência viva, qualquer que seja a finalidade, acadêmica e científica. Em resumo, fornecem conhecimento e esclarecimento lúdico à comunidade em geral,

além do benefício de bem-estar, que pode ser proporcionado pelo contato com a geodiversidade e seus serviços eco e geossistêmicos, ao vivenciar a experiência de percorrer uma trilha.

Nesse contexto, o próprio percurso é considerado um meio interpretativo, e, para tanto, a forma da trilha deve ser planejada de acordo com o objetivo que se pretende alcançar (Fig. 7.9). Nessa perspectiva, Lechner (2006) afirma que as trilhas em forma de ferradura geralmente são preferíveis às lineares,

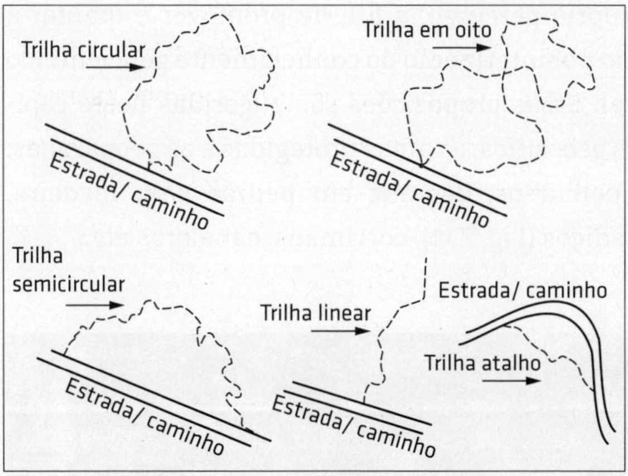

Fig. 7.9 *Exemplos de formas de trilha*
Fonte: adaptado de Andrade (2003), Costa (2006) e Andrade e Rocha (2008).

porque reduzem o número de encontros e podem produzir aos visitantes experiências mais ricas e intensas com o meio explorado. Segundo o autor, as trilhas lineares que desembocam em outras trilhas e as circulares são preferíveis àquelas que simplesmente iniciam em um ponto, chegando a um determinado local e retornando pela mesma rota.

Quanto à existência de obstáculos ao longo de uma trilha, estes podem instigar o senso de superação e aventura, um atrativo a mais para certos grupos de visitantes. Entretanto, de acordo com Andrade (2003, p. 251), "[...] pedras, árvores caídas e poças de lama devem ser prontamente corrigidos ou adaptados, pois provocam a abertura de desvios" em percursos ou limitações de uso. Essa correção pode ser feita, também, por intermédio de ações sensibilizadoras de educação ambiental, utilizando-se de materiais interpretativos, como painéis, *folders*, mapas e cartilhas que orientem o visitante na trilha (Fig. 7.10). A orientação pode acontecer, também, por intermédio de pessoas capacitadas para esse fim.

Portanto, para a implementação de trilhas, são fundamentais o planejamento e a criação de estratégias, tanto para o percurso como para os atrativos que se pretende alcançar ao longo de seu trajeto. Diante disso, serão apresentadas a seguir algumas proposições de valorização para trilhas e caminhos com base em experiências.

7.3.1 Algumas proposições para trilhas e caminhos com base em experiências

São importantes as proposições de valorização de trilhas e caminhos na difusão do conhecimento da geodiversidade de sítios geológicos/geomorfológicos (atrativos) e, também, do próprio percurso, a fim de promover e manter a geodiversidade e o geoturismo por intermédio do conhecimento geocientífico e da sensibilização ambiental. Essas proposições são sugeridas neste capítulo, tendo como exemplos os geossítios, as áreas protegidas e os geoparques:

* equipamentos para percursos: degraus em pedras e/ou madeira, rampas, pontes, passadiços (Fig. 7.11), corrimãos, canaletas etc.;

FIG. 7.10 *Trilha Transcarioca, no Monumento Natural dos Morros do Pão de Açúcar e da Urca (RJ): exemplo de estratégia educativa para trilhas (foto tirada em 2017)*
Fonte: Flávia Oliveira.

FIG. 7.11 *Passadiços do Paiva, geossítio Garganta do Paiva, geoparque Arouca, em Portugal: exemplo de percurso suspenso. Os passadiços são utilizados como estratégia de observação da geodiversidade, que tem motivação na atividade física, além da beleza cênica ao longo do percurso (foto tirada em 2015)*
Fonte: Flávia Oliveira.

- implementação em trilhas de acessibilidades para portadores de necessidades especiais, como deficientes auditivos, deficientes visuais, usuários de muletas, andadores, cadeira de rodas, bengalas, entre outras limitações de locomoção, que poderão ser atendidas com equipamentos adequados, como rampas (Fig. 7.12), cordas, técnicas e equipamentos de exploração sensorial e braile;

Fig. 7.12 *Exemplo de trilha suspensa no parque urbano Bosque do Silêncio, em Campos do Jordão (SP) (foto tirada em 2015)*
Fonte: Nadja Costa.

- implementação de estratégias interpretativas e sinalizadoras rústicas (com reduzida intervenção) e utilização de materiais com pouca transformação, como madeiras e pinturas em rochas, que contribuem para a manutenção da bio e geodiversidade, além de favorecer o contato "livre" com o meio ambiente, mediante reduzida poluição visual, ao longo do percurso, uma vez que, nesse caso, os equipamentos de valorização modificam muito pouco o ambiente implementado (Fig. 7.13).
- instalação e/ou sinalização de mirantes nos percursos, que poderão utilizar a própria geodiversidade quando se encontram em pontos culminantes (Fig. 7.14).
- integração de estratégias interpretativas e sinalizadoras *in situ* (na trilha) com estratégias *ex situ* (em centros de visitantes ou interpretativos, ambiente virtual, *folders*, cartilhas, mapas etc.) (Fig. 7.15);
- mutirões para manejo de trilhas, caminhos e atrativos; tais ações são importantes no conhecimento e na interação com a bio e a geodiversidade, bem como na manutenção da natureza e dos equipamentos de valorização.

FIG. 7.13 *Geossítio Caldeirão, Ilha do Corvo, geoparque Açores, em Portugal: exemplo de sinalização rústica de percurso pedestre, com pinturas em rocha (ampliadas e indicadas com uma seta no lado direito da foto) (foto tirada em 2016)*
Fonte: Flávia Oliveira.

FIG. 7.14 *Exemplo de mirante na Cascata do Caracol, no Parque Estadual do Caracol, em Canela (RS) (foto tirada em 2017)*
Fonte: Vivian Costa.

Fig. 7.15 *Parque natural na zona central do Chile: exemplo de trilha autoguiada, auxiliada por painéis educativos (foto tirada em 2015) Fonte: Nadja Costa.*

7.6 Conclusões

O presente capítulo discutiu temas relacionados às potencialidades de trilhas e caminhos quanto à exploração e à manutenção da geodiversidade e do geoturismo. Nessa perspectiva, uma trilha é concebida como elemento da paisagem em escala local, que se apresenta, no contexto físico e no socioambiental, como um elo dinâmico e agregador de valores, funções e benefícios eco e geossistêmicos. Como tal, deve ser conservada, uma vez que encerra em si própria e conduz a atrativos importantes, merecedores de divulgação séria e compromissada com a veracidade das informações, e a práticas de lazer e recreação, comprometidas com o conhecimento geocientífico, paralelamente à manutenção de sua geobiodiversidade.

Nesse contexto, foram apresentadas proposições de planejamento, manejo e gestão de trilhas integrando os elementos passíveis de serem identificados ao longo de seu percurso, com destaque àqueles de caráter geológico e geomorfológico, como geossítios (incluindo os potenciais) em áreas protegidas e geoparques, nacionais e internacionais. Apesar de toda essa preocupação, as iniciativas nesse sentido ainda são incipientes, mas promissoras, diante das crescentes investigações que vêm ocorrendo, especialmente nas universidades e nos centros de pesquisa, estatais e particulares. As potencialidades são inúmeras e os interesses são cada vez maiores em estudar as trilhas visando promover seu conhecimento geocientífico e sua vivência lúdica, incentivando a latente natureza abiótica que ainda é pouco explorada sob a ótica do geoturismo.

REFERÊNCIAS BIBLIOGRÁFICAS

AIOLFI, R. B.; BERNADON, B. H. A.; GODOY, W. I. Trilha ecológica como um recurso pedagógico à educação ambiental. *Synergismus scyentifica*, Pato Branco, v. 6, n. 1, p. 1-9, 2011.

ANDRADE, W. J. Implantação e manejo de trilhas. In: MITRAUD, S. (Org.). *Manual de ecoturismo de base comunitária*: ferramentas para um planejamento responsável. Brasília: WWF, 2003. p. 247-260.

ANDRADE, W. J.; ROCHA, R. F. Manual de trilhas: um manual para gestores. *IF Sér. Reg*, São Paulo, n. 35, p. 1-74, 2008.

BEITA, C. M. et al. Aporte de la Geografía a la conservación ecológica: trazos de una vieja sinergia. In: BEITA, C. M. *Geografía, paisaje y conservación*. Costa Rica: Universidad Nacional, 2013. p. 15-40.

BERTRAND, G. Le paysage entre la nature et la société. *Révue Géographique des Pyrénées et du Sud-Ouest*, n. 49, p. 16-26, 1978.

BOLÓS, M. C. Problemática actual de los estudios de paisage integrado. *Revista de Geografia*, Barcelona, v. 15, p. 45-64, 1981.

BRASIL. *Lei N° 9.795*: Dispõe sobre a educação ambiental, institui a Política Nacional de Educação Ambiental e dá outras providências. Brasília: 27 abr. 1999.

BRILHA, J. B. R. A importância dos geoparques no ensino e divulgação das geociências. *Geol. USP*, São Paulo, publ. esp., v. 5, p. 27-33, 2009.

BRILHA, J. B. R. Inventory and quantitative assessment of geosites and geodiversity sites: a review. *Geoheritage*, v. 8, n. 2, p. 119-134, 2016.

BRILHA, J. B. R. *Património geológico e geoconservação*: a conservação da natureza na sua vertente geológica. Viseu: Palimage, 2005. 190 p.

CARCAVILLA-URQUÍ, L. *Geoconservación*. Madri: Los libros de la Catarata, 2012. 128 p.

CASTRO, I. E. Paisagem e turismo: de estética, nostalgia e política. In: YÁZIGI, E. (Org.). *Turismo e paisagem*. São Paulo: Contexto, 2002. p. 121-140.

CHRISTOFOLETTI, A. *Modelagem de sistemas ambientais*. São Paulo: Blücher, 1999. 236 p.

COLE, A. N. D. *Assessing and monitoring backcountry trail conditions*. Research Paper INT-303. Ogden: USDA, Forest Service, Intermountain Forest and Range Experiment Station, 1983. 10 p.

COSTA, N. M. C. Ecoturismo: abordagens e perspectivas geográficas. In: COSTA, N. M. C.; NEIMAN, Z.; COSTA, V. C. (Org.). *Pelas trilhas do ecoturismo*. São Carlos: Rima, 2008. p. 17-32.

COSTA, N. M. C.; COSTA, V. C. *As trilhas como veículo de exploração da paisagem natural*: a questão dos impactos ambientais. Turismo e Meio Ambiente. v. 2, módulo 2. Rio de Janeiro: Fundação CECIERJ, 2009. p. 7-33.

COSTA, V. C. *Propostas de manejo e planejamento ambiental de trilhas ecoturísticas*: um estudo no Maciço da Pedra Branca - Município do Rio de Janeiro (RJ). 2006. 283 f. Tese (Doutorado em Geografia) – Universidade Federal do Rio de Janeiro, Rio de Janeiro, 2006.

EISENLOHR, P. V.; MEYER, L.; MIRANDA, P. L. S.; REZENDE, V. L.; SARMENTO, C. D.; MOTA, T. J. R. C.; GARCIA, L. C.; MELO, M. M. R. F. Trilhas e seu papel ecológico: o que temos aprendido e quais as perspectivas para a restauração de ecossistemas? *Revista Hoehnea*, São Paulo, v. 40, n. 3, p. 407-418, 2013.

FARINA, A. *Principles and methods in landscape ecology*: towards a science of the landscape. Netherlands: Springer, 2006. 412 p.

FOLMANN, A. C.; PINTO, M. L. C.; GUIMARÃES, G. B. Trilhas interpretativas como instrumentos de geoturismo e geoconservação: caso da trilha do Salto São Jorge, campos gerais do Paraná. *Geo Uerj*, Rio de Janeiro, v. 2, n. 21, p. 1-19, 2010.

GRAY, M. *Geodiversity*: valuing and conserving abiotic nature. 2. ed. Chichester: John Wiley & Sons, 2013. 453 p.

GUERRA, A. J. T; MARÇAL, M. S. *Geomorfologia ambiental*. 1. ed. Rio de Janeiro: Bertrand Brasil, 2006. 192 p.

HOSE, T. A. European "geotourism" – geological interpretation and geoconservation promotion for tourists. In: BARETTINO, D.; WIMBLEDON, W. A. P.; GALLEGO, E. (Eds.). *Geological heritage*: its conservation and management. Madri: Instituto Tecnológico Geominero de España, 2000. p. 127-146.

HOSE, T. A. 3G's for modern geotourism. *Geoheritage*, v. 4, n. 1-2, p. 7-24, 2012.

IRVING, M. A. Turismo, áreas protegidas e inclusão social: uma triangulação necessária em planejamento, no caso brasileiro. In: IRVING, M. A.; RODRIGUES, C. G. O.; RABINOVICI, A.; COSTA, H. A. (Org.). *Turismo, áreas protegidas e inclusão social*: diálogos entre saberes e fazeres. Rio de Janeiro: Folio Digital, 2015. p. 51-80.

JARDÍ, M. Paisage: una síntesis geográfica? *Revista de Geografia*, Barcelona, v. 24, p. 43-60, 1990.

JORGE, M. C. O.; GUERRA, A. J. T. Geodiversidade, geoturismo e geoconservação: conceitos, teorias e métodos. *Espaço Aberto*, Rio de Janeiro, v. 6, n. 1, p. 151-174, 2016.

JORGE, M. C. O.; GUERRA, A. J. T.; FULLEN, M. A. Geotourism, geodiversity and geoconservation in Ubatuba municipality, São Paulo State, Brazil. *Geography Review*, v. 29, p. 26-29, 2016.

LECHNER, L. Planejamento, implantação e manejo de trilhas em unidades de conservação. *Cadernos de Conservação*, Curitiba, Fundação O Boticário de Proteção à Natureza, ano 3, n. 3, 2006. 125 p.

LIMA, F. F.; BRILHA, J. B., SALAMUNI, E. Inventorying geological heritage in large territories: a methodological proposal applied to Brazil. *Geoheritage*, v. 2, n. 3-4, p. 91-99, 2010.

LIMA, S. T. Trilhas interpretativas: a aventura de conhecer a paisagem. *Cadernos Paisagem*, Rio Claro, UNESP, Paisagem 3, n. 3, p. 39-44, 1998.

MANSUR, K. L. Projetos educacionais para a popularização das geociências e para a geoconservação. *Geologia USP*, publicação especial, São Paulo, v. 5, p. 63-74, 2009.

MANSUR, K. L.; PALERMO, N.; NOGUEIRA, G.; VALENTE, S.; MELLO, E. F. Complexo vulcânico de Nova Iguaçu: singularidade geológica a preservar. In: CORREIA, M. R. (Org.). *Oficina de estudos da preservação*. Coletânea III. Rio de Janeiro: IPHAN-RJ, 2014. p. 84-93.

MEIRA, S. A.; MORAIS, J. O. Os conceitos de geodiversidade, patrimônio geológico e geoconservação: abordagens sobre o papel da geografia no estudo da temática. *Boletim Geográfico*, Maringá, v. 34, n. 3, p. 129-147, 2016.

MELLO, F. A. P. Ecologia de trilhas: por uma nova abordagem do uso público em unidades de conservação. In: CONGRESSO NACIONAL DE PLANEJAMENTO E MANEJO DE TRILHAS, 2., COLÓQUIO BRASILEIRO PARA A RED LATINO-AMERICANA DE SENDERISMO, 1., 2013, Rio de Janeiro. *Anais*... Rio de Janeiro: UERJ, 2013. p. 938-957.

MELLO, F. A. P. *Geoecologia de trilhas*: contribuição conceitual e metodológica para o planejamento e manejo de trilhas na gestão do uso público em parques. 249 f. Tese (Doutorado em Geografia) – Programa de Pós-Graduação em Geografia – PPGEO. Universidade do Estado do Rio de Janeiro, Rio de Janeiro, 2016.

MOREIRA, J. C. *Geoturismo e interpretação ambiental*. 1. ed. rev. atual. Ponta Grossa: Editora da UEPG, 2014. 157 p.

MOREIRA, J. C.; SILVA-JÚNIOR J. M. Trilhas subaquáticas em Fernando de Noronha - PE: a importância da interpretação ambiental relacionada à geodiversidade. In: CONGRESSO NACIONAL DE PLANEJAMENTO E MANEJO DE TRILHAS, 2., COLÓQUIO BRASILEIRO PARA A RED LATINOAMERICANA DE SENDERISMO, 1., 2013, Rio de Janeiro. *Anais*... Rio de Janeiro: UERJ, 2013. p. 1203-9.

NASCIMENTO, M. A. L.; RUCHKYS, U.; MANTESSO-NETO, V. *Geodiversidade, geoconservação e geoturismo*: trinômio importante para a proteção do patrimônio geológico. São Paulo: SBGEO, 2008. 82 p.

NEIMAN, Z. RABINOVICI, A. Trilhas na natureza e sensibilização ambiental. In: COSTA, N. M. C.; NEIMAN, Z.; COSTA, V. C. *Pelas trilhas do ecoturismo*. São Carlos: Rima, 2008. p. 73-86.

OLIVEIRA, F. L. *Diversidade geológico-geomorfológica do parque natural municipal de Nova Iguaçu (Rio de Janeiro)*: bases para o planejamento ambiental no contexto da geoconservação. 2017. 269 f. Tese (Doutorado em Geografia) – Programa de Pós-Graduação em Geografia, Universidade do Estado do Rio de Janeiro, Rio de Janeiro, 2017.

PEREIRA, E. S. *Geodiversidade do parque estadual da Pedra Branca-RJ*: subsídios para o planejamento geoturístico. 2010. 179 f. Dissertação (Mestrado em Geologia) – Programa de Pós-Graduação em Geologia, Universidade Federal do Rio de Janeiro, Rio de Janeiro, 2010.

PEREIRA, P. *Património geomorfológico*: conceptualização, avaliação e divulgação. Aplicação ao Parque Natural de Montesinho. 2006. Tese (Doutorado) - Universidade do Minho, Braga. Disponível em: <http://hdl.handle.net/1822/6736>. Acesso em: 10 abr. 2018.

PEREIRA, P.; PEREIRA, D. I. Methodological guidelines for geomorphosite assessment. *Géomorphologie: relief, processus, environment*, n. 2, p. 215-222, 2010.

PEREIRA, P.; PEREIRA, D. I.; ALVES, M. I. C. Avaliação do Património Geomorfológico: proposta de metodologia. *Publicações da Associação Portuguesa de Geomorfólogos* – APGeom, Lisboa, v. 5, p. 235-247, 2007.

SILVA, C. R. et al. (Org.). *Geodiversidade do Brasil*: conhecer o passado para entender o presente e prever o futuro. Rio de Janeiro: CPRM, 2008. p. 11-20.

SIQUEIRA, M. N.; RAMOS, M. A. B.; PEDREIRA, A. J.; DANTAS, M. E. Geografia e ecologia da paisagem: pontos para discussão. *Sociedade & Natureza*, Uberlândia, v. 3, n. 25, p. 557-566, 2013.

SOTCHAVA, V. B. *Por uma teoria de classificação de geossistemas da vida terrestre*. Série Biogeografia. São Paulo: Instituto de Geografia USP, 1978.

STRANZ, A.; SAUL, P. F. A.; LARRATEA, T. V. Trilhas de interpretação ambiental como ferramenta no desenvolvimento da educação ambiental em escolas. In: COSTA, N. M. C.; NEIMAN, Z.; COSTA, V. C. (Org.). *Pelas trilhas do ecoturismo*. São Carlos: Rima, 2008. p. 87-100.

TILDEN, F. *Interpreting our heritage*. Carolina do Norte: University of North Carolina Press, 1957. 224 p.

TRICART, J. A geomorfologia nos estudos integrados de ordenação do meio natural. *Boletim Geográfico*, Rio de Janeiro, n. 34, p. 15-42, 1976.

VILLAS-BOAS, G. H.; MARÇAL, M. S. Geologia e estudo da paisagem aplicados ao turismo. In: ARANHA, R. C.; GUERRA, A. J. T. *Geografia aplicada ao turismo*. São Paulo: Oficina de Textos, 2014. p. 81-114.

WILSON, E. O. (Org.). *Biodiversidade*. Rio de Janeiro: Nova Fronteira, 1997.

YOUNÉS, T.; GARAY, I. As dimensões humanas da biodiversidade: o imperativo das abordagens integrativas. In: GARAY, I.; BECKER, B. K. *Dimensões humanas da biodiversidade*: o desafio de novas relações sociedade-natureza no século XXI. Petrópolis: Vozes, 2006. p. 57-72.

Fig. 1.2 *Exemplos de serviços ecossistêmicos providos pela geodiversidade: (A) regulação – dunas frontais que auxiliam na proteção contra a erosão na praia do Peró (Cabo Frio, RJ); (B) suporte – manguezal com substrato rochoso e contribuição de água subterrânea no Mangue de Pedra (Armação dos Búzios, RJ); (C) provisão – extração de sal na Lagoa Vermelha (Araruama, RJ); (D) cultura – paisagem do Dedo de Deus (Teresópolis/Guapimirim, RJ); (E) cultura – vista de parte da estátua de Ramsés II com contatos litológicos e xenólitos (Museu Britânico, Londres); (F) conhecimento – discordância angular em Siccar Point, descrita por James Hutton (Berwickshire, Escócia) Fonte: (D) Felipe Medeiros.*

Fig. 1.3 *Alguns exemplos de ameaças e danos à geodiversidade: (A)* beachrocks *descritos por Charles Darwin ameaçados de soterramento por projeto de porto em Jaconé (Maricá, RJ); (B) bugues e automóveis 4 × 4 nas dunas do Peró (Cabo Frio, RJ); (C) extração de amostra de pegada de dinossauro na trilha interpretativa no centro de visitantes do Vale dos Dinossauros (Bacia de Sousa, PB); (D) imagens, objetos religiosos e velas acesas no interior da Lapa dos Brejões, caverna em João Dourado (Morro do Chapéu, BA)*

Fonte: (A) Renato Ramos, (C) <https://www.flickr.com/photos/annymery/6358165185> e (D) Rafael Albani.

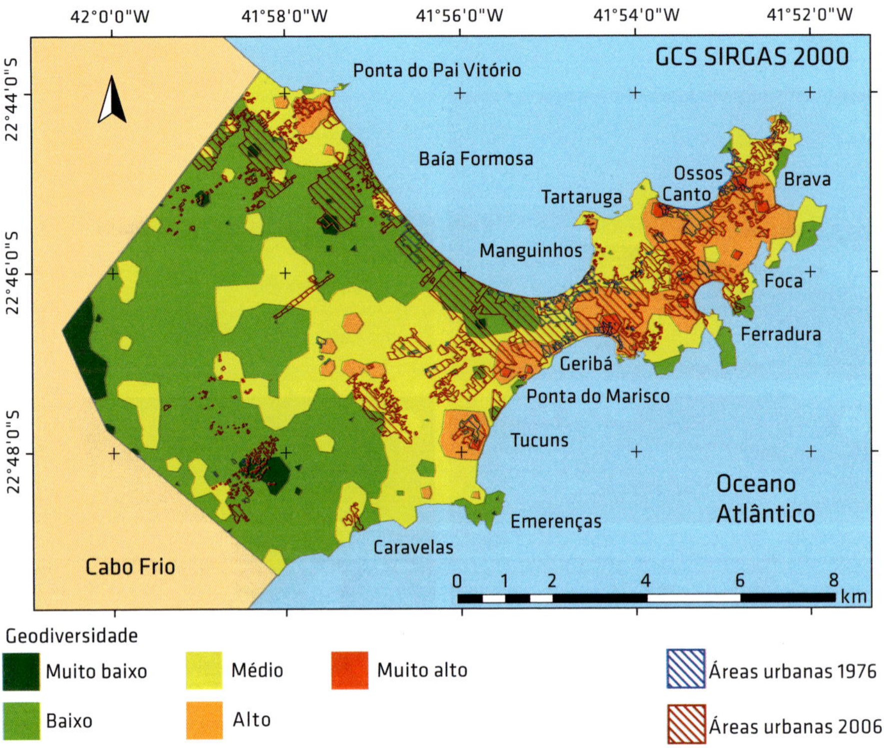

FIG. 1.4 *Mapa índice de geodiversidade de Armação dos Búzios, segundo a metodologia quantitativa, elaborado com base na integração de índices mapeados para a geologia, pedologia, geomorfologia e hidrografia*

Fonte: modificado de Santos et al. (2017).

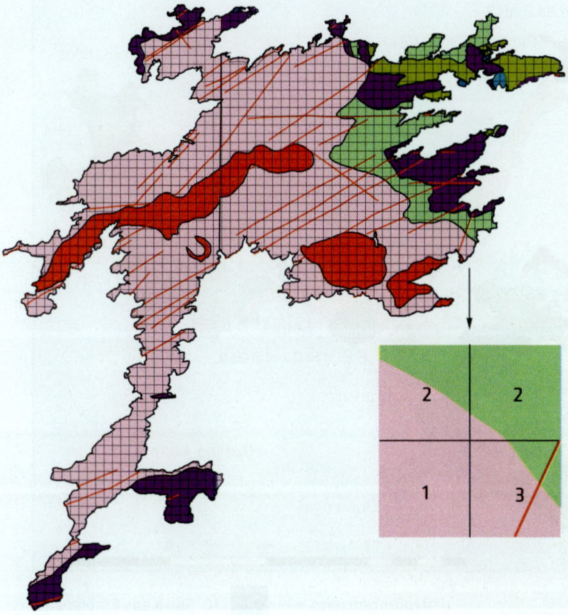

FIG. 1.5 *Mapa geológico do Parque Estadual da Pedra Branca sobreposto por grade regular. No detalhe, mostra-se a contagem de ocorrências dentro das células, incluindo-se unidades litológicas e estruturas*
Fonte: Santos (2014).

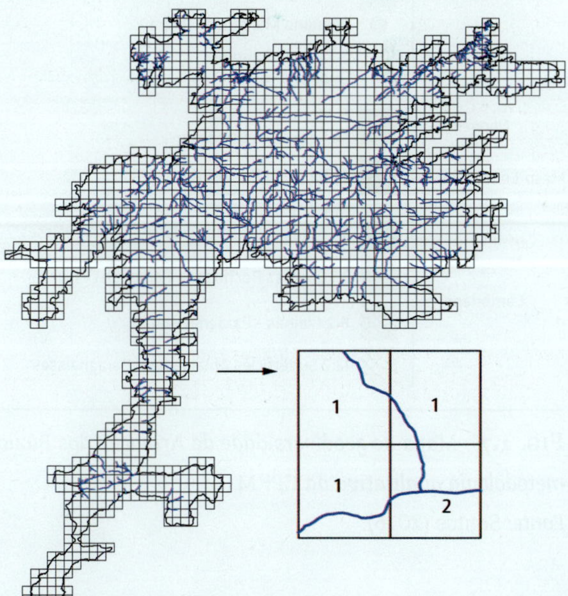

FIG. 1.6 *Mapa do Parque Estadual da Pedra Branca, com a representação do reticulado do subíndice hidrografia. No detalhe, mostra-se a pontuação adotada de acordo com a hierarquia dos canais: os azuis são de primeira ordem e o verde, de segunda*
Fonte: Santos (2014).

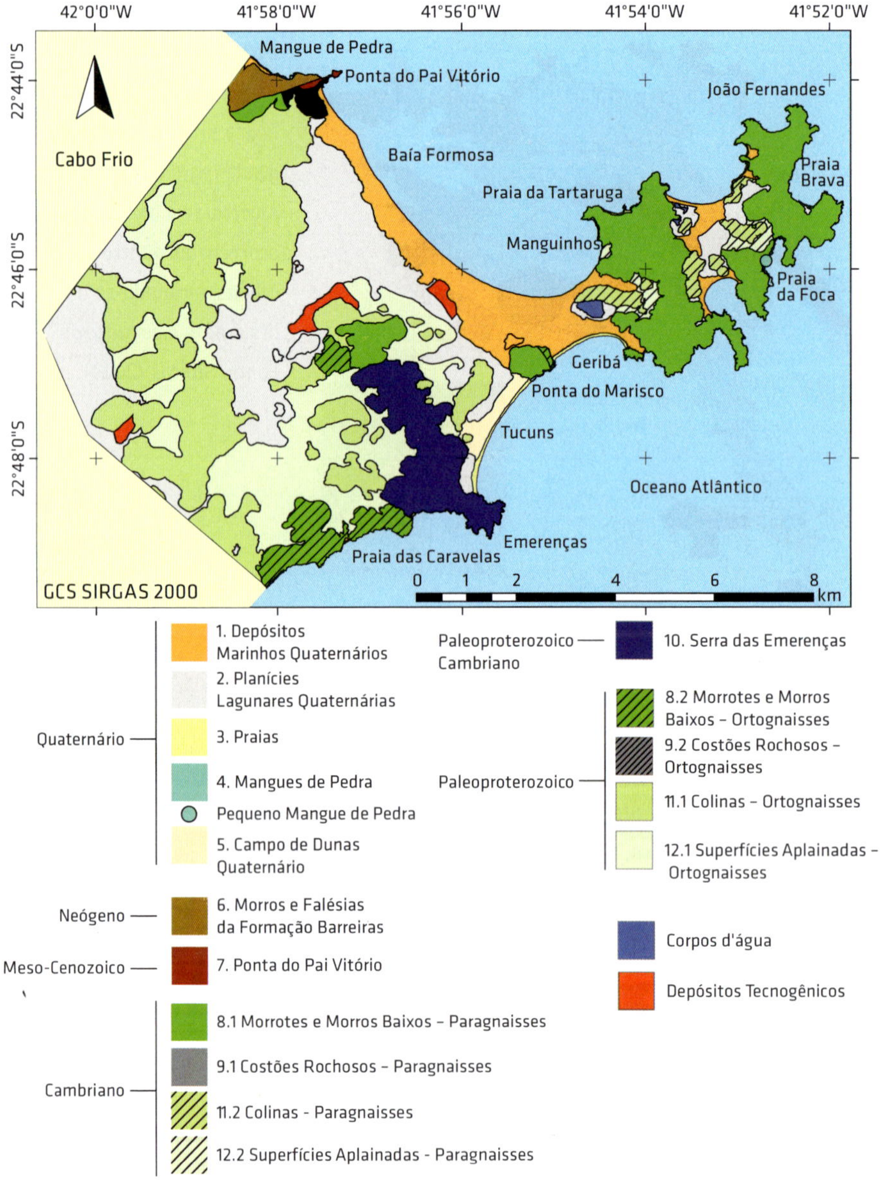

Fig. 1.7 *Mapa de geodiversidade de Armação dos Búzios, elaborado segundo a metodologia qualitativa da CPRM*

Fonte: Santos (2016).

Fig. 1.10 *Alguns exemplos de patrimônio geológico do Estado do Rio de Janeiro classificados por conteúdo: (A) estratigráfico – seção-tipo da Sucessão Búzios, onde foi datada a Orogenia Búzios (Ponta da Lagoinha, Armação dos Búzios, RJ); (B) tectônico – Falha do Pai Vitório (Armação dos Búzios, RJ); (C) geomorfológico – erosão diferencial na Fenda de Nossa Senhora, Ilha do Cabo Frio (Arraial do Cabo, RJ); (D) geoambiental – estromatólitos holocênicos na Lagoa Salgada (São João da Barra, RJ); (E) sedimentológico – areias granatíferas na praia do Forno (Armação dos Búzios, RJ); (F) petrológico – brecha vulcânica na Ilha do Cabo Frio (Arraial do Cabo, RJ)*
Fonte: (B) Gerhard Walter Garz e (C) Eliane Guedes.

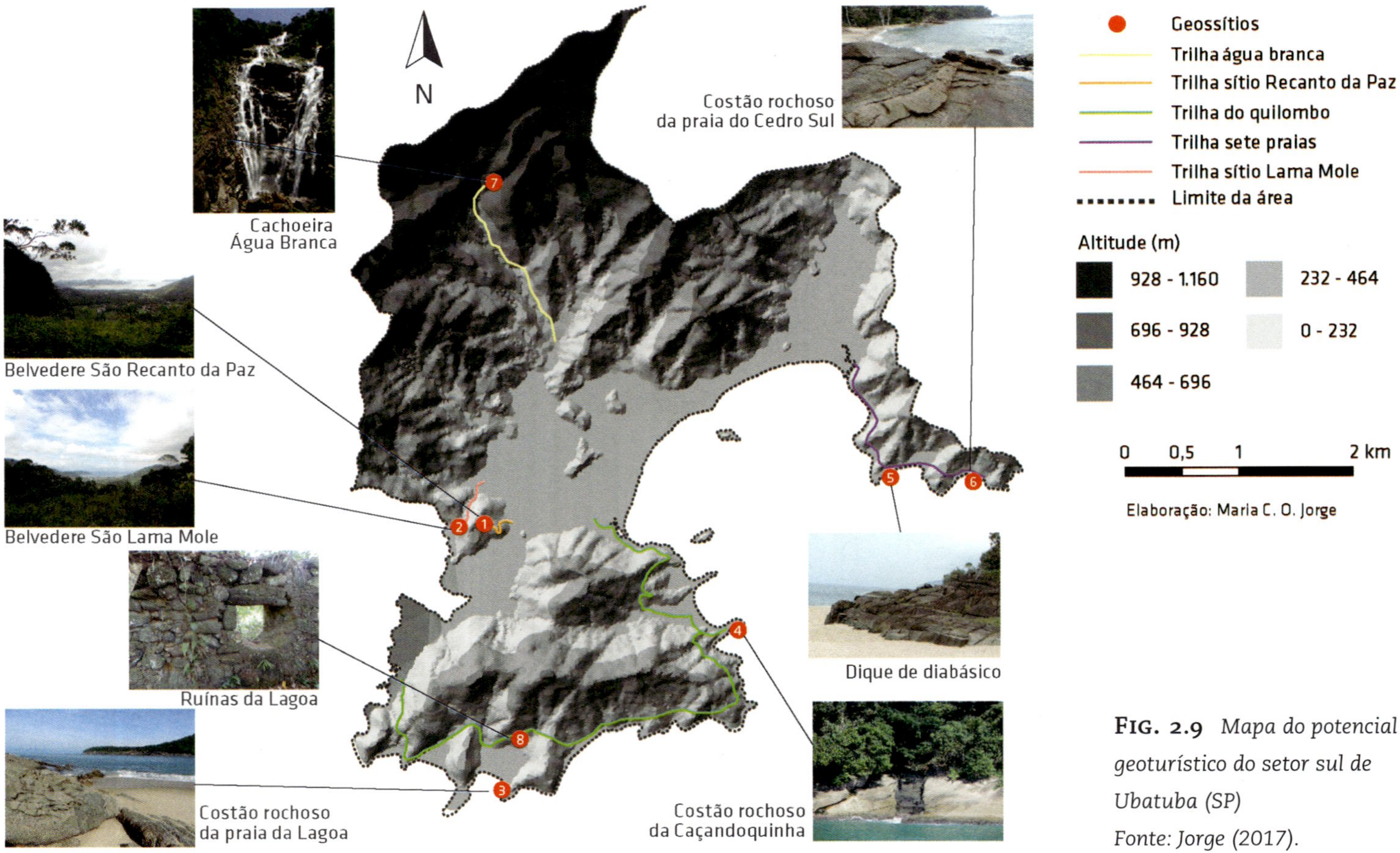

Fig. 2.9 *Mapa do potencial geoturístico do setor sul de Ubatuba (SP)*
Fonte: Jorge (2017).

Fig. 2.13 *(A) Local onde se encontram as ruínas na Praia da Lagoa (foto tirada em 2010); (B) colunas das ruínas cobertas por raízes e vegetação; (C) ponto de entrada para as demais ruínas; (D) exemplo de um trecho da ruína preservada, com pedras irregulares, argamassadas e aglutinadas com areia e conchas moídas (foto tirada em 2014)*
Fonte: (A) Ezequiel Santos e (D) Maria do Carmo Oliveira Jorge.

Fig. 4.2 *Afloramento rochoso com vista para a Praia da Lagoa (Ubatuba, SP), um dos últimos remanescentes de restinga em região de rica geodiversidade*
Fonte: Maria do Carmo Oliveira Jorge.

FIG. 4.3 *Dique de diabásio em costão rochoso, situado próximo à praia da Raposa, região no Quilombo da Caçandoca, Ubatuba (SP)*
Fonte: Maria do Carmo Oliveira Jorge.

FIG. 4.8 *Foto da Carta de Munsell (1994) evidenciando diferentes cores, que podem denotar a presença de determinados minerais no solo*

FIG. 4.12 *Deslizamentos translacionais na bacia do rio Cuiabá, em Petrópolis (RJ), causados por 200 mm de chuva em 24 horas, em janeiro de 2011*
Fonte: Antonio José Teixeira Guerra.

FIG. 4.13 *Perfil de solo situado acima das parcelas de erosão na estação experimental (bacia do rio Maranduba, Ubatuba, SP). O perfil vai desde a floresta até 2 m de profundidade, com aproximadamente 20 cm de espessura do horizonte A. Trata-se de um latossolo vermelho-amarelo*
Fonte: Leonardo dos Santos Pereira.

FIG. 4.16 *Perfil de solo situado abaixo de uma trilha de Anglesey, no País de Gales. Pode-se notar o elevado teor de matéria orgânica nos horizontes superficiais, bem como um grande número de fragmentos rochosos, ao longo do perfil*
Fonte: John Conway.

Valor intrínseco: é um valor subjetivo e não diz respeito à sua utilização pelo homem, é o valor de existência da geodiversidade.

Valor cultural: é o valor colocado pela sociedade devido ao seu significado cultural e comunitário, destacando a relação das sociedades ao longo do tempo com os elementos abióticos. Gray (2004) o subdivide em: Folclore, Arqueológico e histórico, Espiritual e Sentido de lugar.

Valor funcional: associa-se à função ou serviço ambiental que a geodiversidade pode ter no seu contexto natural e como suporte dos serviços físicos e ecológicos. Exemplos: plataforma, armazegem e reciclagem, controle da poluição, química da água, saúde e funções de solo.

Valor estético: é um valor qualitativo dado à atratividade visual do ambiente físico, podendo ser aproveitado, indiretamente, por atividades de lazer e turismo. Subdividido em: Paisagens locais, Geoturismo e lazer, Inspiração artística.

Valor científico-educativo: ligados à importância da geodiversidade para a investigação científica e para a educação, sendo um laboratório para futuras pesquisas e para a evolução do conhecimentosobre o planeta e sua dinâmica.

Valor econômico: é o mais comum e reconhecido e refere-se à possibilidade de aproveitamento econômico da geodiversidade, ou seja, dos seus recursos.

FIG. 5.1 *Síntese dos valores associados à geodiversidade*
Fonte: adaptado de Gray (2004), com fotos de Lilian Carla Moreira Bento tiradas em 2011 no Parque Estadual do Ibitipoca (MG).

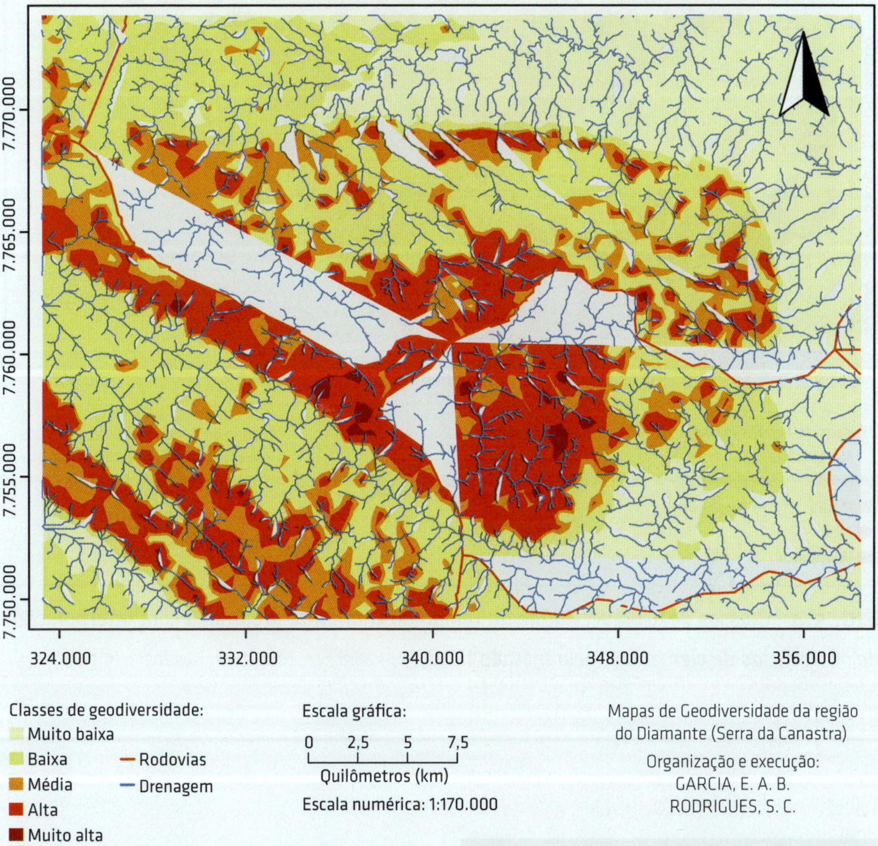

FIG. 5.3 *Classes de geodiversidade da região do Diamante, produzida com contagem de ocorrências de elementos*

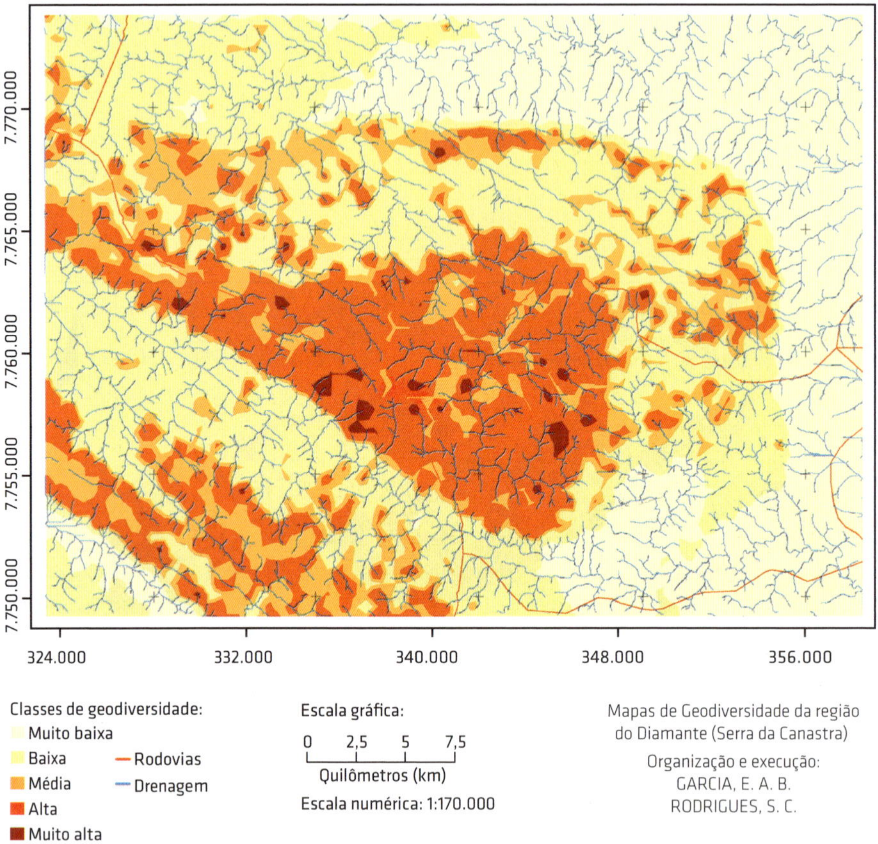

Fig. 5.4 *Classes de geodiversidade da região do Diamante produzida com interpolação de ocorrências de elementos, pelo método IDW*

Fig. 6.1 *Fóssil do Crocodyliformes* Baurusuchus salgadoensis*, com 90 milhões de anos. Registro do passado da vida na Terra preservado nas rochas sedimentares da Bacia Bauru (General Salgado, SP)*

FIG. 6.3 *Pegada do Vale dos Dinossauros, Sousa (PB). A preservação in situ das pegadas fósseis possibilita o entendimento do contexto ambiental em que foram formadas. Um momento da vida de animais que não existem na Terra há milhões de anos*

FIG. 6.6 *Estromatólitos do Proterozoico, na Fazenda Arrecife (Várzea Nova, BA). Um dos mais antigos registros da vida no Brasil representado pelas rochas estromatolíticas oriundas da ação de cianobactérias, formadas há 600 milhões de anos*

FIG. 6.8 *Floresta Petrificada do geopark Araripe. Troncos permineralizados de coníferas, árvores comuns durante a era Mesozoica, são encontrados em uma grande área do município de Missão Velha (CE). Registram um momento da evolução das plantas há 150 milhões de anos*

FIG. 6.13 *A beleza cênica do Parque Nacional da Serra da Capivara está entre os elementos de excepcionalidade para sua indicação a geoparque pela CPRM*

Fig. 6.11 *Pegadas fósseis do Monumento Natural Vale dos Dinossauros em Sousa (PB). As pegadas fósseis distribuem-se em uma superfície de argilito com gretas de ressecamento. Além de indicarem um momento de vida dos dinossauros que passaram pelo local, possibilitam a interpretação das condições paleoclimáticas como de um ambiente quente e seco*

Fig. 6.14 *Pinturas rupestres em escarpas de rochas no Parque Nacional da Serra da Capivara. Alguns dos elementos representados assemelham-se a espécies da megafauna, o que, com os fósseis encontrados na região, seria um indicativo de que os antigos povos dessa região conviveram no mesmo ambiente durante o limite Pleistoceno-Holoceno*

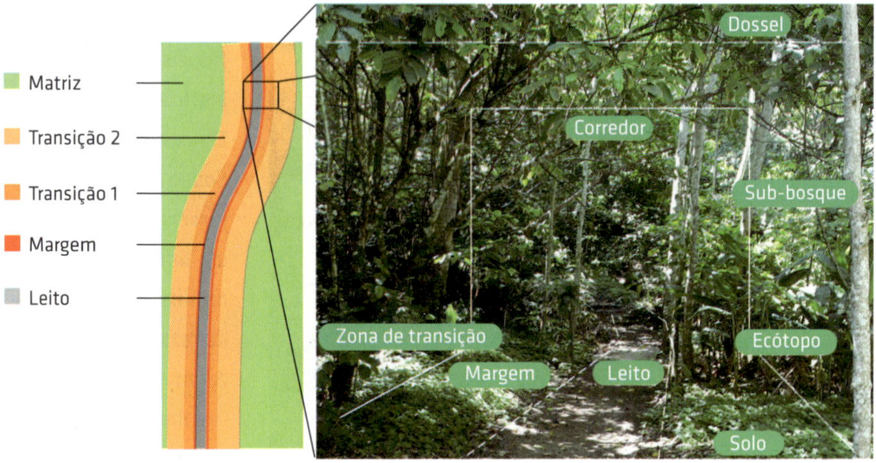

FIG. 7.1 *Arquitetura de trilha em matriz florestal. Entrada da Trilha Circular, no Parque Natural Municipal da Prainha (RJ)*
Fonte: Mello (2016), com base em Eisenlohr et al. (2013).

FIG. 7.4 *Exemplo de integração de elementos da biodiversidade e da geodiversidade: fixação de vegetação em zonas de fraturas de alívio do afloramento rochoso do Morro da Urca, na pista Cláudio Coutinho (RJ) – no lado direito, ver a indicação dos limites da fratura (foto tirada em 2017)*
Fonte: Flávia Oliveira.